La Dinámica del Lenguaje Radioperiodístico

La Dinámica Del Lenguaje

Radioperiodístico

Manual de la imagen sonora

Alfredo Casanellas O'Callaghan

To order additional copies of this book, contact:
Xlibris Corporation
1-888-795-4274
www.Xlibris.com
Orders@Xlibris.com
81091

CONTENTS

A mi esposa, María M. Castro,
por su amor, comprensión
y paciencia.

1.

EL LENGUAJE RADIAL

Todo está por hacer, en el mundo de la
Radio. En este artículo, entrego algunos
de mis "secretos profesionales", he apuntado
algunas ideas que sólo representan
un ínfimo sector de posibilidades
en terrenos de ese maravilloso instrumento
de difusión. El radio, creación
de nuestra época, *propicia las innovaciones
mas audaces . . .*
Alejo Carpentier: *Crónicas*, p. 553-554.

1.1. El Lenguaje natural

El lenguaje es un sistema de señales que puede ser *natural* o *artificial*. El *lenguaje natural* es el que se emplea en la vida cotidiana como forma de comunicación; el *artificial*, el que crea el hombre para realizar algunas tareas concretas, tales como el lenguaje de simbolismos matemáticos, el de las teorías físicas, el de los diversos sistemas de señalización, el de las computadoras, entre otros.

El *lenguaje articulado* o *natural*, que aparentemente se percibe como un sistema sumamente sencillo, no lo es. Este es un fenómeno social que surge en el transcurso de la producción colectiva, y se instaura como un sistema necesario en las relaciones humanas. Es el medio de coordinación entre las personas y garantiza la sucesión histórica de las experiencias de una generación a otra.

La actividad verbal del hombre se manifiesta en correspondencia con las normas de una determinada etapa del desarrollo sico-socio-histórica. El lenguaje está indisolublemente ligado a la actividad social y psíquica de los seres humanos, en la que intervienen los conceptos, juicios, pensamientos, emociones, percepciones, imaginación y voluntad.

Las funciones básicas del *lenguaje articulado* en la sociedad humana son:

a. **La *noética*: forma de existencia, transmisión y asimilación de la experiencia y conocimiento histórico-social.**
b. **La *semiótica*: proceso de comunicación. El lenguaje articulado es el medio de expresión y el instrumento fundamental del pensamiento.**

Pávlov (1) planteó que la abstracción de la realidad y su generalización-aspectos que constituyen el pensamiento humano en sí—son posibles gracias al lenguaje, y que éste existe por el pensamiento. El lenguaje es la forma de existencia y expresión del pensamiento.

El *lenguaje natural* se emplea de diferentes formas. Todas se encuentran relacionadas y se apoyan en el *sistema nervioso central* y el *sistema nervioso periférico* del ser humano. El lenguaje natural es (2) :

Lenguaje natural

Externo   **Interno**
Oral   escrito

En el *lenguaje interno* prevalecen las formas predicativas. Carece de sonoridad y se desarrolla sobre la base del lenguaje egocéntrico (3). El lenguaje externo *oral* se manifiesta a través del *diálogo* o del *monólogo*. Por medio del discurso, la narración y la conferencia. Todas estas manifestaciones del lenguaje articulado se diferencian entre sí por la *función situacional*, la cual exige una forma y un grado de complejidad en su estructura gramatical.

El *lenguaje articulado* se realiza cuando se produce una conversación directa entre una o más personas. Las preguntas y las respuestas se suceden. Se produce una cadena de situaciones donde aparecen los gestos, mímicas, entonación, entre otros elementos del lenguaje, los cuales hacen más comprensibles las ideas expresadas. Los diálogos se caracterizan por su falta de detalles. Se omiten elementos, aparecen oraciones incompletas, ideas implícitas, debido a que mucha de la información se da por sobrentendida.

El *monólogo* se caracteriza por ser más detallado y completo desde el punto de vista gramatical. Las ideas se exponen consecutivamente y relacionadas. La programación y planificación son sus características principales.

El *lenguaje externo* se diferencia del *interno* en su estructura y en su función. El *externo* es situacional, dialogado y contextual, altamente relacionado y organizado. El *lenguaje interno* es pasivo, no se llega a formular la expresión. Es generalmente un lenguaje incompleto y reducido. El lenguaje *interno* (4) participa en toda la actividad sico-social: en la planificación, en la generación de enunciados, así como en el pensamiento, en la conducta, en la relación intersíquica e intrasíquica. Aquí se reduce y pierde la estructura gramatical detallada. Prevalece el sentido para sí, sobre el significado. Su fase intermedia está determinada por el lenguaje egocéntrico.

El *lenguaje natural* es un proceso síquico estrechamente relacionado con el pensamiento. Ambos se estructuran en una unidad que no conlleva a la subordinación del uno al otro ni tampoco a su separación. Cada uno tiene sus leyes propias. El estado en que se encuentren estos procesos, ya sea de un óptimo funcionamiento o de alguna patalogía, se refleja recíprocamente.

Las lenguas presentan *diasistemas* (5), los cuales no hacen un idioma homogéneo. Las lenguas presentan diferencias externas, *diatópicas, diastráticas, diacrónicas y diafásicas*, las cuales el periodista radial debe tener en cuenta para la ubicación y la caracterización dentro del programa.

Una lengua *diatópicamente* se diversifica horizontalmente por la división geográfica, territorial. En sus territorios se forman variantes de la lengua debido a evoluciones lingüísticas divergentes, las cuales dan lugar a diferentes palabras y dialectos tanto regionales como locales.

También verticalmente existe una división *diastráticas* dado por los niveles culturales de los diversos grupos sociales. Aparecen cambios *diacrónicos* a través del tiempo, ya que surgen vocablos nuevos y otros quedan en desusos. Otros cambios son los *diafásicos* creados por la funcionalidad y estilo cuando se emplea; no es lo mismo el diálogo familiar o profesional. Estas se producen en los diferentes niveles del sistema lingüístico: *fonológico, morfológico, léxico y/o sintáctico*, y en sus planos *fonético y semántico*.

Coseriu explica que estas diferencias se denominan *estructura de la lengua*, la cual no responde a la estructura interna, sino a la externa (configuración o arquitectura) (6). Estos *sistemas externos* e *internos* interactúan; pueden aparecer elementos de otras lenguas, que coexisten en forma de *sustrato, superestrato y adstrato* (7). Una lengua no es un fenómeno estático, sino diámico, ya que funciona en constante cambio y evolución. Se encuentran dos fuerzas contrarias: *centrífuga* (tiende a la diversificación) y *centrípeta* (tiende a la unificación).

1.2. El lenguaje radial

La triple función de la radio como medio de difusión, comunicación y expresión ha sido tergiversada con la generalizada homogeneización de géneros y formatos. El uso de la radio como objeto de compra-venta de mercancías (información, música, anuncios-productos) ha devaluado funciones y estéticas del medio. Ocasionalmente, sin embargo, algunos extraños ejemplos nos recuerdan el poder mágico de seducción que tiene este medio; ejemplos significativos de que la radio como vehículo de expresión artística no ha desaparecido del todo. Así, nacen programas que utilizan el lenguaje radiofónico de forma integral, codificando la expresión sonora con todos los recursos posibles, integrando en un mismo mensaje lo semántico y lo estético. La conjunción de los factores semántico y estético en el uso del lenguaje radiofónico es esencial si se quiere comprender la dimensión artística de la creación radiofónica.

Armand Balsebre: *El lenguaje radiofónico* (8).

Una difusión no visual incita a buscar en la fantasía y experiencias, imágenes para visualizar la señal que se recibe. Se debe al poder evocador de las palabras, sobre todo cuando no se tiene referencia visual. Una manipulación hábil de los componentes del lenguaje radial influye directamente en el mundo cognoscitivo-afectivo del oyente, y hace que la aparente desventaja de la radio-ausencia de imágenes visuales—se convierta en su mejor posibilidad: un mundo ilimitado, sin fronteras en el tiempo y en el espacio. Sin embargo, muchos profesionales de la radio sometidos a los automatismos de la rutina de producción en un proceso donde predomina la rapidez y la inmediatez se distancian de la capacidad creativa que les proporciona el ilimitado repertorio de mensajes sonoros para la codificación del lenguaje radiofónico (9).

Mijail Minkov en *Radioperiodismo* escribe:

La radio se dirije al oído del hombre. Sin embargo, el oído no es en este caso, tan sólo uno de los cinco sentidos del organismo humano. Es un puente que anula las distancias entre el ámbito externo y la conciencia interior, una reacción sicológica capaz de desencadenar las emociones más fuertes, de despertar la imaginación. Este tipo de comunicación carente de forma visual, tiene por objeto que el oyente dotado de cierto grado de imaginación vea ante sus ojos lo que se le describe en forma fónica. Este proceso sicológico se basa en el poder evocador de la palabra y en la experiencia previa del receptor. Un hábil manejo de la palabra hablada logra activar la fantasía del oyente de modo tal que transforma la principal deficiencia de la radio-la carencia del componente visual—en una verdadera ventaja. La imaginación humana es un mundo maravillosamente variable en el que se pueden introducir, tan sólo por el efecto de la palabra hablada y de expresiones hábilmente escogidas: Imágenes, nociones y conceptos relativos a la realidad circundante. Sin embargo, para lograr tal resultado, es indispensable conocer ciertas leyes de la psicología que rigen estos procesos. El periodista de la radio tiene que saber cómo se hace una emisión radiofónica **(10)**.

En un programa de radio intervienen diferentes sistemas en el proceso de producción y de difusión. En el decursar del tiempo (*diacronía*) se sucede una cadena sonora, la cual presenta en cada instante eslabones sonoros donde se *superponen, fusionan y yuxtaponen* **(11)** subsistemas sonoros: *habla, música y efectos sonoros*.

Mariano Cebrián Herrero **(12)** relaciona los *sistemas sonoros* de un programa radial de la siguiente forma:

Primero: *Sistema del emisor:* Se encuentran el emisor, técnicos, locutores, escritores. Responde *a quién*.

Segundo: *Sistema de mensaje y de la codificación:* El mensaje se codifica y se organiza de acuerdo con los objetivos que va a cumplir. Responde *a quién y cómo*.

Tercero: *Sistema del canal:* Aparece la señal portadora. La modulación. Amplificación, transductores. Cables. Responde *a través de qué canal*.

Cuarto: *Sistema de recepción:* Tipo de recepción con su capacidad acústica, fidelidad, calidad. Responde *a cómo*.

Quinto: *Sistema socio-cultural:* Elementos sicológicos, socio-históricos que posee el oyente. Responde *a con qué efectos*.

El lenguaje radial adquiere mayor o menor significación para el oyente de acuerdo con la acertada vinculación de la forma y el contenido. Esta organización puede establecer significación:

.   *Monosémica:* La unión entre significante y significado (forma y contenido) es única, sin equívocos. Se requiere del dominio de la técnica radial para la acertada codificación y organización de los signos.

.   *Polisémica:* La unión entre la forma y el contenido ofrece varios significados.

Los elementos sonoros funcionan en *sincronía* o *superposición* (simultaneidad de sonidos en un mismo tiempo) y en *diacronía* o *yuxtaposición* (sucesión de sonidos en el tiempo). Estas relaciones son capaces de modificar la significación individual de cada elemento. Las relaciones entre cada elemento sonoro están determinadas fundamentalmente por la **causalidad** (*causa-efecto*), **analogía** y **contraste**.

El lenguaje radial se desarrolla en el tiempo y se pierde en el espacio. Es fugaz, irrepetible, irreversible y lineal. El *lenguaje sonoro* se encuentra determinado por los componentes psicoacústicos:

- *Sonoridad:* Percepción subjetiva de la **intensidad** (*amplitud*) sonora.
- *Altura:* Está ligada a la percepción del **tono**. Con la *frecuencia fundamental* de la señal sonora se ofrece una percepción *grave* o *aguda* del sonido.
- *Timbre:* Es la capacidad que nos permiten diferenciar los sonidos. El *timbre* es caracterizado por la forma de la onda acústica dada por los componentes armónicos.
- *Duración:* Tiempo que ofrece un número de ondas por unidad de tiempo.
- *Ritmo:* Aparición periódica de elementos sonoros durante la producción sucesiva de un fenómeno. Ofrece mayor o menor agilidad, movimiento a un espacio radial.

Para contrarrestar la fugacidad del lenguaje radial se tienen en cuenta a) la *redundancia*, b) la *estructura*, c) la *organización* y d) las *pausas* para facilitar la correcta percepción y comprensión del contenido y así favorecer la asimilación e imaginación del oyente.

Algunas características.

El **lenguaje radial** es íntegro, ágil y dinámico. Se elabora con la combinación armónica de sus subsistemas: el *habla*, la *música* y los *efectos sonoros*. El mensaje radial es unisensorial: Se emiten sólo sonidos que se dirigen al sentido de la audición. Este lenguaje unisensorial prohíbe la monotonía. Con las combinaciones sonoras se ofrecen los colores, las formas, movimientos, sensaciones, tensiones, dolores, alegrías, las cuales crean en el oyente una *imagen sonora* verosímil.

El periodista radial utiliza todos los recursos artísticos y técnicos del medio para lograr una mayor expresividad **(13)**. Su objetivo es ser directo y breve, sin perder su profundidad. Los locutores buscan la simpatía, la elegancia, sencillez y claridad en sus mensajes.

Las características que se tienen en cuenta durante la composición y codificación del lenguaje radial son:

- Reducir al mínimo la distorsión y la fugacidad del mensaje. Se introducen **elementos redundantes** que repiten el mensaje a través de diferentes formas, tales como verbos, adjetivos, adverbios, estructuras sintácticas, contenido semántico.

- Una misma información o programa tiene **diversas formas de presentación**. Existe la libertad de elección de sus componentes.
- El lenguaje radial es un código, el cual presenta **combinaciones posibles y otras no aceptadas**. La comprensión del oyente aumenta cuando las alternativas son más reducidas, de esta forma la difusión se facilita. Se establece un sistema de recurrencias y se excluyen algunas combinaciones, lo cual permite codificaciones pertinentes y excluye otras dentro de la forma y el contenido, tal como el hipérbaton y las perífrasis complejas.
- Las **razones semánticas y de significación** son los elementos funcionales fundamentales para organizar el montaje.
- El rango de **percepción del oyente** disminuye con el aumento de la cantidad, complejidad, profundidad y diversidad de la información que se ofrece; el radioyente puede procesar y asimilar un determinado número de información por unidad de tiempo.
- El sistema y estructura del lenguaje radial son operativos, ya que cuentan con: **funciones** para hacer comprensible la difusión del mensaje, **propiedades** dadas a través de sus unidades, las cuales se combinan, diferencian o se oponen para exigir determinadas relaciones de acuerdo con su connotación, y la **composición creativa** donde están presentes los **subsistemas** básicos: **habla, música y efectos sonoros**.
  Cada elemento adquiere **valor** y diferente **connotación** en su relación con los otros. Cada organización nueva del sistema con su específica codificación cambia el sentido del contenido de los elementos correlativos: **habla, música y efectos sonoros.**

Dentro de todos los subsistemas existen elementos acústicos que interactúan y contrastan, tales como el *tono, timbre, intensidad* y *duración*, y otros específicos en cada subsistema del lenguaje radial: en el *habla*, la articulación, dicción, entonación; en la *música*, armonía, instrumentación, voces.

El *lenguaje radial* tiene una serie de **convenciones** histórico-socioculturales que se emplean al elaborar el mensaje para adecuarlo a las características de la población a la que está dirigido. Este *lenguaje radiofónico* lleva elementos referenciales, redundantes, emotivos, que son aceptados por la radioaudiencia específica a la que se dirige. La estructura del mensaje se codifica con una estética creativa a través de las narraciones, acciones, conflictos que son comprensibles para el segmento poblacional objetivo.

Umberto Eco explica que en la elaboración de los códigos:

> La experiencia adquirida es la que, aceptando como pertinente solamente una unidades semánticas y no otras, ha impuesto un

código con determinada estructura sintáctica; y con ello, la cultura ha determinado la estructura del código en todos los niveles.

La estructura sintáctica del código precede a la individualización de los elementos pertinentes del significado; entonces, el sistema semántico no genera la estructura sintáctica del código, sino que sucede lo contrario, y nos vemos obligados a considerar la estructura del mundo en los términos impuestos por el sistema de reglas generativas del código (14).

El *lenguaje radial* es como un inmenso almacén sonoro **convencional** con posibles soluciones codificadas, las cuales son reflejo de la realidad objetiva o dictadas por la imaginación. El emisor articula el código con el conocimiento previo de los efectos que puede causar en el receptor. En su destino son *signos–estímulos*, y en su origen, *signos–intención*. El receptor selecciona los aspectos y elementos de los *subcódigos connotativos* (15) y decodifica el contenido de acuerdo con su experiencia histórico-social acumulada, de acuerdo con su formación cultural.

El radioperiodista constantemente visualiza lo que escribe y se pregunta cómo será percibido por el receptor. Al escribir el guion, tiene presente las *sensaciones, percepciones, representaciones, conceptos, juicios, deducciones, emociones* y *sentimientos* que provoca el mensaje en el radioescucha.

Las voces parecidas en un programa radial son molestas, irritantes y confunden al oyente, por lo que se se evita el esfuerzo del oyente en este sentido al seleccionar diferentes *timbres* para facilitar el reconocimiento de cada personaje.

La *percepción sonora* es el resultado de los procesos sicológicos que ocurren en el sistema auditivo central. Estos posibilitan la comprensión e interpretación de los sonidos. Marshall McLuhan en sus investigaciones sobre la percepción explica que la imagen sonora necesita ser reforzada por otros sentidos, ya que la percepción humana tiene dependencia de la percepción visual. El sentido del oído necesita que la vista confirme lo que ha percibido, lo cual en la radiodifusión no es posible, por lo que hay que crear con este universo sonoro fuertes percepciones imaginarias.

El *lenguaje radioperiodístico* se diferencia grandemente del *periodismo escrito* y del *lenguaje literario*. Entre otras características se encuentran:

- *Lenguaje radioperiodístico* utiliza: .un código claro y breve, .la forma activa y el presente, . expresiones espontáneas populares, .imágenes a partir de hechos y objetos, .el predominio del sentido lógico, .la estructura de su mensaje basada en un sistema sonoro donde se encuentran el *habla*, la *música*, los *efectos sonoros* y los *silencios*, .la diferenciación del *timbre* y el *tono* de la *voz* para caracterizar a las personas que hablan, .un lenguaje reiterativo con codificaciones *sincrónicas* (*superposición*) y *diacrónicas* (*yuxtaposición*), .imágenes sonoras creadas en el oyente a través de la *percepción* sonora, .hechos de actualidad.

· *Lenguaje en el periodismo escrito* emplea: .claridad en la expresión y en las ideas, .argumentación y explicación de hechos y situaciones, .análisis de hechos aislados y objetivos, .símbolos, abreviaturas, siglas y simplificaciones semánticas con más libertad en la organización de las estructuras sintácticas, .estilos diferentes de acuerdo con el periodista, .hechos de actualidad.

· *Lenguaje literario* presenta: .extensa libertad en el empleo de construcciones sintácticas y del lenguaje tropológico (figuras poéticas con el lenguaje), .dominio de lo abstracto, .contrastes entre el lenguaje culto y el popular, .personificación de objetos, .predominio del desarrollo argumental y narrativo sobre el lenguaje abreviado, .lenguaje polisémico, relatos a los cuales no los urge la actualidad, ni el espacio y el tiempo.

Los subsistemas.

El lenguaje radiofónico es el conjunto de componentes o subsistemas a los cuales se les da una organización estética, informativa, estilística, con un mensaje específico para crear imágenes sonoras en el oyente.

Mijail Minkov expresa:

> La comunicación radiofónica exige que bajo todas circunstancias (con la excepción de la lectura de documentos oficiales, comunicados y similares) se emplee un lenguaje coloquial directo, no rebuscado, un estilo sencillo. Sin embargo, tal estilo no se logra mediante una aplicación mecánica de determinadas reglas. El estilo es un elemento de la actitud del sujeto ante la realidad. Así pues, el estilo no es ningún adorno, no es un elemento extra, sino que es un ingrediente orgánico de la forma y el contenido de la información. De esto se desprende que para dominar el estilo coloquial en las emisiones radiofónicas se precisa tener un contacto estrecho y permanente con el auditorio, hasta alcazar cierto grado de identificación con él **(16)**.

Los subsistemas que forman el lenguaje radiofónico son *el habla, la música, los efectos sonoros y los silencios*, los cuales contrastan y se complementan para ofrecer todo un universo de significación. Armand Balsebre **(17)** en su excelente libro *El lenguaje radiofónico* expresa que:

> Aunque la percepción sonora se desarrolla mediante un esquema de análisis, de descomposición del todo en sus partes, distinto al esquema

de síntesis de la percepción visual, es perfectamente válido afirmar que las formas sonoras también son conjuntos significativos, organizados en estructuras, cuya totalidad es percibida como algo superior a la suma de sus partes.

La idea de la percepción de la totalidad como algo superior a la suma de las partes es esencial para entender la complejidad del mensaje sonoro de la radio, cuyo sistemas expresivos, la *palabra*, la *música* y el ruido o *efectos sonoros*, constituyen el material sonoro del lenguaje radiofónico como una totalidad también superior a la suma de sus componentes: la función expresiva de la radio nace de la codificación de un lenguaje nuevo, resultante pero distinto de la suma del lenguaje verbal, el lenguaje musical y los efectos sonoros.

El *habla* es el conjunto de sonidos articulados donde están presentes los componentes acústicos: *tono, timbre, intensidad, duración, ritmo, entonación*, entre otros, para expresar los contrastes pertinentes que crean conceptos y matices significativos. El *habla* es el principal pilar del lenguaje radiofónico, ya que:

- **Señala claramente el sentido del mensaje.**
- **Guía y mantiene al oyente en una relativa tensión.**
- **Proporciona la mayor cantidad de información por medio de los elementos contrastantes.**
- **Crea estados sico-emotivos en los oyentes: antipatía/simpatía, odio/ amor, atracción/rechazo.**
- **Es el vehículo de la argumentación y de los conceptos más profundo y específicos que se puedan emplear en el radioperiodismo.**

Los periodistas radiales son *profesionales del habla*, por lo cual estudian los órganos y procesos que intervienen en la **fonación** o **habla**. Perfeccionan y mejoran la utilización de su *voz, timbre, intensidad, entonación, dicción* como si fuera un instrumento musical. Son expertos conocedores de cómo *modular su voz* y *variar armónicos* en el *timbre* para lograr con intencionalidad las más sutiles inflexiones que provocan estados reflexivos o afectivos en el oyente.

Los recursos del habla son los **códigos expresivos, evocativos** y de **estilo.** Entre los *expresivos* se pueden destacar el *ritmo*, la *sintaxis*, la *semántica*, la *entonación*. Los *evocativos* trabajan en el *nivel fonológico*: la pronunciación correcta o defectuosa; en el *léxico*: la acentuación, arcaísmo, neologismos, dialectos, términos técnicos, palabras extranjeras; en el nivel *sintáctico*: la estructura gramatical, la inversión, hipérbaton, concordancia y entonación. Los del *estilo* son los elementos estéticos funcionales particulares como *eufonía, equilibrio* y *cohesión*.

Los *códigos expresivos, evocativos* y de *estilos* están determinados por la personalidad y características del que habla, la atmósfera general, el ambiente, la situación social, el tono, la actitud del locutor o periodista hacia el tema, sus experiencias y su *estilo* durante la realización de *pausas, ritmo, velocidad* y *entonación.*

La *música* es otro de los subsistemas que integran el lenguaje radial. Esta ofrece combinaciones sonoras armónicas y artísticas de los instrumentos músicales, o de éstos con la voz humana, con el objetivo de expresar ideas, evocar sentimientos y emociones.

La ventaja de la *música* con respecto a la palabra es que la primera es universal. Llega a los sentimientos de las personas de diversas partes del mundo con diferentes idiomas. El *habla* sólo es comprendida en una comunidad o país determinado. Ahora, el *habla* no puede ser sustituida por la *música*; esta última no puede suplir las funciones básicas y precisas en el ambito cognoscitivo y semiótico del *habla.*

La *música* en la radio se emplea para acentuar los hechos, caracterizar a los personajes, ridiculizar, presentar atmósferas, ambientes, escenarios, provocar emociones y sentimientos, describir y destacar momentos climáticos.

El periodista radial comprende que el *habla* y la *música* se basan en determinadas relaciones entre tres requisitos básicos: el *tiempo*, la *frecuencia* y la *intensidad*, de los cuales se derivan los elementos expresivos dicotómicos contrastantes: *melodía/ritmo, velocidad/entonación, timbre/tono, tiempo/ritmo,* entre otras combinaciones.

El *tiempo* es una de las primeras manifestaciones de la realidad circundante, ya que delimita la duración y encadenamiento de los acontencimientos sonoros. En esta dirección se ha logrado un amplio campo expresivo, aunque siempre convencional.

La *frecuencia* está determinada por los diferentes regímenes vibratorios de los cuerpos sonoros (número de ondas por unidad de tiempo). La evolución posterior de las formas de comunicación hablada y musical ha llevado al hombre a sutilezas en el lenguaje, tal como la diferenciación de *entonación* para un mismo *sintagma* (18) sonoro, lo cual ofrece diferentes matices y significaciones.

Este fenómeno de carácter sociocultural se expresa de manera diversa en los diferentes idiomas y estilos. No es casual que los llamados *idiomas tonales* (*tono* es el equivalente subjetivo de la frecuencia) coincidan geográficamente con los sistemas musicales basados en el uso de intervalos microtonales de hasta un cuarto de tono donde el significado de la palabra no varía con la entonación, sino con la intencionalidad.

El *timbre* es todo sonido complejo que incluye simultáneamente al tono fundamental o primer armónico más los otros armónicos llamados *vibraciones parciales o armónicos secundarios,* los cuales son frecuencias superpuestas al tono fundamental. Con el timbre se identifican y caracterizan las diferentes personas: familiares, amigos y desconocidos.

La *intensidad* es el grado de fuerza espiratoria con que se pronuncia un sonido, la cual acústicamente, se manifiesta en la mayor o menor amplitud de las ondas sonoras. Por la *intensidad* pueden distinguirse sonidos de un mismo *timbre y tono.* En la radiodifusión es una vía para reflejar la realidad circundante a partir de la evidencia de la mayor o menor proximidad espacial. La mayor o menor presión sonora, asociada al grado de disipación de energía, producen una percepción de menor o mayor magnitud. La *intensidad* en la radio es capaz de sugerir grados de tensión y estados emotivos. Los cambios bruscos de *intensidad* con fines expresivos son capaces de inhibir a algunas actividades fisiológicas o excitar otras.

El tercer subsistema que compone el lenguaje radial son los *efectos sonoros.* Estos son sonidos inarticulados e inarmónicos. Contituyen un valioso elemento de apoyo para los programas de radio. No tienen límites, como no existen límites en la gama de sonidos de la naturaleza.

Con los efectos sonoros se recrea la programación radial para enriquecer la forma y animar el contenido. Algunas de sus funciones básicas son:

- Proyectar, clasificar o destacar la acción.
- Imprimir fuerza a las escenas.
- Ayudar a la descripción de las escenas o lugares.
- Ofrecer la atmósfera, ambiente o situación sicológica.
- Indicar acciones, entrada o salida de escenas, subsistemas o leitmotiv.
- Determinar el tiempo de la narración, sus puntos de transición.
- Exponer particularidades y características específicas dentro del programa.

Los *efectos sonoros* ambientan, enriquecen y apoyan al guion. Generan situaciones que el *habla* o la *música* no pueden recrear. Aportan un fuerte grado de información en el programa; se emplean con mesura, ya que muchos sonidos simultáneos y mal mezclados entorpecen la percepción y confunden al oyente.

La utilización de los *efectos sonoros* requiere de ingenio y profesionalismo. Muchas veces el sonido grabado de la realidad no se oye como tal, y una reproducción de este sonido con equipos de computadoras o instrumentos en el estudio radial se transforma en una *verdad radiofónica.*

Los subsistemas *música* y *efectos sonoros* en el lenguaje radial son decisivos para organizar y codificar acertadamente el mensaje. Hay que saber elegir a los que proporcionan más eficacia expresiva, así como en qué momento y lugar deben insertarse para provocar y evocar en la percepción del oyente la imagen sonora deseada. Generalmente estos subsistemas (*música* y *efectos sonoros*) se emplean con cuatro fines bien delimitados; como elemento:

1. **emocional para crear estados anímicos en el oyente.**
2. **descriptivo para sugerir imágenes, ideas, ambiente.**
3. **objetivo para enriquecer la escena; ejemplo:** *alguien tocando un piano en una escena.*
4. **organizativo para ofrecer entradas y salidas de las escenas, nexos.**

Raúl Ibarra, escritor de radio, explica:

> En términos generales música y efectos son partes elementales del lenguaje en la dramaturgia radial, que completan y dan sentido a lo que dicen los actores y el narrador. Crean el espacio sonoro, tanto interior y emotivo, como exterior y circunstancial, guiando al oyente hacia una lógica determinada, hacia una interpretación exacta de lo que le estamos expresando con la pieza radial. En gran medida contribuyen también a darle altura y empaque artístico a la dramatización, con lo que completan el valor estético que pueden tener los diálogos para el oyente.
>
> Si bien existe toda una serie de convencionalismo en cuanto al uso de la música y los efectos en la radio, creados para facilitar la comunicación con el oyente, no es menos cierto que tales convencionalismos pueden alterarse o emplearse en otros contextos para buscar nuevas asociaciones de ideas más expresivas, siempre teniendo en cuenta que no debe en ningún caso confundir ni dificultar la comprensión por parte del oyente **(19)**.

En el *lenguaje radial*, la *pausa* (*silencio*) produce contraste y variedad en los matices significativos. Pueden ser a) un *silencio objetivo*, no aparece música ni ruido y b) un *silencio subjetivo*, ofrece una intencionalidad psicológica o dramática. En la labor de codificación se emplean como:

- Impacto dramático durante la narración. Omite o destaca acciones en el tiempo, expresa sentimientos
- Ofrece ambigüedad intencional para buscar dramatismo.
- Apoya el ritmo de la acción, la descripción, la reflexión.

Los *efectos sonoros* y la *música*, pueden crear relajación, tensión o expectación. Un clímax de una situación emocional se puede conseguir elaborando un código donde contrasten:

-pausa (expectación)—efecto sonoro (tensión)—música (desenlace).
-música (desenlace)—efecto sonoro (tensión)—pausa (expectación).

La *pausa absoluta* cuando se espera un ruido intenso, proporciona un impacto emotivo que, por lo inconcebible, resulta eficaz. Un ruido repentino o inesperado, que surge aisladamente en un silencio, crea una súbita tensión. Si se ofrecen contrastes, se realizan de manera clara y comprensible para el oyente. El interrumpir bruscamente un *ambiente subjetivo* en un momento crítico, clímatico, puede ser efectivo por su *impacto emocional*.

Para realizar una interrupción brusca no se logra sólo con bajar rápidamente el volumen. Se deben respetar o aprovechar los finales y las terminaciones musicales con sus inflexiones *tonales, tímbricas* y de *ritmo*. La *interrupción músical* (20) por medio de un *efecto de sonido* (el golpe que se produce al cerrar una puerta, el arranque de un auto, el timbre de un teléfono) pueden interrumpir eficazmente el fragmento músical, como cuando hay una pelea en una taberna con las voces y música alteradas y se interrumpe de pronto por el disparo de un arma de fuego. La entrada brusca de un ruido suple la falta de candencia musical.

El *golpe musical*, con música sobrexpuesta, se emplea para llamar la atención, sorprender o crear una tensión impactante. El escritor de radio Raúl Ibarra expresa que el golpe musical se utiliza para indicar que un personaje experimenta una emoción sorpresiva o súbita. Este es eficaz no sólo después de una pausa, sino en el momento en que realmente puede ser oportuno dramáticamente para contribuir a crear en el oyente el estado de ánimo al que se desea apelar.

El e*ncadenamiento* consiste en pasar suavemente de un subsistema a otro, de tal manera que la transición se sienta natural y sin brusquedad. Esto sugiere diferencias y cambios de *tiempo* o *lugar*. El nuevo sonido debe tener una *intensidad* al nivel del sonido anterior.

La *disolvencia* (*fade out*) es cuando el sonido baja suavemente hasta dejar de ser perceptible. Se emplea en secuencias finales para indicar que termina la exposición de un personaje, una escena, que ha habido una transición en el tiempo o un cambio de escena.

El *fade in* es cuando un sonido sube en intensidad suavemente hasta colocarse en un *primer plano* para indicar el inicio de una escena o de un tiempo que comienza. *Cross fade* indica que un sonido baja en intensidad hasta hacerse imperceptible, mientras otro sube para sustituir al primero en un primer plano.

Los *efectos electrónicos* más comunes son el *filtro*, la *resonancia* (RR) y el *eco*. El *filtro* está acoplado dentro de los dispositivos de la consola de control y se utiliza para atenuar o distorsionar determinadas frecuencias. Su utilización con el *habla* ofrece la idea de llamada telefónica, pensamiento de un personaje, retrospectiva al pasado o un efecto de traslación.

La *resonancia* (RR) se logra al producir un efecto repetitivo. Este efecto se da desde muy leve, con muy poca intensidad, hasta fuerte, con mucha intensidad. El efecto repetitivo o *resonancia* se señala en el libreto con los grafemas consonánticos RR. Se especifica la intensidad que se quiere ofrecer con las palabras *fuerte, media* o *suave*. La *resonancia* permite acentuar frases o fragmentos de un texto o discurso, dar la sensación de un estado de angustia creciente, conferir especial solemnidad a determinadas frases, ofrecer la sensación de pensamiento, brindar la impresión de un *shock* síquico.

El *eco* es un efecto repetitivo más intenso. Se ofrece al oyente la sensación de un estado de angustia muy intenso en aumento, recuerdo de alguna persona lejana en el tiempo o el espacio, la acentuación de partes importantes de un texto.

Estas no son las únicas posibilidades de los *efectos electrónicos* con el *habla*. Se pueden emplear con equilibrio y mesura para lograr otros matices y sensaciones en el oyente. Estos *efectos electrónicos* también modifican la *música* y los *efectos sonoros* con el objetivo de lograr específicos matices.

Los **planos sonoros** son el primer nivel de significación del lenguaje radial ya que ofrece la relación espacio-temporal entre el que habla en la radio y el radioyente. Se ofrecen con la variación de la *intensidad* de la fuente sonora. La *secuencia sonora* ofrecen otro nivel de significación espacio-temporal en la relación sintagmática-asociativa entre los diversos segmentos de la continuidad temporal.

Los *planos sonoros* determinan el *espacio* y el *tiempo*. Crean imágenes sonoras de estados afectivos y cognoscitivos. Hay cuatro tipos de *planos sonoros*:

1. **Planos ambientales de la narración**: Ofrece el lugar donde se produce la acción y los cambios. Ejemplos *automóviles, tráfico* indican que es una ciudad; *pájaros*, sonido campestre.

2. **Planos temporales de la narración**: Un sonido sitúa una determinada acción en el pasado, presente o futuro. Pude indicar atemporalidad. Ambientaciones del *espacio*, se emplean música y efectos electrónicos.

3. **Planos sicológicos**: Llevan al oyente a una situación *sicológica*, de *fantasía, sueño*.

4. **Planos espaciales**: Indican la distancia *cercanía-lejanía* del sonido con respecto al oyente. Se situa al oyente en un *plano principal*. Existen cuatro supuestas distancias convencionales:

   a) **Primer Plano, plano íntimo, plano principal**: Ofrece sensaciones e imágenes sonoras cerca del oyente. Mayor proximidad. Es el nivel de sonido en que se produce y desarrolla el programa (figura/ fondo, tamaño/distancia).

b) **Plano medio o normal**: Un plano imaginario que sitúa a la fuente sonora a una distancia prudente del oyente. La fuente sonora se encuentra cerca del plano principal.

c) **Plano de fondo o segundo plano**: Los sonidos en un segundo plano apoyan la acción dramática y crean estados emotivos al relacionarse con los parlamentos. Este no sobrepasa el volumen del primer plano ya que trata de acentuar la sensación de profundidad con respecto al plano principal. Si se emplea música, ésta debe ser suave sin estridencia y con poca instrumentación para no captar la atención del oyente hacia la música y hacer perder el efecto de la intensidad dramática de los diálogos (paisajes sonoros).

d) **Plano lejano o general**: Sitúa a la fuente sonora a una distancia convencional del oyente para crear una imagen de profundidad.

Mijail Minkov explica que

> ...la especificidad acústica de que está dotada la radio como medio de información proporciona a los autores radiofónicos muchas más oportunidades que la prensa. Pone a su disposición un rico arsenal de efectos sonoros, tales como la palabra viva, directa, con toda su gama de entonaciones dinámicas; la música con sus inigualables efectos emocionales y, finalmente, la inagotable variedad de sonidos y ruidos naturales sacados de la realidad, dan una calidad documental y agregan autenticidad a los hechos descritos **(21)**.

Los principios de *organización* y *codificación* de estos tres subsistemas en el *espacio* y el *tiempo* en las escenas son importantes para buscar la *organicidad*, el *balance*, la *armonía*, el *encuadre sonoro*, los *planos*, la *trama central*, las *subtramas*, la *situación* y la *atmósfera*. La experiencia en el medio radial es el mejor aliado del periodista.

Existen diferentes tipos de codificación (organización) de los subsistemas; los patrones son:

Código sin articulación. (efecto sonoro-música). La música es un sistema que permite una codificación móvil. Las notas musicales son sonido que ofrecen diferentes significaciones a través de los acordes e intervalos. Los efectos sonoros forman un código móvil que cambia la significación al emplear los contrastes del *timbre, tiempo, tono* e *intensidad*.

La música y los efectos sonoros pueden codificarse y ofrecer significados (*semas*) únicos. Cada efecto es un signo que lleva un contenido: *música suave = paz, calma; música fuerte = agresividad*.

Código con articulación (*habla*). La codificación de los elementos del habla (niveles *fonológico*, *morfológico*, *sintáctico*, y de los planos *fonético* y *semántico*, de los elementos suprasegmentales: acento *tonal*, de *intensidad*, *cantidad*) es la que ofrece la mayor información en comparación con los otros subsistemas: *música* y *efectos sonoros*.

Código con elementos de articulación y elementos sin articulación. Esta se logra con la utilización de la organización y composición de los subsistemas del lenguaje radial (habla, música, efectos sonoros y silencios). Con estos códigos sonoros se apelan a los otros órganos de los sentidos: señales visuales, táctiles, olfativas y gustativas.

Durante la codificación, el periodista radial siempre tiene presente que la emisión es unidireccional, temporal y está dirigida a un solo órgano de los sentido: la audición. Se busca crear *imágenes sonoras* (22), las cuales son *imágenes subjetivas* que el radioyente crea en su cerebro ante el estímulo sonoro.

Herbert Marshall McLuhan en su *Teoría de la percepción* explica cómo la imagen sonora necesita ser comprobada y confirmada por otros órganos de los sentidos ya que la percepción humana tiene gran dependencia de la percepción visual. El lenguaje radial tiene que ser suficiente en su verosimilitud al carecer del control visual.

Notas

1. Pávlov, Iván Petróvich (1849-1936) es autor de trabajos sobre la digestión y la "secreción por motivación síquica" que lo llevaron al descubrimiento del reflejo condicionado y a su concepción general de la actividad nerviosa superior. Premio Nobel de Fisiología y Medicina en 1904.

2. *Vid.*, **Ernesto Figueredo Escobar**: *Psicología del lenguaje*, p. 15.

3. *Lenguaje egocéntrico:* Verbalizaciones que surgen durante la actividad del niño y están dirigidas hacia sí mismo. Aumenta considerablemente hasta la edad de cuatro años. Luego, se debilita y desaparece aproximadamente a los 7 años. Vigotski plantea que por su forma es un lenguaje externo y por su función es interno. Es el caso intermedio entre el lenguaje interno y externo.

4. *Vid.*, **Ernesto Figueredo Escobar:** *Op. Cit.* Cap. III.

5. Diasistemas: Criterio funcional de la fonética, como disciplina Lingüística donde se observa la lengua como un sistema, sobre la cual aparecen otros sistemas dialectales, formando otros sistemas dentro de un sistema= **diasistema.**

6. LEA.III/1 1981, p.1-32.

7. **Sustrato**: Por analogía con las capas geológicas, se da ese nombre a las lenguas que, a consecuencia de una invasión de cualquier tipo, queda sumergida, sustituida por otra. La lengua invadida no desaparece sin dejar rasgos, palabras en la invadida.

   Superestrato: Fenómeno producido por una lengua llevada a otro dominio lingüístico en un proceso de invasión y que desaparece y no es adoptada ante la firmeza de la lengua invadida.

   Adstrato: Influencia mutua de dos lenguas o dialectos vecinos.

8. Armand Balsebre: *El lenguaje radiofónico*, p.13.

9. A. Balsebre: *Op. Cit.*, p.10.

10. Mijail Minkov: *Radioperiodismo*, p.11-12.

11. Yuxtaponer: Sonidos que no se superponen. Se codifican uno al lado del otro en el tiempo.

12. Mariano Cebrián: *Fundamentos de la teoría y técnica . . .* , p. 43.

13. Vocabulario básico en el radioperiodismo:

AGUANTAR: Mantener un sonido en el plano en el que está, o en el que se determine.

AL AIRE: Se está emitiendo el programa a los radioyentes.

CONTINUIDAD: .Sucesión temporal de la programación, CONTROL desde el que se efectúa la emisión, sucesión de un programa, conjunto de la secciones, partes y elementos del guión considerado como un todo.

CONTROL: Cabina de control donde se mezclan y graban los sonidos, técnico, especialista que labora en la cabina de control.

CORTAR: Perder EL SONIDO bruscamente.

CORTAR A: Perder un sonido bruscamente sobre otro sonido que se utiliza a continuación.

CRESTAS: Partes fuertes en una secuencia sonora.

DIRECTO: Sonido que se difunde en el mismo momento que se emite. Lugar de la emisión.

DESVANECER: Pierde intensidad el sonido que se está escuchando.

DOCUMENTO: Elemento pregrabado que se va a utilizar en el programa.

ECO: Reverberación fuerte para el sonido que se está utilizando.

EDITAR: Separar los cortes, diferenciándolos.

EMITIR: Sacar la programación al aire. Hablar.

ENCADENAR: Realizar uno o varios fundidos consecutivos.

ENTRA EN F.: Aparece como fondo de la emisión.

ENTRAN FUNDIDOS: Se difunden en el mismo momento y en el mismo plano.

ENTRAR: Intervenir el Control o un locutor en un momento del proceso de codificación y montaje.

EN VACÍO (sin SONIDO DE FONDO): Locutor o periodista que hablan sin sonido de fondo.

FONDO: (o F., SONIDO DE ACOMPAÑAMIENTO): Se mantiene por debajo de los planos principales.

FUNDIDO: Acto de FUNDIR. Dos o más sonido que se producen en el mismo momento en el mismo PLANO.

FUNDIR: Desvanecer un sonido sobre otro que entra. En algún momento del FUNDIDO, ambos sonidos están presentes en un mismo plano.

GRABACIÓN: Lugar y momento en que se produce una grabación.

INDICACIONES: Instrucciones, órdenes.

LOC.: Locutor. Puede ser más de uno. En este caso, se ponen los nombres o se numeran LOC.1., LOC.2.

MANTENER: Seguir con el sonido o la actividad más tiempo.

PARLAMENTO: Fragmento de texto destinado a la lectura por un periodista, locutor, narrador, actor.

PAUSA: Silencio.

PAUSA VALORATIVA: Silencio que se marca para dar realce o importancia a la parte que continúa.

PIE: Parte final de una lectura o intervención. Las últimas palabras son la guía para los operadores y otras personas que intervienen en el programa.

PLANO: Relación de un sonido con otros con respecto al nivel convencional de grabación: *primer plano.*

PP. Y F.: Entra en PRIMER PLANO y pasa a FONDO.

PROGRAMAR: Incluir un elemento en la emisión o grabación.

PROYECTAR: Emitir la voz desde una mayor distancia del micrófono.

RÁFAGA: Irrupción breve de un sonido en el PLANO que se indique.

REFERENCIA(o REF.): Datos que permiten buscar determinados sonidos: el soporte, el título, intérprete, contenido, número de identificación.

SOPORTE: Lugar o cuerpo físico donde están grabados los sonidos que se emplearán en el programa.

TEXTO: Parte que aparece en el guión para ser leída.

14. Humberto Eco: *La estructura ausente,* p. 189.

15. **Connotación:** Así designa J. Stuart Mill al nombre que designa un objeto con todas sus cualidades. Son todos los nombres comunes. Por ejemplo, la palabra *manzana* evoca enseguida en el oyente un objeto y las cualidades que le son inherente, de forma, tamaño, sabor.

16. Mijail Minkov: *Op. Cit.,* p.19.

17. Armand Balsebre: *El lenguaje radiofónico*, p. 23.

18. **Sintagma:** Unidad con significación no susceptible de ser dividida en unidades más pequeñas.

19. Raúl Ibarra: "Notas críticas" (s.p.i.).

20. *Vid.*, Rafael Beltrán: *La ambientación musical.*

21. Mijail Minkov: *Op. Cit.*, p. 12-13.

22. **Imagen sonoro o imagen acústica:** Términos utilizados por el lingüista francés Ferdinand Saussure en su obra *Memoria sobre el sistema primitivo de las vocales indoeuropeas.*

2.

LOS SUBSISTEMAS DEL LENGUAJE RADIOFÓNICO.

Ante todo, cuando consideramos las posibilidades del radio, debemos sentar una verdad de Perogrullo, de la que jamás podremos alejarnos: la audición radiofónica excluye todo elemento visual. Y del mismo modo que la música está hecha para el oído-medio sensorial que la transmite a los centros emotivos conscientes—debemos crear un teatro, una poesía, en una palabra, un *espectáculo* para el oído, dotado de la máxima inteligibilidad. No debe exigirse del oyente, sentado cómodamente en su butaca hogareña, el menor esfuerzo de imaginación. Utilizar imágenes directas, un lenguaje sencillo, que exprese una idea con la mayor claridad. Movilizar si es posible, un *estilo interpretativo*, hablando siempre al oyente en *presente* de indicativo.

Alejo Carpentier: *Crónicas,* p. 549.

2.1. EL HABLA (La fonación).

Entre los subsistemas *habla, música y efectos sonoros*, el **habla** tiene el papel fundamental en la difusión radial. Su eficiencia depende de su contenido y de su forma, al ofrecer la mayor cantidad de información precisa con menos recursos en comparación con los otros subsistemas restantes.

El periodista radial es un *profesional de la palabra* y, como tal, debe conocer exhaustivamente el proceso de *fonación* y las partes fisiológicas que intervienen

---

en *el sistema periférico motor verbal*, así como sus funciones y formas de mejorarlas.

> La estricta interpretación lingüística del lenguaje verbal en la radio ha sometido a la palabra radiofónica al deshaucio de su especificidad. La palabra radiofónica excluye la visualización expresa del interlocutor; esta circunstancia la hace un tanto extraña a los esquemas lingüísticos y paralingüísticos que definen la comunicación interpersonal en el lenguaje natural. No hay que olvidar que el lenguaje radiofónico es un lenguaje artificial, y que la palabra radiofónica, aunque transmite el lenguaje natural de la comunicación interpersonal, es palabra *imaginada*, fuente evocadora de una experiencia sensorial más compleja (1).

La *fonación* es el acto del habla y está determinada por un conjunto de procesos *psíquicos, fisiológicos* y *acústicos*. Se inicia con la aparición del motivo o la idea en el cerebro; pasa por diferentes etapas, hasta terminar en la codificación del mensaje sonoro. Intervienen (2):

En el hablante:
a) Sistema nervioso central.
b) Sistema nervioso periférico.
c) *Sistema periférico motor verbal:*
   - *Sistema respiratorio (energético: cavidades infraglóticas).*
   - *Sistema fonador (generador: cavidad laríngea)*
   - *Sistema de filtros y resonadores (modulador y amplificador: cavidades supraglóticas)*

d) Sistema de conexión de retorno:
   Vías cinestésicas y vía auditiva.
e) Sistema acústico: Onda sonora compleja.
En el receptor:
f) Mecanismo de pronóstico.
g) Sistema periférico motor-auditivo:
   - Oído externo (recibe las vibraciones)
   - Oído medio o caja timpánica (Transmite y refuerza las vibraciones)
   - Oído interno (Percibe los sonidos)

h) Sistema nervioso periférico.
i) Sistema nervioso central.

El *sistema nervioso central* está formado por los órganos que le permiten al hombre informarse de las modificaciones y cambios que ocurren en el medio en que vive y del estado interno de su organismo. Debido a ello, el organismo vivo se procura alimentos, se defiende, trabaja y se comunica.

El *sistema nervioso central* o *neuroeje* comprende el encéfalo y la médula espinal. El encéfalo está formado a su vez por el cerebelo y por el tronco o tallo encefálico. Los elementos que integran el sistema nervioso central están contenido en el estuche óseo craneorraquídeo.

El *sistema nervioso periférico* presenta dos sistemas: el *sistema nervioso de relaciones* y el *sistema nervioso autónomo*. El primero comprende los pares craneanos y las raíces raquídeas, los plexos cervical, braquial, lumbar y sacro, y los nervios periféricos. Todos ellos unen al sistema nervioso central a la periferia.

El *sistema nervioso autónomo* está formado por dos cadenas de ganglios situados a ambos lados de la línea media sobre la columna vertebral, plexos viscerales y nervio simpático.

Para que se produzca el *habla* o la *fonación* es necesario que todos estos sistemas funcionen en forma sincrónica y precisa. La **codificación** se inicia en la parte nerviosa central, la cual consta de dos eslabones:

1. El **motivo,** que constituye el resorte incial para cualquier tipo de exposición, puede ser:
   a. El motivo exigencia (demanda).
   b. Elocución de carácter informativa.
   c. Motivo relacionado con el deseo de formular claramente nuestras propias ideas (conceptos).

2. La selección en la memoria de los sonidos que componen las palabras. Se vinculan las unidades con el significado buscado.

Para que la pronunciación se realice de acuerdo con lo que se piensa, en la *corteza cerebral* se seleccionan las correspondientes órdenes (*impulsos neuromotores*), con el objetivo de organizar los *movimientos verbales*. Esta selección tiene lugar en un orden consecutivo exacto, el cual da lugar al **programa articulatorio**. En *el sistema nervioso central* aparecen los impulsos nerviosos y en *el sistema periférico* los movimientos.

Sapir en su libro *El lenguaje* plantea:

> El habla es un hecho tan familiar de la vida de todos los días, que rara vez nos preocupamos por definirla. El hombre la juzga tan natural como la facultad de caminar y casi tan natural como la respiración. Pero sólo hace falta un momento de reflexión para convencernos que esta "naturalidad" del hablante es una impresión ilusoria **(3)**.

El *cerebro* envía la señal para realizar la *fonación* por medio de los impulsos neuromotores, a través de los nervios pares (4), al *sistema periférico motor-verbal* formado por los **pulmones, cavidad laríngea—cuerdas vocales—, y cavidades supraglóticas**; además, al *sistema de conexión de retorno* para la retroalimentación a través de las *vías cinestésicas* (5) y *la auditiva*.

Los *nervios* envían la señal a los pulmones, los cuales se preparan con el aire necesario para la *fonación*. Los *pulmones* envían el aire hacia la **cavidad laríngea** por medio de la presión que sobre ellos ejercen el diafragma y las costillas inferiores. Los nervios llevan también la señal a las *cuerdas vocales*, las cuales se disponen, con mayor o menor tensión, para recibir el aire que viene de los pulmones.

Cuando el aire llega a la laringe, se produce la **voz**. Sobre el origen de la *voz* existen diferentes teorías. Entre otras, se encuentran la teoría *neuromioelástica o neuroscilatoria* que incluye acertadamente las interactuaciones de las vibraciones de las cuerdas vocales y del aire espirado. La actividad nerviosa y la columna de aire producen determinados movimientos oscilatorios en las cuerdas vocales, las cuales a su vez actúan en ese aire espirado, en el cual se produce una *onda sonora compuesta*.

Los pliegues vocálicos no actúan en forma pasiva debido al impulso del aire, sino en íntima conexión con los impulsos rítmicos transmitidos por el *nervio recurrente*. Esto crea en la columna de aire que asciende de los pulmones, un movimiento oscilatorio, en el cual aparecen el *tono fundamental* o *primer armónico*.

La actividad nerviosa, que provoca la interactuación o no de las cuerdas vocales con la columna de aire, determina inicialmente la **sonoridad** o **sordez** de los sonidos que forman los segmentos articulatorios sonoros. Esta *onda sonora* no es simple, sino compuesta. El **tono fundamental** crea *armónicos* que son múltiplos del propio *tono fundamental* y que se les superponen. Esta onda creada en la *laringe* es la que pasa a las **cavidades supraglóticas**.

El *conducto fonador bucal* adopta diferentes posiciones de cierre (músculos elevadores) y de abertura (músculos depresores), también la lengua reduce o aumenta las dimensiones de la **cavidad bucal** con un movimiento antero-posterior y súpero-inferior.

Desde el *punto de vista acústico*, hay tres tipos diferentes de fuentes que producen el sonido en el conducto fonador:

1. **Voz**: sonidos sonoros (cuerdas vocales en vibración las cuales producen los sonidos vocálicos y los sonidos consonánticos sonoros).
2. **Ruido por fricción** como efecto secundario de la turbulencia de la corriente de aire al pasar a través de las constricciones o estrechamientos en las *cavidades supraglóticas* (sonidos *fricativos sordos*).

3. **Ruidos explosivos por cierre** al liberarse el aire comprimido o retenido por una obstrucción del conducto bucal (sonidos *consonánticos oclusivos*)

Las **cavidades supraglóticas** (*bucal, nasal y faríngea*) al cambiar sus dimensiones actúan como *filtro y resonadores,* ya que producen cavidades con formas y volúmenes diferentes que conforman unas frecuencias determinadas, las amplian y filtran para formar los sonidos del lenguaje.

Las **conexiones de retorno** (6) se efectúan por las vías: *auditiva* y la *cinestésica aferente*. En el hablante, además del analizador motor-verbal como sistema de emisión, existe el sistema de *conexión de retorno*. Por *vía aferente* se envía la señal para lograr los movimientos requeridos. Esta sistematización de los movimientos verbales es lo que se denomina *estereotipo dinámico*.

La *percepción*, por el hablante de su expresión oral, se fundamenta en la interacción de los analizadores auditivos, visual y motor. La *percepción* del lenguaje se basa en el análisis y la síntesis de las características de los sonidos: *articulación, estructura rítmica, intensidad, entonación, pausas, acentuación* de las palabras y de las frases.

La vía *aferente cinestésica* desempeña la función principal, ya que actúa con más rapidez que el *control auditivo*. El *control cinestésico* tiene lugar durante la emisión y permite al hablante percatarse de algún error cometido en el momento del habla antes que el *control auditivo* participe, pues este último funciona después que se realiza la acción verbal.

Estas *conexiones de retorno* regulan, controlan y modifican el funcionamiento del *resonador bucal, faríngeo* y *nasal*, la *altura* de los sonidos, la *intensidad*. La pérdida de la audición altera **la fonación**.

A la perfección de la *voz*, el *habla* y el *oído*, contribuyó la comunicación recíproca o la retroalimentación. El hombre no percibe los sonidos de forma pasiva, sino que constantemente los reproduce en la mente, por eso se puede decir que la *voz* y el *habla* son la medida del oído.

Esta onda sonora compuesta, al salir de los órganos de fonación del hablante (*cavidades supraglóticas*) se propaga aproximadamente a 340 metros por segundo hasta llegar al oído del **receptor**. La trasmisión del sonido necesita de un medio portador (en el vacío no se transmite).

Las *ondas sonoras* son captadas por el oído del receptor en una zona de frecuencia entre los 16 Hertz y los 20 000 Hz. Estas ondas producen una serie de transformaciones en el oído medio e interno antes de convertirse en impulso nervioso. Las fases fundamentales en el receptor son (7):

- **Transmisión** mecánica.

- **Transformación** de las vibraciones sonoras en impulsos nerviosos. Envío de éstas por el *sistema periférico* hacia el *sistema nervioso central.*
- **Decodificación** de la información nerviosa en el *sistema nervioso central.*

Las variaciones de las presiones de aire hacen vibrar las membranas timpánicas situadas en el fondo del conducto auditivo externo del oído. La membrana mueve a su vez una cadena de tres huesecillos—*martillo, yunque* y *estribo*—sucesivamente, cuyos movimientos reproducen más o menos a los del tímpano, debido a las variaciones de la presión de aire.

El *sistema nervioso central* (8) decodifica la información que se le comunica. A medida que llegan las ondas sonoras, actúa el *mecanismo de pronóstico* el cual confronta la señal que se va recibiendo con los modelos lingüísticos establecidos en el cerebro. El receptor se anticipa para determinar *qué* y *cómo* podrá ser dicho el enunciado. Se apoya en las posibilidades combinativas de la verbalización: uniones de *fonemas, morfemas, palabras, grupos fónicos* y *segmentos sintácticos.*

2.1.1. Sistema periférico motor-verbal

El **sistema periférico motor verbal** (9) está compuesto por cavidades formada por diversos órganos. Estas son las *cavidades infraglóticas* (debajo de la laringe) que forman el *sistema energético,* la *cavidad laríngea* que funciona como *sistema generardor de la voz,* y las *cavidades supraglóticas,* las cuales funcionan como *sistema de filtros y resonadores* (***Sistema modulador y amplificador***).

2.1.1.1. El sistema Energético.

El **sistema respiratorio** está formado por las *cavidades infraglóticas,* las cuales están integradas por los pulmones, bronquios y la tráquea. Son el **sistema energético** del habla; por consiguiente, es básico que los *profesionales del habla*—periodistas y locutores que trabajan en el medio radial—tengan un acertado conocimiento de su *estructura, funcionamiento y ejercitación.*

La *respiración* es el acto de oxigenación de los tejidos del cuerpo. Es el cambio de gases que se realiza en los pulmones. Tiene dos momentos: la *externa o pulmonar* y la *interna o hística* (10). Para *la fonación,* es importante la primera. La respiración pulmonar es la entrada de aire hacia los pulmones.

Los huesos que forman el tórax están articulados. Numerosos músculos se insertan en las costillas. Los músculos que elevan las costillas reciben el nombre de *inspiradores,* y los que las hacen descender, *espiradores.* Así mismo, los movimientos respiratorios se denominan *inspiración* y *espiración.*

La *inspiración* es la entrada de aire a los pulmones. Cuando se realiza, aumenta el diámetro transversal del tórax. El esternón se proyecta hacia delante, con lo cual aumenta el diámetro ántero-posterior torácico. Cuando se contraen los *músculos inspiradores* que elevan las costillas, también se contrae el *diaframa*. Al contraerse el diafragma, su cúpula inferior se aplana, por lo cual se hace mayor el *diámetro vertical del tórax*. El tórax aumenta su tamaño en tres dimensiones (11).

Los *pulmones* son huecos y elásticos. Al dilatarse, crean una diferencia de presión, la cual permite la entrada de aire por las fosas nasales al interior de los *alvéolos pulmonares* al existir menos presión interna que en el exterior.

La *espiración* es la salida del aire de los pulmones. Después que el aire ha permanecido unos segundos dentro de los pulmones, ocurre el fenómeno totalmente inverso: Los *músculos inspiradores* se relajan; entonces, la elasticidad de los músculos, los huesos del tórax y los propios pulmones presionan para volver a su forma relajada normal, por lo que descienden las costillas y se reduce el *diámetro transversal*.

El esternón al desplazarse hacia atrás, disminuye el *diámetro antero-posterior*. El *diafragma* que también se ha relajado es empujado por los órganos digestivos, por lo cual se eleva y disminuye la *distancia vertical* del tórax, así como la de los pulmones. Las tres dimensiones del tórax disminuyen, los pulmones son comprimidos y parte del aire que contienen se expulsa al exterior.

En un adulto normal se producen aproximadamente diez y seis actos de respiraciones completas por minuto. El niño tiene un número de inspiraciones por minuto mayor que el adulto.

La *capacidad vital* (12) es la cantidad de aire que se puede expulsar después de haber realizado una inspiración profunda. En los pulmones, durante la inspiración, se encuentra el aire *complementario*, de *reserva* y *residual*.

Es innegable que la *capacidad vital* aumenta con la realización de ejercicios físicos. Una vida sedentaria conlleva a una capacidad vital mucho menor que la de un individuo que realice sistemáticamente ejercicios físicos.

El *control de la respiración* (13) se encuentra en el bulbo raquídeo, donde aparecen las neuronas que controlan los movimientos respiratorios. Este es el centro reflejo que recibe los estímulos, y del cual parten las órdenes de la contracción de los músculos respiratorios. El principal estímulos del centro del control respiratorio es la acumulación de sangre cargada de dióxido de carbono y con poco oxígeno. Estas señales desencadenan todo el proceso respiratorio.

El periodista radial conoce los *secretos de la correcta respiración* (14), con el objetivo de controlar profesionalmente la movilidad de las costillas inferiores y de la pared anterior del abdomen. Sabe que si las costillas *se contraen demasiado rápido*, provocan una excesiva fuga de aire, falta de presión, y la *voz* pierde *armónicos* del *timbre*. Si las costillas y el abdomen quedan *muy contraídos*, existe un *exceso de presión*, por lo que la *voz* se percibe rígida, y el hablante se fatiga con facilidad. La cantidad de aire y la presión están casi siempre en razón inversa: más cantidad de aire, se necesita menos presión y viceversa. Estas deben ser dosificadas según el *tono*, la *intensidad* y la *duración* que exija la *interpretación* sonora del espacio radial.

La **intensidad** depende de la *amplitud* de las vibraciones de las cuerdas vocales. Estas vibran con mayor o menor amplitud de acuerdo con la presión del aire espirado, determinado por la voluntad del hablante. La utilización intencional de la *intensidad* se realiza con el control voluntario del tiempo, la velocidad y la fuerza que se le imprime a la espiración. Cuando más fuerza se le imprime al aire espirado, *más intensa* es la *voz*. Pueden influir factores externos como la constitución física del sujeto, la digestión y tensiones emocionales.

La *duración* y la *intensidad* son directamente proporcional a la cantidad de aire que se expulsa. En las frases largas, el aire debe ser bien controlado y dosificado desde el inicio de la expresión. Si las frases se comienzan con *tonos graves*, se produce un gran gasto de aire, y las cuerdas vocales tienen poca tensión. Si se comienza por *tonos agudos*, se gasta menos aire, pero las cuerdas vocales presentan mayor tensión. Cuando el sonido disminuye y la reserva de aire se acaba, hay que continuar aumentando la *tensión* de las *cuerdas vocales* y el *control* del aire espirado.

La mejor posición para el acto de fonación es de pie, ya que la elasticidad pulmonar, la movilidad costal y diafragmática tienen sus mayores posibilidades. Además, proporciona la mejor ventilación y el mejor movimiento diafragmático.

El periodista radial, cuando lee una noticia con un *ritmo* rápido, respira ante de las palabras finales de su compañero de lectura, para estar listo cuando le llegue el turno de hablar, ya que si espera respirar cuando su compañero termina el parlamento, habrá un breve silencio en medio del diálogo, lo cual crea un vacío desagradable en el segmento del código sonoro del espacio radial.

. Formas de respiración por el lugar

La movilidad de las diferentes partes de los pulmones permite distinguir *dos formas diferentes de respiración* (15):

a) La **respiración *torácica, clavicular o pectoral***, en la cual la inspiración aumenta las dimensiones de la parte superior del tórax. Se elevan las clavículas y los hombros. Los músculos superiores torácico y cervicales se contraen y el abdomen desciende.

b) La ***costo-diafragmática***, la cual se realiza con una gran movilidad lateral de las costillas inferiores y de la parte superior del abdomen. La porción superior del tórax permanece con un movimiento imperceptible. Esta última forma de respiración es la indicada para cumplir las dos funciones básicas respiratoria: la *fisiológica* y la *fonatoria*. Es recomendable la gimnasia abdominal para reforzar el control de los músculos del abdomen.

Para que se efectúe una correcta respiración, es determinante tener una buena elasticidad pulmonar con una correcta movilidad costal y diafragmática. El periodista radial debe tener control de la elasticidad de estas partes para lograr la necesaria expansión a través de la movilidad costal y diafragmática, para así obtener la mayor ventilación en la parte inferior de los pulmones.

La *respiración diafragmática* (16) permite una mayor capacidad de ventilación. Se sitúa todo el esfuerzo físico de la inspiración y la retención del aire lejos de la laringe y de la parte superior del tórax para que los músculos y cartílagos se encuentren relajados exclusivamente para intervenir en la formación del sonido.

Para el *acto de habla* se considera incorrecta la *respiración torácica*, a pesar de ser la más generalizada. Esta acumula el aire inspirado en la parte superior de los pulmones, lo que dificulta el control y dosificación del aire en la medida que lo requiera el *habla*; además, exige tensión en los músculos laríngeos que deben permanecer relajados y preparados para intervenir exclusivamente en la producción del sonido. Por consiguiente, se afecta notablemente la emisión de la *voz* (sonido) que se produce en la *laringe*, por lo cual el sonido presenta *distorsión armónica* en su *tono fundamental*.

Para comprobar lo expuesto, se puede hacer una inspiración y retener el aire en la parte superior del tórax. Entonces, retener el aire, durante un tiempo prudencial. Se puede notar, la gran presión que ejerce esta región a la expasión pulmonar, así como la consiguiente alteración que provoca en los músculos de la laringe.

El *diafragma* ejerce presión sobre la columna de aire desde la zona inferior. El control voluntario de la presión permite expulsar el aire dosificadamente, para ponerlo en función del *tono fundamental* y de la *intensidad* del sonido.

Una afirmación que se repite en casi todas las lenguas es que existen diferencias entre la respiración del hombre y la mujer (17). Se plantea que las mujeres hablan más rápido que los hombres. Los científicos atribuyen esto a la fisiología, ya que la cantidad de aire contenido en los pulmones de la mujer es por término medio más pequeña que en el hombre, por lo que la frecuencia respiratoria de ella es más elevada que la de él.

Las *estructuras sintácticas*, el *sentido de la frase*, las *entonaciones*, obligan a todos a realizar, más o menos, las mismas pausas para que permitan, además de la comprensión del mensaje, las necesarias inspiraciones durante la fonación.

Las mujeres no pueden romper los *grupos fónicos* o *sirremas* (grupos de palabras con significación que se expresan sin pausas) por necesidades respiratorias en momentos diferentes a los del hombre, ya que el contenido y la longitud de estos grupos deben ser los mismos para que no pierdan su significado.

Como la *inspiración* de las mujeres son más frecuentes que las del hombre, el tiempo de que dispone para pronunciar un grupo fónico es inferior al que dispone él. Ella debe acelerar su parlamento para pronunciar el mismo número de palabras con más rapidez que la del hombre al disponer de menos capacidad de aire. La mujer, además con su tono más agudo, tiene menor gasto de aire al tener mayor tensión en sus cuerdas vocales [18].

. Formas de respiración por la función.

Existen diferencias entre la *respiración fisiológica y la fónica.*

i. La **respiración fisiológica** es completa, costodiafragmática. Presenta un trabajo sincrónico de las diferentes partes de los pulmones: *inspiración* con el movimiento diafragmático-costal. Posteriormente, control del aire. Es una respiración rítmica, simétrica y regular, sin interrupciones durante la inspiración-espiración. Es nasal, involuntaria e inconsciente.

ii. La **respiración fónica** (*habla*) comienza cuando el tórax está al final de la espiración. El periodista varía la intensidad y el ritmo, según las exigencias de las frases. La *inspiración* es corta y la *espiración* es larga. La *espiración* es bucal, excepto para los sonidos nasales. No se inspira mucho aire, sino lo necesario para el habla, ya que el exceso dificulta el acto de fonación. El aire se dosifica correctamente con el objetivo de buscar la nitidez de la voz. No se perciben los movimientos respiratorios ni se expulsa todo el aire de los pulmones, con el objetivo de que con pequeñas inspiraciones se pueda proseguir el acto de habla [19].

El habla no interfiere con las funciones fisiológicas. A cada idea le corresponde una *inspiración*, la cual es más corta que la *espiración*. No se inspira solamente por la nariz ante el micrófono, se hace también a través de la boca.

María Dojalska [20] apunta:

La correcta respiración representa la primera condición para una buena técnica del habla. Para hablar no es tan importante la cantidad de aire espirado, sino la economía de la espiración. No aprovechamos toda la capacidad de los pulmones, ya que en las extremas posiciones no sabemos dominar esa espiración, y al exagerar la espiración y tratar de

---

41

hablar hasta agotar máximamente la reserva de aire en los pulmones, se producirá una arritmia de la respiración, lo que significaría una influencia negativa para la fluidez de nuestro enunciado. Por lo tanto, es necesario hablar sin aspirar ni espirar al máximo y tratamos de (. . .) respirar allí, donde lo permita la construcción semántica de la comunicación concreta.

Puede ser que no se experimente ninguna dificultad al respirar, que se *aspire* correctamente con naturalidad y que la *espiración* sea lo bastante prolongada como para no interrumpir la frase. Es indispensable conocer profesionalmente la *respiración controlada*, ya que se evitan arritmias, espasmos por el estrés o temor. Si la base de la profesionalidad técnica es sólida, se poseen dominio y seguridad en circunstancias adversas.

Para sentir la correcta *respiración fónica* es suficiente con colocar una mano sobre el estómago y otra sobre las costillas. Al respirar, tranquilamente, se percibe la dilatación de toda la caja torácica y se comprueba que la parte superior de la cavidad torácica interviene poco en este proceso.

2.1.1.2. Sistema generador.

El *sistema fonador* está compuesto por la *cavidad laríngea*. M. Prives explica que:

> La laringe humana es un instrumento musical sorprendente, que representa la combinación de un instrumento de viento y un instrumento de cuerda. El aire espirado a través de la laringe provoca la vibración de los pliegues vocales (cuerdas vocales), extendidas como las cuerdas de un violín y como resultado de lo cual se originan los sonidos. A diferencia de los instrumentos musicales, en la laringe varían tanto el grado de tensión de los pliegues, como las dimensiones y las formas de la cavidad por donde circula el aire, que se consigue por la contracción de los músculos de la cavidad bucal, de la lengua, la faringe y de la propia laringe, dirigidos por el sistema nervioso [21].

La especie humana tiene la posibilidad de emitir, con ayuda de la laringe, sonidos extraordinariamente diferenciados que, bajo la forma del lenguaje, permiten la relación social entre los seres humanos.

El órgano fundamental de la fonación es la *laringe* [22]. Es un músculo cartilaginoso, central, simétrico y hueco, el cual está tapizada interiormente por una mucosa. Se encuentra en la parte anterior y media del cuello (entre la cuarta y la sexta vértebras cervicales), delante de la faringe, debajo de la base de la lengua. Aquí nace el sonido primitivo. La *célula inicial del habla* por medio del aire que llega de los pulmones.

Su ubicación está en relación con la columna vertebral. Se encuentra más elevada en los niños que en los adultos. También, ligeramente más alta en la mujer que en el hombre.

Las *funciones de la laringe* (23) son:

- La **respiratoria** para asegurar que el aire aspirado no salga de nuevo al exterior. Colabora con el intercambio metabólico de oxígeno por gas carbónico, de manera que la reacción sanguínea permanezca constante durante las fases de la respiración.
- La de **protección** para evitar la penetración en los bronquios de todo elemento que no sea aire. Utiliza la fuerza de expulsión de la tos, lo estrecho de los esfínteres y la expectoración para sacar al exterior cualquier cuerpo extraño.
- La de **fijación** ya que todo esfuerzo muscular, especialmente desarrollado en los brazos, necesita del cierre de la glotis, aún inconscientemente, para fijar la fuerza con la contracción del aire que se encuentra en los pulmones.
- La de **deglución** cuando la laringe se eleva y los músculos constrictores actúan para recibir y empujar hacia abajo el bolo alimenticio. Esta se cierra herméticamente para que los líquidos y alimentos no penetren en la tráquea.
- La de **circulación** cuando regula las presiones y expansiones del tórax de acuerdo con la necesidad de oxígeno de la sangre.
- La de **fonación**, la cual aparece en el desarrollo filogenético y ontogenético de los seres humanos. Aquí se produce la *voz*.

La *voz* (24) tiene una base cortical y periférica, un *carácter afectivo y emocional*. Es el sonido o conjunto de sonidos creados en la laringe. Para que se produzca, es necesario que la glotis se cierre durante la espiración, de modo que las cuerdas vocales vibren y actúen sobre el aire espirado. De esta forma le imprimen determinadas vibraciones a la columna de aire. Esta columna de aire a su vez interactúa con las cuerdas vocales. En esta interactuación dialéctica se produce la *voz*.

La *altura de los sonidos* (25) depende del número de vibraciones de la onda sonora. La emisión de los *sonidos graves* exige el descenso, ensanchamiento y la disminución de la tensión de las cuerdas vocales, por lo que ocurren menos vibraciones por unidad de tiempo. A diferencia de la emisión de los *sonidos agudos*, en la cual la laringe asciende, se estrecha y aumenta la tensión de las cuerdas vocales. Entonces, aparecen más vibraciones por unidad de tiempo.

Ambas cuerdas vocales se corresponden exactamente en acercamiento, longitud, espesor y tensión, para realizar un número de vibraciones creada por la columna de aire ascendente.

Antes de que el aire pase por las cuerdas vocales, la laringe se prepara por medio de las señales nerviosas para emitir el *tono* deseado. Se separan las cuerdas vocales. El cartílago aritenoide se coloca en la posición deseada. Se inicia la fase de tensión y contracción que regula el movimiento interno de las cuerdas vocales.

La voz refleja a través de sus inflexiones los *procesos afectivos*, tales como las *emociones* y los *sentimientos*. Una voz agradable provoca simpatía; desagradable, rechazo. Durante el *habla*, en contraste con la *voz*, la *articulación* y la *dicción* reflejan la instrucción y educación social del que habla.

La *voz* es diferente a otros *ruidos supraglóticos*, como los **sonidos consonánticos sordos**, el **grito** o el **susurro**. Los *sonidos consonánticos sordos* son los ruidos creados por las vibraciones irregulares del aire espirado al atravesar la cavidad bucal y bucofaríngea, que presenta un estrechamiento o cierre; en éstos no interviene la *voz*.

El *grito* es un sonido inarticulado glótico que se origina al salir el aire de los pulmones y encontrar a su paso la glotis convenientemente dispuesta. No actúan las cuerdas vocales. El *susuro* se produce al pasar el aire por el estrechamiento de las cuerdas vocales. Estas no vibran y el sonido percibido se debe al roce de la corriente de aire contra los bordes de la cuerdas vocales. Esta fricción provoca el ruido que forma el susurro.

En la laringe aparece el ***tono* (26)**. Las vibraciones de la columna de aire da lugar a la *voz*. Cada vibración produce una onda compuesta que posee tres cualidades: *longitud, amplitud y frecuencia*.

El *tono* es el *primer armónico*, el *armónico fundamental* o *tono fundamental*. Está formado por un número de vibraciones completas u oscilaciones de las cuerdas vocales por unidad de tiempo. Estas se producen de acuerdo con la tensión, longitud y grosor de las cuerdas vocales y dan lugar a la ***frecuencia***. El **tono** se produce en los sonidos vocálicos y consonánticos sonoros. Los cambios de *frecuencia* o de *tono* son los que reflejan en español las *variaciones melódicas de la voz* y la *entonación*. Dependen de las dimensiones y la tensión de las cuerdas vocales. Varían con el sexo y la edad. La voz del niño tienen mayor número de frecuencia de onda por unidad de tiempo que la del hombre.

El *tono* **(27)** en el medio radial ofrece características importantes:

a) **Muy elevado y fuerte** es el de las personas irascibles.
b) **Elevado una nota por encima de lo normal**, en una voz suave y lenta, ofrece la imagen de una persona afectuosa y tierna.
c) **Tono medio** expresa la calma de emociones y sentimientos.

d) Por **debajo del tono normal**, agrega calor y seriedad a una voz tierna y amable.

e) **Tonos bajos**, en una voz fuerte, muestran la energía de carácter, firmeza de espíritu.

f) En **una voz suave y dulce**, expresa gravedad.

g) En una **voz susurrante**, disposición sospechoza, socarrona y engañosa.

Los locutores y periodistas cuando hablan por el medio radial abren la laringe; es cuando se percibe la sensación de bostezo. Si tiende a cerrarse, se entorpece la emisión efectiva del aire, lo que impide que el locutor o periodista emplee correctamente su *voz*. Se dice que la laringe está cerrada durante una emisión plana. Se determina cuando se percibe la sensación de la laringe en la garganta. Si cuando se inspira se escucha un leve ruido, los músculos en la parte superior del cuello están contraídos. Si existe una contracción, es porque la cabeza está muy inclinada hacia adelante o hacia atrás o no se está respirando en forma costodiafragmática, lo cual distorsiona la *voz*.

Las *emociones desagradables* afectan la voz, dando lugar a la denominada "voz blanca" de la angustia. Las *afasias* (28) provocadas por emociones intensas determinan la pérdida de armónicos en el *timbre*, interrupciones y paros en el *habla* sin causas fisiológicas. Sin embargo, la alegría eleva el estado tónico del esfínter glótico y modifica favorablemente el *timbre*, aumentando su colorido y belleza.

El *sistema endocrino* (29) se encuentra entre los modificadores del *tono* en el esfínter glótico. Una pobre secreción de *hormonas tiroideas* provoca una extrema pobreza de modulación en la *voz hablada*, dificultades en la producción del sonido o en la forma para sostener la altura de los sonidos y evitar la pérdida de *armónicos* en el *timbre*. El exceso de *hormonas tiroideas* crea una variabilidad extrema de la altura y el *timbre*; aquí aparecen bruscos pasajes de una *voz aguda* a una *grave* con una consiguiente fatiga en las cuerdas vocales.

La insuficiencia en las glándulas *endocrinas suprarrenales* disminuye la frecuencia en el *tono* de la *voz*. Provoca un debilitamiento vocal con dificultades para gritar y para emitir *sonidos agudos*. El exceso de las hormonas masculina *andrógeno* crea una *voz* varonil y *grave*. El de *estrógeno*, una *voz aguda* y femenina.

Las diferentes características individuales de las *cuerdas vocales* son las causas principales de los diferentes *tipos de voces*. Los **hombres** suele tener cuerdas vocales más fuertes y menos tensas, de ahí que sus *sonidos* sean más *bajos y graves*. La **mujeres** y los **niños** poseen sus cuerdas más cortas, tensas y menos fuertes, por lo cual sus *sonidos* son más *agudos*. Existen también las particularidades de cada laringe, lo mismo en el hombre que en la mujer, en cuanto a configuración anatómica de dicho órgano. Un hombre puede poseer una laringe dotada de cuerdas vocales largas y un tanto fuerte, y una mujer puede tener también cuerdas vocales largas y fuertes, a diferencia de las que poseen la generalidad de su sexo.

María Dojalska dice al respecto:

> Aumentar excesivamente la fuerza de la voz, ante todo si no corresponde con las cualidades acústicas de la sala, resulta totalmente inútil y causa un cansancio excesivo de la voz (. . .) necesitamos más aire y por eso tenemos que intensificar la respiración, lo que representa el primer esfuerzo agotador.
>
> Además, al aumentar la *intensidad* de la voz se eleva también su altura total, y como consecuencia hay una mayor tensión de las cuerdas vocales. Las vibraciones son más rápidas y es mayor el esfuerzo realizado. Al exagerar el aumento de la intensidad y la elevación de la altura tonal de la voz, por ejemplo, por influencias emocionales, se puede producir una afección de las cuerdas vocales, que puede hacerse crónica (se conocen las "afonías" de los aficionados en los estadios).
>
> Estas observaciones están vigentes para el locutor que debe dominar cierto espacio acústico sin el micrófono, y también para los que la usan, pero hablan en una sala grande o al aire libre; no se dan cuenta que no tienen que dominar la sala por la intensidad de la voz, sino por medio de la técnica **(30)**.

La mejor *posición para emitir la voz* es de pie. Le sigue, la de sentado, y la peor, es acostado. Para hablar acostado se requiere de un enorme esfuerzo de los músculos que intervienen en la respiración. De pie o sentado, se habla con la cabeza algo levantada, nunca se inclina la cabeza hacia abajo, ya que dificulta la columna de aire. El giro de la cabeza a los lados durante la fonación, distorsiona el sonido por la contracción de los músculos del cuello y la laringe.

2.1.1.3. Sistema de filtros y resonadores.

Las *cavidades supraglóticas* **(31)** están formadas por las *cavidades moduladoras y amplificadoras*, las cuales las forman la *cavidad bucal, la cavidad nasal, la faringe y los senos paranasales.*

La *cavidad bucal* se encuentra en la parte inferior de la cara. Es la primera porción del tubo digestivo, limitada por la boveda palatina, lengua, labios, mejillas, velo del paladar y faringe. Los arcos alveolodentales subdividen la cavidad bucal en una porción anterolateral: el vestíbulo, y en la parte inferior de dicho arco: la boca.

La *cavidad nasal* es la parte inicial del sistema de órganos respiratorios. El aire penetra a través de las ventanas de la nariz. Se encuentran dirigidas hacia abajo para desviar la corriente de aire hacia el campo olfatorio. La *cavidad nasal* está formada por huesos y cartílagos. Sus paredes están tapizadas por mucosas y gran cantidad de vasos sanguíneos. Aquí el aire se purifica del polvo, se calienta y se humedece. La *cavidad nasal* se comunica con la *nasofaringe* por dos agujeros. De aquí pasa a la *orofaringe* o zona bucal, y después, a la *laringofaringe*.

La *cavidad faríngea* sirve para el paso de los alimentos de la cavidad bucal al esófago, y para el paso del aire de la cavidad nasal a la laringe. Tiene forma tubular y se encuentra situada detrás de la cavidad nasal, bucal y de la laringe. En correspondencia con estas zonas, la faringe se divide en tres porciones: nasal o *rinofaríngea*, bucal u *orofaringe* y laríngea o *laringofaringe*.

Los *senos paranasales* comprenden las *cavidades etmoidales, frontal, maxilar y esfenoidal*. Estos senos son pequeñas cavidades que funcionan como resonadores para reforzar el sonido de las cavidades *bucal, nasal y faríngea*.

En la *cavidad bucal* se *articula, amplifica* y *filtra* el sonido. Actúa como una *caja de resonancia y filtro*. Al variar sus dimensiones por medio de la movilidad de la lengua y las otras partes dinámicas de la *cavidad bucal*, se modifican y conforman los *armónicos*.

La *cavidad nasal* está dividida en dos partes por el tabique. El velo del paladar cierra el paso a la cavidad nasal para la mayoría de los sonidos no nasales, sólo se separa de la pared faríngea para dar lugar a los sonidos nasales.

La columna de aire que sale de los pulmones tiene como base el diafragma y su punto más alto, los senos paranasales. Esto permite que *la voz* sea oída con nitidez a gran distancia. Se debe tener la impresión de que las vibraciones se sienten en estas partes. Al proyectar *la voz*, se le imprime al sonido un impulso hacia adelante y hacia arriba, sobre la *cavidad bucal*.

Los rasgos distintivos de los sonidos

La correcta articulación la logra el periodista radial con el conocimiento y dominio profesional de los *rasgos distintivos de los sonidos*, los cuales determinan el *modo* y *lugar* exacto de la articulación de cada fonema.

Cuando el sonido llega a las *cavidades supraglóticas*, ya está presente la señal psicológica con el **programa articulatorio** a emplear. Todo sonido formado en las *cavidades supraglóticas* (32) tienen cuatro *rasgos distintivos*. Son:

1. *sordos* o *sonoros* (lo determinan las vibraciones de las cuerdas vocales)
2. *nasales* u *orales*.
3. Por el **modo de articulación** pueden ser *oclusivos, fricativos, africados, nasales y líquidos (laterales y vibrantes)*.
4. Por el **lugar de articulación** son *bilabiales, labiodentales, alveolares, interdentales, palatales, velares, laríngeos*.

Estos *sonidos* aislados son elementos *subsígnicos*, o sea, carecen de significación. Se identifican por estos *rasgos articulatorios* los cuales contrastan entre sí y crean significación en sus uniones en niveles superiores del lenguaje cuando dan lugar a los *morfemas*.

Los sonidos son *sonoros* porque vibran las cuedas vocales durante su emisión (vocales y consonantes sonoras). Son *sordos*, si al realizarse el sonido no vibran las cuerdas vocales (*p, t, k*). Los sonidos que salen por la cavidad bucal son los sonidos *orales*. Estos se producen cuando el *velo del paladar* se une a la pared faríngea, lo cual obliga al aire a salir por la boca. Los *nasales*, cuando el *velo del paladar* se separa de la pared faríngea, hay un cierre en la cavidad bucal, lo cual obliga al aire a salir por la cavidad nasal (*n, m, ñ*).

Se pueden producir sonidos vocálicos *nasalizados* cuando el sonido vocálico sale por la cavidad nasal y bucal al mismo tiempo-sonidos *oronasales*-. Esto ocurre cuando aparecen vocales en contacto con sonidos nasales.

La *cavidad bucal* crea diferentes aberturas o cierres, dando lugar al **modo de articulación** (33):

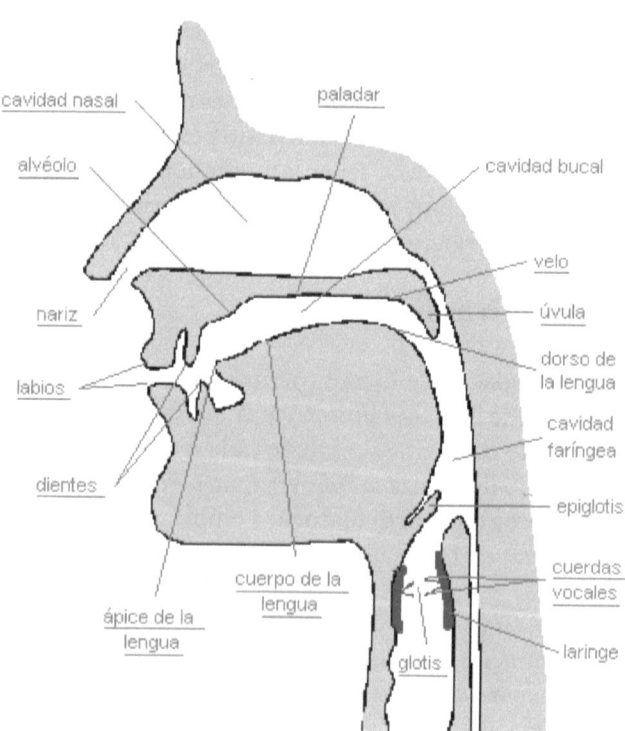

Figura No. 1. Órganos de Articulación.

1. Los **sonidos vocálicos** son:
   a) **Altos** (*i, u*) se producen cuando la lengua se acerca a la parte superior de la cavidad bucal.
   b) **Medios** (*e, o*), la lengua permanece en la parte media.
   c) **Bajo**s (a), cuando se alcanza la mayor separación entre la bóveda de la cavidad bucal y la lengua.

2. Los **sonidos consonánticos** son:
   a) *Oclusivos* (explosivos o momentáneos) cuando se crea un cierre completo de los órganos articulatorios, los cuales producen una interrupción en el paso del aire (*b, d, g, p, t, k*).
   b) *Fricativos* (constrictivos o continuos): se produce un estrechamiento en el canal bucal, sin que llegue a un cierre completo de los órganos articulatorios. El sonido sale por este estrechamiento y produce un ruido en su salida (*f, d, s, y, h*).
   c) *Africados* (*oclusión* más *fricación*): sonido que ocurre en dos momentos, primero un cierre completo de los órganos articulatorios, seguido de una pequeña abertura por donde sale el aire con cierto ruido por la fricción (*ch, y*).
   d) *Nasales*: la cavidad bucal se cierra y el pasaje nasal queda abierto, ya que el velo del paladar se separa de la pared faríngea por lo que el aire sale por esa vía (*m, n, ñ*).
   e) *Líquidos:* presentan la máxima abertura, tono y frecuencia en contraste con los otros sonidos consonánticos. Los sonidos *líquidos* no llegan a la abertura y *tono* de las vocales. Entre los sonidos *líquidos* se encuentran los **laterales:** el aire fonador sale a través de un estrechamiento que se produce entre un lado de la lengua y el reborde de la región pre o medio palatal (*l*) y los *vibrantes*: ocurren una o varias oclusiones momentáneas durante la salida del aire fonador entre el ápice lingual y los alvéolos (*r, rr*).

Además, los órganos de la cavidad bucal se desplazan con un movimiento *ántero-posterior*, para así determinar el ***lugar de articulación*** (34):

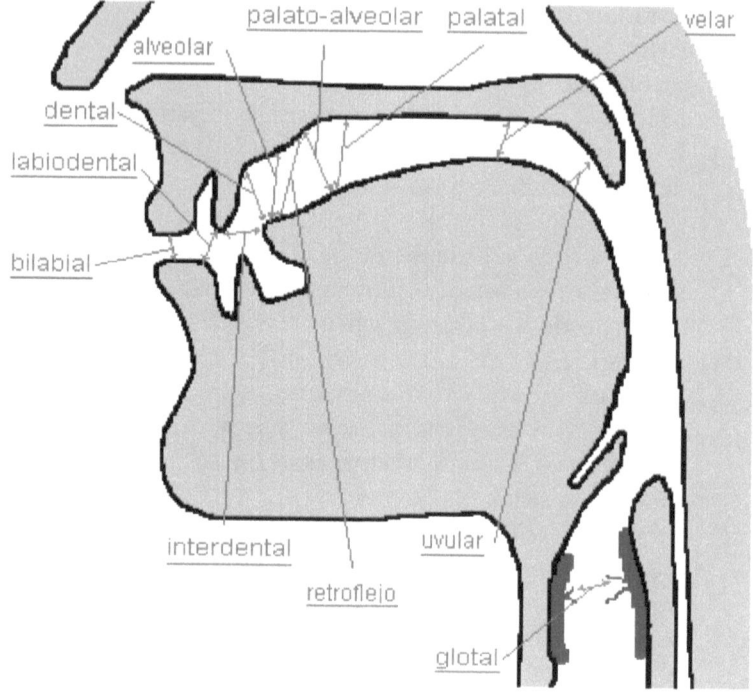

Figura No. 2. Lugar de Articulación

1. Los **sonidos vocálicos** son:
    a) **Anteriores** o **palatales** (*i, e*) cuando el *predorso* de la lengua se acerca a la región delantera de la cavidad bucal.
    b) *Posteriores o velares* (*u, o*) cuando el *postdorso* de la lengua se aproxima al paladar blando o velo del paladar.
    c) *Central* (*a*) si el *dorso* de la lengua se aproxima a la región del mediopaladar.

2. Los **sonidos consonánticos** por el *lugar se articulación* se denominan de acuerdo con los órganos que intervienen en su realización:
    a) *bilabiales* (*p, b, m*) cuando los dos labios se ponen en contacto.
    b) *Labiodentales* (*f*) cuando el labio inferior se aproxima a los incisivos superiores.
    c) *Linguodentales* (*t, d*), el ápice de la lengua se pone en contacto con la cara interior de los incisivos superiores.

d) ***Linguointerdentales*** (*d*), el ápice de la lengua se introduce entre los incisivos superiores e inferiores.

e) ***Linguoalveolares,*** una oclusión entre el ápice de la lengua y los alvéolos, el aire sale por la vía nasal (*n*), si el ápice de la lengua se acerca a los alvéolos dejando un estrechamiento (*s*), si el ápice y reborde de la lengua tocan a los alvéolos y encía (*l*). Si se forma una breve oclusión del ápice de la lengua contra los alvéolos, se forma la *vibrante simple* (*r*), dos o más oclusiones, *vibrante múltiple* (*rr*).

f) ***Linguopalatales*** cuando el predorso de la lengua se pone en contacto con la región palatal formando una oclusión y a continuación en la misma zona una fricación (*ch*). Si la región predorsal de la lengua se une a la región prepalatal cerrando la salida del aire y obliga a éste a salir por la vía nasal, ya que el velo del paladar se encuentra separado de la pared faríngea (*ñ*). Si la lengua se une a la pared media y anterior del paladar duro, y deja por el centro un pequeño canal por donde sale el aire (*y*).

g) ***linguovelares*** cuando se forma una oclusión con el postdorso de la lengua contra el paladar blando o velo del paladar (*g, k*).

h) ***Guturales*** *o* ***faríngeos,*** el aire produce una fricción en la zona laríngea por el estrechamiento de sus paredes (*j*).

El *habla* u onda sonora que realiza el hablante forman un sistema que es objeto de estudio de la *Fonética Acústica.* En esa onda acústica se encuentran diferentes *rasgos distintivos* que pueden ser *prosódicos* (35) *o intrínsecos.* Según Alarcos Llorach:

> Los rasgos inherentes aparecen en el discurso lingüístico en forma de secuencia (. . .) Los rasgos prosódicos, por el contrario, aparecen superpuestos a los primeros, y sólo pueden definirse por referencia a la secuencia del discurso. La combinación simultánea de varios rasgos inherentes constituye un segmento mínimo de la cadena hablada. Un rasgo prosódico, aunque esté combinado (. . .) tiene un valor distintivo, cuando lo tiene, por el contraste con el elemento o los elementos prosódicos que le preceden o siguen en el discurso (36).

El ***rasgo distintivo intrínseco*** de los segmentos de la onda sonora es pertinente por su oposición sistemática interna. Es una manifestación propia de un sonido, ya sea vocálico o consonántico, como un segmento constitutivo y autónomo. Su presencia o ausencia cambia la naturaleza de los sonidos: *sonoridad/sordez* (*p/b*) *perro/berro.* Un *rasgo prosódico* (37) necesita la presencia de otro que contraste (*sílaba acentuada/ no acentuada*). Sólo las vocales que constituyen núcleos silábicos presentan los *rasgos prosódicos*. Su presencia o ausencia no cambia la naturaleza del sonido (a), (á). Los **rasgos distintivos prosódicos** que se encuentran en la cadena hablada son la *duración, intensidad, el tono o frecuencia fundamental, y el timbre o la estructura acústica*. Los **rasgos intrínsecos** son los de *sonoridad*, relacionados con los rasgos prosódicos de *intensidad* y *cantidad*. Existen además los rasgos de *tonalidad*, los cuales se relacionan con los rasgos prosódicos que emplean el *tono* de la voz.

El timbre

El *timbre* es uno de los rasgos esenciales del sonido articulado, unido al *tono, intensidad* y *duración*. Es el resultado de la conformación del número de vibraciones de la resonancia y de la audibilidad de los *armónicos* de un sonido. Depende del volumen y abertura de las cavidades de resonancia (bucal, nasal faríngea) donde se produce. Acústicamente, si los armónicos de mayor amplitud son los más bajos, el *timbre* es grave. Si son los superiores, el *timbre* es agudo. La **estructura formántica**, según la *Fonética Acústica*, tiene como correlato subjetivo el timbre.

> El *timbre* está definido por tres factores: 1. Composición espectral; 2. Forma de los transitorios de ataque y extinción, y 3. Número y distribución de las zonas formánticas. La variación del timbre de un sonido, aquello que lo hace distinto, es consecuencia de la variación de las zonas formánticas o armónicos (frecuencia múltiplo de la fundamental). La frecuencia o tono fundamental constituye ya un parámetro esencial, por ejemplo, en el reconocimiento de una voz masculina o femenina: el tono fundamental del hombre oscila entre 80 y 250 c/s (ciclos por segundo); en la mujer, de 150 a 350 c/s, y en el niño, de 250 a 500 c/s. **(38)**.

El *timbre* es una combinación de varios elementos. Son determinantes

- **Espectro**: Distribución de la energía en función de los armónicos o inarmónicos de un sonido complejo.
- **Envolvente de amplitud**: Variación de la amplitud en el tiempo.
- **Formantes**: Es el punto más alto de intensidad o concentración de energía en una frecuencia de un sonido.

En el *timbre*, la posición de la lengua es fundamental. El periodista radial logra mejorar el *timbre* cuando deja la lengua sin rigidez, ni contracciones. La punta de la lengua se sitúa detrás de los incisivos inferiores. Esta posición atrae la epiglotis hacia la base de la lengua y libera bien la abertura de la laringe. Se eleva el velo del paladar para cerrar la faringe nasal. Esta posición fisiológica normal tiene como objetivo suprimir toda contracción muscular y permitir una adecuada emisión fónica.

Cada persona tiene un timbre diferente ya que cada cual tiene características particulares en la constitución de sus *cavidades supraglóticas* (bucal, nasal y faríngea), *cavidad glótica* y *cavidades infraglóticas*.

Germán Pinelli, conocido animador y locutor cubano, explica:

> Cuando escuché por primer vez mi voz me detesté a mi mismo.
> Yo pensaba que tenía una voz hermosa, y en realidad era una voz de
> pito de globero, estridente y aguda, aunque sí sabía emitir la voz por la
> nariz, por la garganta, por el pecho, por la cabeza: esa fue la ventaja de
> haber estudiado técnica de canto, que yo recomiendo a los animadores
> y locutores actuales. Con esa voz comencé a animar . . . **(39)**.

Los locutores definen los *timbres* como: *brillante, absoluto* y *opaco*. El *timbre brillantes* es aquel que se relaciona con los *estados anímicos* de la alegría, felicidad, optimismo, vitalidad reflejado en acciones y otros estados afines. El *timbre opaco* se vincula con el miedo, tristeza, suspenso, solemnidad. El *brillante,* con todo lo apuesto al *opaco*. El *timbre absoluto* es el de una voz normal. "Los procesos de reconocimiento y selección que caracterizan la percepción radiofónica se expresan en la definición del timbre con una significación decisiva en la comunicación radiofónica . . . a partir del timbre y del 'color' de la palabra es como los radioyentes *imaginan* o reconstruyen visualmente el rostro de los sujetos hablantes" **(40)**.

2.1.2. La Locución

La *locución* **(41)** en la radio es una especialidad que requiere de la intervención de profesionales que presenten, expliquen, conduzcan y despidan los espacios.

El locutor o el periodista radial es el enlace entre la emisora y el público, la continuidad lógica entre los programas y actividades del medio, la identificación de la emisora y el eje relacionante de los elementos sonoros de un programa.

El periodista radial ejerce gran influencia en la expresión oral de los oyentes, ya que emplea un lenguaje cuidadoso, limpio de expresiones vulgares, sin que indique el uso de un léxico rebuscado. Un lenguaje correcto, claro y preciso, al alcance de todos los niveles, es la norma de todos los locutores y periodistas.

El *dramatismo de la locución* se caracteriza por el estado anímico, en el cual se onjugan varios factores: *entonación, intensidad, ritmo, timbre.* Puede darse el caso de que una frase puede adquirir *mayor dramatismo* con poca *intensidad,* un *timbre opaco,* una mayor duración silábica y *poca velocidad.* Sin embargo, también se puede obtener ese *dramatismo* dándole mayor *intensidad*, un *timbre* intermedio y una velocidad superior a la normal.

La *velocidad* normal de la palabra en la radio es hasta cierto punto menor que la de la conversación corriente, ya que en esta última existen experiencias comunes y elementos paralingüísticos visuales que refuerzan la comunicación, tales como los gestos. En la difusión masiva, el oyente debe captarlo todo a través del canal auditivo, sin poseer muchas veces elementos de relación, experiencias anteriores de lo que se está exponiendo y sin poder preguntar sobre algún aspecto que no comprende.

Aunque no existe una velocidad única en la locución radial, sí hay límites máximos a los cuales se ajusta el locutor o periodista: tienen su margen de unas ciento setenta palabras por minuto como máximo, hasta cien palabras como mínimo. El promedio de velocidad correcta en una locución radial periodística es de 140 a 150 palabras por minuto, de dos a dos y media palabras por segundo. La velocidad varía de acuerdo con el género periodístico o el espacio radial.

.La articulación y la dicción.

La *situación, tema, contenido, experiencias, necesidades* e *intereses* influyen notablemente en la atención e interés de los radioyentes. La atención y el interés se mantienen de acuerdo con la excelencia en la *articulación* y *dicción* de los periodistas y locutores radiales (42).

La *dicción* es la manera cuidadosa y estética de articular y pronunciar las palabras. Es la realización total del enunciado con su necesaria *entonación, ritmo, cadencia* y *pausas*. Se puede articular muy bien y poseer una *dicción* defectuosa.

La *articulación* es considerada el esqueleto de la *dicción*, la cual equilibra con la interpretación la realización de las sílabas y los grupos fónicos. La *dicción* destaca lo importante de lo accesorio para agregarle el encanto necesario a las palabras.

El periodista radial controla con profesionalidad y precisión la *lengua*, el *paladar blando*, los *labios* para modular, diferenciar, filtrar y amplificar los sonidos.

El eminente psicólogo ruso A.R. Luria explica que:

> La pronunciación de los sonidos del lenguaje y de sus articulaciones, que constituyen la estructura articulatoria de la palabra, se forma sobre la base de la audición fonemática; al mismo tiempo, las articulaciones de los sonidos participan activamente en su formación. La pronunciación de los sonidos del lenguaje requiere una motricidad verbal precisa, posible cuando los impulsos que poseen mucha movilidad tiene un destino exacto. Para la pronunciación de las palabras es imprescindible

una organización en serie y bien consolidada de las articulaciones sucesivas, con buena interrelación con los movimientos precedentes, y paso fluido a los siguientes. Este proceso debe transcurrir con un cambio suficientemente plástico de las articulaciones de los sonidos de acuerdo con el lugar de esta articulación en la palabra pronunciada. El paso de la pronunciación de la palabra a la frase, y después a una expresión completa, requiere la conservación del sistema general de ésta, así como de la vía compleja desde el pensamiento hasta la estructura verbal formada en serie (43).

El *acto de la fonación* o *habla* tiene una base cortical central. Es eminentemente voluntaria y tiene un carácter semántico. Es el vehículo de las ideas, de los conceptos, pensamientos, a los cuales representa como envoltura expresiva. Esto hace posible la manifestación externa de las ideas por medio de los movimientos articulados de los órganos que forman las cavidades supraglóticas (44).

La técnica vocal no se inventa, hay que ejercitarla para aprenderla. Es menester trabajar mucho para dominarla a la perfección. Debe estudiarse el funcionamiento de los órganos de la fonación, hacer ejercicios con los *músculos de la laringe, de la boca, máxilar inferior* y en particular *de la lengua*. El periodista radial conoce que el mantener la lengua ágil y fuerte le permite realizar los diferentes sonidos con la exactitud articulatoria requerida. La movilidad del *velo del paladar* es imprescindible para la división de los sonidos en orales y nasales. En los sonidos oclusivos velares intervienen activamente tanto el *velo del paladar* como el postdorso de la *lengua*.

La mandíbula inferior se mantiene relajada durante el acto de la fonación. Si se siente rígida se deforma el molde bucal y estropea la belleza de los sonidos, además, de entorpecer el movimiento de la lengua.

Hay que aprender a *articular* bien. Es una necesidad básica para el que quiere hablar en público. Requiere del estudio de todos los elementos del lenguaje hablado, tales como los *sonidos consonánticos* y *vocálicos*, las *sílabas*, los *grupos fónicos*, la *entonación* con sus *tonemas*. Saber emplear la respiración costodiafragmática, controlar la inspiración y dosificar el aire durante el habla.

Las características de una buena *dicción* son:

- Comprensión fácil del enunciado por el receptor.
- Claridad y emisión agradable sin esfuerzo.
- Flexibilidad expresiva: timbre claro y puro.
- Correcta interpretación del mensaje.

El periodista o locutor radial observan constantemente la altura de su voz para evitar una posible *disfonía* (45). Al emplear los resonadores superiores, se evita la tensión, ya que con una buena articulación se necesita menos esfuerzo para hacerse oír. Controlar la *entonación*, las *pausas*, la *acentuación, ritmo, velocidad, tono, timbre, intensidad* y *duración*, es básico en la locución radial.

Si se siente cansancio en las cuerdas vocales, el periodista radial aprovecha una pausa para realizar un bostezo reprimido. Refuerza la pronunciación de las vocales ya que conoce que son los sonidos más perceptibles. S. M. Volkonski, en *La palabra expresiva,* apunta que las vocales son un río y las consonantes la orilla. Se precisa la articulación de ambas para que no haya inundaciones (46).

Las vocales se generan en el mismo instante en que el aire de nuestros pulmones es convertido en sonido por la acción vibratoria de las cuerdas vocales; no intervienen los órganos de articulación sino es para su amplificación y resonancia. Las vocales son clasificadas según el número de vibraciones, en el orden siguiente:

"u"   450 vibraciones simples.
"o"   940 vs.
"a"   1,880 vs.
"e"   3,760 vs.
"i"   7,520 vs.

Desde una perspectiva musical, la "a" se distingue por su claridad, la "e" por su facilidad, la "i" por su sonoridad, la "o" por su suavidad y la "u" por su conductibilidad. Las vocales son el vehículo de sonido por excelencia, tienen el poder de *colorear* la voz y darle relieve, concentran y reflejan el sonido.

Las consonantes son los sonidos que proyectan a las vocales hacia el exterior y les dan contenido. Las consonantes hacen la palabra inteligible. Son el resultado de la articulación o movimiento flexible, rápido y preciso de los órganos articulatorios: lengua, maxilar, paladar y labios (47).

El periodista y el locutor radial se cuidan de las pausas. Sólo la utilizan cuando se emplean para darle fuerza a una expresión, lograr un momento climático, ofrecer un matiz didáctico o dubitativo, lograr una coincidencia entre las pausas sicológicas y las fónicas con el objetivo de lograr una correcta codificación del mensaje.

Los periodistas y locutores se ejercitan hablando lentamente y articulando con corrección. No murmuran ni permiten que la *intensidad* disminuya en los finales de las frases, lo cual hace ininteligible el enunciado. Inspiran antes de cada período para evitar la *pausa* en la mitad de un *grupo fónico.* Además, recuperan el aire mediante breves inspiraciones que coinciden con la puntuación. Varían el *ritmo* de la exposición: lento cuando se razona y rápido cuando se exhorta.

Los *profesionales de la palabra* en el medio radial trabajan con ahínco para eliminar errores en la *dicción* (48). Estos errores se comenten contra la corección y la claridad del lenguaje. Algunos son:

- **Barbarismos.**
- **Solecismos.**
- **Queísmos.**
- **Redundancia.**
- **Cacofonía.**
- **Monotonía.**
- **Anfibología.**

Algunas *problemas de dicción* pueden ser por **adición, supresión** o **transposición**:

- Por **adición,** en el lenguaje popular se le añaden sonidos al principio de la palabra: *prótesis: abajarse; epéntesis,* se le añade sonidos en el medio de la palabra *corónica, Ingalaterra* y **paragoje** se le añaden al final: *huespede, cuatros.*
- Por **supresión** se encuentran en la **aféresis,** en la cual se suprimen sonidos en el principio de las palabras: *horita* por *ahorita; síncopa,* se eliden en el medio de la palabra: *prolema* por *problema apócope,* se suprimen al final: *ma* por *más.*
- La **metátesis** es por **transposición** se altera el orden de los sonidos, ejemplo *gabazo* por *bagazo* y las **contracciones**: *todo esto* por *to'eto.*

El periodista trabaja la *articulación* como un artífice para huir de las omisiones, los trueques de diferentes sonidos, asimilaciones en contacto regresivas, así como las asimilaciones en contacto progresivas. Utiliza una manera sencilla para encontrar una correcta velocidad en sus enunciados. Mide el número de palabras por minuto en una lectura y realiza varios ensayos con diferentes textos medidos previamente. Presta especial atención al movimiento del *maxilar inferior, velo del paladar, lengua* y *labios,* para evitar la rigidez y así buscar la agilidad y movilidad con el objetivo de lograr una modulación y amplificación óptimas.

.La lectura

Saber leer e interpretar un texto es un pilar básico en el trabajo radial. En *La voz. Técnica oral,* G. Canuyt expone: "La lectura en voz alta es un arte que exige la posesión de todas las reglas del mecanismo vocal. Para leer bien en público hay que poseer la técnica de la respiración y la de la fonación. La pronunciación, la dicción y la articulación deben ser perfectas. La voz debe estar bien situada, tener buen alcance y timbre conveniente **(49)**".

De la habilidad y calidad del lector depende en gran medida la interpretación íntegra y cabal del texto para poder llevar vía oral las emociones, sentimientos y otra infinidad de matices necesarios en el mensaje.

Se cometen errores comunes durante la lectura, tales como:

- . El **fraseo incorrecto,** la falta de armonía entre el ritmo y el contenido. Esto dificulta la naturalidad y la comprensión del sentido de la frase por el oyente.
- . La **falta de ajuste entre la entonación y el contenido** sobre lo que se lee.
- . La **falta de relación lógica,** pausas, que rompen la comprensión de los grupos fónicos como unidades significativas indivisibles.
- . La **lentitud en el reconocimiento de algunas palabras** desconocidas.
- . Los **errores de articulación.**
- . La **sustitución de** una **palabra** por otra.

Durante la lectura, el abuso de los *tonos graves* es perjudicial para las cuerdas vocales, ya que la voz tiende a perder *armónicos* del sonido. Por otra parte, leer en un tono demasiado *agudo,* fatiga y congestiona. El arte de la lectura oral consiste en utilizar la *voz* en su *tono medio* para leer con facilidad y tener un registro mayor hacia el grave o hacia el agudo.

Los locutores y periodistas del medio radial practican diariamente la lectura en voz alta para perfeccionar esta labor y lograr mayor seguridad. *Articulan* en forma correcta, con una *dicción* precisa y clara en los finales de las frases.

Migdalia Porro y Mireya Báez explica que las características de un buen locutor son:

a) El buen locutor oral debe poseer todas las características de un buen hablante:
   . Entonación correcta de acuerdo con los signos de puntuación.
   . Entonación adecuada, en consonancia con la naturaleza del contenido del texto.
   . Expresividad o emotividad en la lectura.
   . Voz cultivada y susceptible de adaptarse a toda gama emocional.

. Dominio de los movimientos corporales de la postura.
. Capacidad imaginativa y emocional.

b) Debe saber relacionar experiencias propias con el tema de la lectura, que le ayuden a colaborar con el autor y comunicar al auditorio los valores del texto.

c) Se debe preparar previamente, estudiar el material, captar sus valores (. . .) literarios o artísticos, dominar la idea central, conocer el tono o atmósfera, el estilo, la intención y las formas expresivas utilizadas. Comprender la intención del autor y conocer su punto de vista o motivación.

d) Mantiene una actitud de comunicabilidad con el auditorio y trata de trasladarle el mensaje que él ha encontrado anteriormente. Da vida a la lectura (50).

Para comunicar la expresividad e interpretación que exige un texto, es una condición básica para los periodistas radiales el conocimiento y control de los elementos *suprasegmentales*, en los cuales están presente el *acento*, la *entonación*, el *ritmo*, la *duración*. La *entonación* se produce con las variaciones de la altura de los sonidos por los cambios de tensión en las cuerdas vocales.

Los *grupos fónicos* presentan una labor entonativa en tres momentos: **Inicial**: la voz asciende, **interior**: puede tener un nivel uniforme o variar con ascensos y descensos, y **final**: la voz indica un descenso, ascenso o suspensión. A esto se le denomina *tonema ascendente, descendente o neutro*.

En la lengua española existen cinco *tonemas* (51):

- *Cadencia*: mayor descenso de la voz.
- *Semicadencia*: un descenso menos abrupto.
- *Suspensión*: se mantiene un tono medio neutral.
- *Semianticadencia*: ascenso de la voz menos intenso.
- *Anticadencia*: mayor ascenso de la voz.

La entonación en español (52) varía de acuerdo con los patrones de las *oraciones enunciativas, interrogativas, exclamativas o volitivas*:

Oraciones enunciativas se afirma o niega algo. Termina en un descenso de la voz en *cadencia* para expresar la certeza con la afirmación o negación de algo. Estas oraciones pueden tener un grupo fónico, entonces el *tonema* es *candencia*. Dos grupos fónicos: el primero *anticadencia* y el segundo *cadencia*. Tres grupos fónicos: los dos primeros pueden ser *anticadencia* y el último *candencia*.

Oraciones interrogativas pueden ser:

a) **pregunta absoluta**: se ignora la respuesta. Se contestan con *si* o *no*. La voz se eleva por encima del *tono normal* hasta la primera sílaba acentuada. Posteriormente desciende hasta la última sílaba acentuada. Se eleva en la última sílaba; ejemplo: *¿Estudiarás mañana?*

b) **pregunta relativa**: el que pregunta conoce la respuesta, pero no está seguro. Se hace para verificar alguna información que se posee.
La *voz* se eleva al principio de la oración; luego, con un *tonema* de *suspensión*, se mantiene un tono uniforme: *¿Podré estar todo el tiempo que quiera?* Al llegar a la última sílaba acentuada, se asciende (*semianticadencia*) para descender en una *semicandencia* o *candencia*.

c) **preguntas con pronombres interrogativos**: presenta una *anticadencia* (ascenso) en la sílaba acentuada del interrogativo. El final de la oración tiene diferencias ya que puede terminar con *tonema ascendente* o *descendente*.

- *Si se está seguro de algo*, la oracion presenta un tono imperativo, por lo que hay una marcada fuerza de la voz en la primera sílaba acentuada, luego hay un descenso que se marca con claridad en la sílaba final.
- *Si existe inseguridad*, se utiliza una forma más amable. La expresión es más suave; entonces hay un ascenso de la voz en la primera sílaba; después, la voz desciende. En la última sílaba la voz asciende.
- *Si se expresa sorpresa*: ascenso de la voz en la primera sílaba. Descenso de la voz en las sílabas siguientes. Inflexión con elevación de la voz, seguida de un rápido descenso.

Oraciones exclamativas expresan sentimientos y emociones. Es la entonación y no las palabras la que ofrece el estado afectivo. Estas pueden ser de tres clases:

a) *Exclamativa descendente*: expresan:
   - Compasión, decepción, disgusto, reproche, sorpresa.
   - Emociones intensas: amenaza, admiración. Va acompañada de pronunciación más lenta y acento más fuerte.

b) *Exclamativa ascendente:*
   - Expresiones que indiquen protesta e inconformidad ante una injusticia.

c) *Exclamación ondulada:* Pronunciación lenta.
- Alegría, dolor, entusiasmo, desesperación o admiración.

Oraciones volitivas*: expresan deseos. Pueden ser:

- **mandatos.** Se pronuncian las sílabas de las palabras claves con intensidad y energía.
- **ruego:** humildad, sumisión y timidez. Suavidad en el acento. No se aumenta la energía. Marcada duración en la palabra en que se concentra el ruego.

Los locutores o periodistas radiales dominan y desarrollan la capacidad de variar la velocidades de lectura; saben cambiar el *ritmo* en el mismo texto cuando es necesario. Esto lo logran con una lectura exploratorio previa de lo que se va a leer, para diferenciar y marcar las ideas principales, los detalles importantes de lo accesorio y ornamental.

La *lectura* exige concentración para mejorar el rendimiento y la interpretación, para así poder captar las relaciones fundamentales de las palabras y el sentido de las frases. La mirada periférica se adelanta dos o tres palabras del texto que se está leyendo con el objetivo de estar preparado para la correcta interpretación. Por tal motivo, hay que desarrollar un amplio campo visual.

Una buena *lectura* requiere que las ideas cobren vida para que lleguen al auditorio con la fuerza expresiva que el autor quizo reflejar en ella. Para ello, la *lectura* debe estar cargada de emotividad. Para lograr esto, que es uno de los aspectos más difíciles de alcanzar, es imprescindible adentrarse en el texto, sentir la emoción y comprender la intensión del autor al escribirlo para poder comunicarlo al oyente. Una correcta *entonación* necesita estar integrada a un adecuado *tono* de *voz* con sus distintas gamas y matices *entonacionales*, a sus *transiciones* y *pausas*. La *lectura* expresiva debe:

- Cumplir los requisitos de articulación y entonación.
- Comunicar el mensaje lógico del texto.
- Hacer llegar al oyente el mensaje emocional, los sentimientos y riqueza imaginativa implícita en la obra.

Una primera solución a esta codificación negativa de la expresión melódica de la palabra radiofónica es incorporar el acto de la *sonorización* del texto escrito a las rutinas productivas de forma sistemática. Si el locutor ha dedicado un determinado tiempo a la creación del texto escrito, también ha de dedicarle un tiempo a la *creación sonora* del mismo. Nunca evitaremos el registro monótono en la expresión melódica si no partimos de un mínimo proceso de reflexión sobre el ritmo melódico más conveniente en cada caso, en congruencia con la información semántica y estética que el locutor intente transmitir a los oyentes.

Desde la perspectiva del ritmo melódico, estructuraré el proceso de *sonorización* del texto en las fases siguientes:

1. Semánticamente, el locutor decidirá en cada una de las frases aquellas "palabras-clave" que significan una idea principal en el conjunto de texto que merecen ser destacadas.

2. El subrayado melódico de las "palabras-clave", mediante una variación tonal hacia la nota aguda o la nota grave de la modulación media, definirá la curva melódica y la consecuente repetición periódica de un mismo tono o nota musical.

3. Semánticamente también, el subrayado melódico ascendente informará de una estrecha relación narrativa y sintagmática con la secuencia siguiente, pues informamos a los oyentes que lo expresado no concluye sino que continúa en la unidad melódica siguiente; mientras que el subrayado melódico descendente informa de una cierta conclusión de los elementos informativos dispuestos hasta el momento en la secuencia.

4. Estéticamente, el subrayado melódico hacia la nota aguda o la nota grave, la construcción de una candencia ascendente o descendente, vendrá determinada por la relación afectiva que el locutor pretenda construir con el radioyente. Así, y en función de las representaciones estereotipadas que convencionalmente fijan los códigos culturales, subrayado agudo y cadencia ascendente para connotar significados positivos, alegres, o imágenes luminosas, o grandes distancias; subrayado grave y cadencia descendente para la connotación de situaciones psicológicamente tristes, negativas, o imágenes oscuras, o distancia íntima **(57)**.

Villardell, en su libro *Microvoz*, señala que el locutor para la *valoración e interpretación del texto* domina la rapidez en la articulación, claridad en el fraseo, correcta entonación, énfasis, ritmo, pausa, timbre y tonalidad para lograr ofrecer con intencionalidad el mensaje que desea llevar. Para lograrlo, los más experimentados locutores utilizan una serie de signos convencionales para determinar dónde harán las pausas correspondientes, los fraseos adecuados, los momentos climáticos. Entre otros signos, emplean:

- .—GUION: indica una transición de algún elemento incidental, cambio de sentido. Sustituye a la coma, los dos puntos, para destacar un cambio de entonación: *Llegaremos a la meta-porque lo sentimos en nuestros corazones—para lograr el objetivo propuesto.*

- .- - DOBLE GUION: señala una breve pausa, después de la palabra que se quiere destacar. Es de suma importancia para llevar al oyente los puntos vitales de la idea: *Jamás podran negar que fueron - - unos asesinos - - por eso nuestra familia lo odia.*

- .__ SUBRAYADO: raya que se hace debajo de la palabra o frase para destacarla, así se carga esa parte de la lectura con énfasis e intensidad. Puede indicar cuándo se realiza mayor tensión entonacional.

- .== SUBRAYADO DOBLE: tiene cierta similitud con el signo anterior, pero se emplea cuando hay dos palabras o frases que destacar y una requiere mayor intensidad y énfasis que la otra.

- . ANGULO DE PREVENCION: se emplea en aquellas palabras que durante la lectura, forman un grupo fónico indivisible que puede crear confusión. Además se indica dónde va la mayor intensidad.

- . X CRUCETA: Se utiliza en los párrafos demasiados largos para permitir una lectura racional. Se divide con una cruz o cruceta en un punto o un punto y coma. Es para indicar una pausa mayor y por lo tanto, un descanso.

- . LINEAS DIVERGENTES: Se coloca una línea en la parte inferior y otra en la parte superior de la palabra o frase, las cuales se van separando cada vez más de éstas. Es para avisar al locutor que debe intensificar y aumentar el énfansis *in crescendo* en lo que está diciendo hasta el final de la oración.

- .'COMA ALTA: Es una coma invertida que se escribe en la parte final y superior de la palabra o frase a la cual se le da un final entonativo con un tonema ascendente con lo cual se aumenta la frecuencia o ciclos por segundo.

- ., COMA BAJA: Indica el *descenso tonal* con el cual se disminuye la frecuencia o ciclos por segundo.

- .__LINEA RECTA: Indica *suspensión*. Es una entonación que queda a un *mismo nivel tonal* que el cuerpo del *grupo fónico* al que pertenece.

La *naturalidad* se logran con una lectura sin estridencia ni afectaciones. Con la voz y la articulaciones se buscan matices, caracterizaciones, estados anímicos.

Otro elemento característico del contexto artificial y específico de la palabra radiofónica es la particular integración que el acto comunicativo verbal resuelve de los procesos de expresión mediante lectura de texto escrito o mediante la improvisación verbal. Tanto si la expresión de la palabra radiofónica resultante es una lectura de texto escrito o se trata de una improvisación, el radioyente recibe una misma impresión de realidad: el locutor se dirige a él, le mira a los ojos, le grita o le susurra a los oídos y le transmite una determinada información. Cuando el locutor lee un texto está intentando reproducir un contexto comunicativo *natural*, de una cierta intimidad; así, es necesario eliminar el efecto distanciador que supone saber que el locutor no te *habla*, sino que *mira un texto*.

Lógicamente, las convenciones narrativas de cada género radiofónico decidirán unos usos particulares de la palabra radiofónica y de la expresión supuestamente más o menos "natural" del texto escrito. Pero el locutor, he aquí unas de las paradojas de la comunicación radiofónica, simulará siempre esta realidad lectora/distanciadora expresándose con la mayor "naturalidad **(54)**".

La *fluidez* es la facilidad en la *dicción*. Es un *ritmo* acelerado sin atropellar los sonidos, el cual se logra con la práctica de la lectura en voz alta, con el dominio de la *entonación* y la *fonosintaxis*: pronunciación de *sirremas, sonidos homólogos vocálicos y consonánticos* en la oración.

El periodista radial ofrece *seguridad* cuando demuestra el dominio de sí mismo a través de la naturalidad e interpretación. No es leer, sino saber transmitir al oyente las emociones y sentimientos pertinentes. La ejercitación de improvisaciones sobre diferentes temas crea seguridad.

La atrayente *personalidad* de la expresión en el medio radial está determinada por la buena *dicción*, correcta *articulación, ritmo* adecuado y el dominio del tema. Saber improvisar, demostrar *seguridad, fluidez* y *naturalidad* son sus pilares básicos.

El periodista radial crea su propio estilo, caracterizado por la *originalidad* al expresar en forma novedosa su mensaje, la *concisión* al ofrecer la idea con el menor número de palabras posibles y la *armonía* al lograr un equilibrio lógico y proporcional de sus partes.

Una de las voces que más se utiliza en el mensaje radial es la *voz media*. Los *tonos altos* permanentes se evitan ya que atormentan al radioescucha que percibe una voz chillona; los demasiado bajos en forma constante, hacen percibir la lectura en forma monótona. Los *profesionales de la palabra* varían los *tonos* de acuerdo con la necesidad del mensaje, respiran correctamente y colocan adecuadamente *la voz*.

Otros factores que influyen en el rendimiento de la lectura son de orden *físico*, *fisiológico* y *psicológico*. Dentro de los factores *físicos* se destacan la iluminación, el tamaño de las letras, tipo de letras, el color del papel, las condiciones acústicas del local. Entre las *fisiológicas*, las características genéticas fisiológicas de los órganos fonadores del locutor o periodista y en las *psicológicas*, la motivación por el texto, el interés por el material y por el trabajo que se realiza, la inteligencia, la memoria y emociones del periodista.

El papel no muy liso y ligeramente coloreado permite que el texto se lea mejor. Los papeles blancos y brillosos producen reflejos que provocan dificultad en la lectura. El ángulo de lectura tiene gran importancia. El texto que se va a leer puesto horizontalmente sobre la mesa de trabajo obliga al locutor a inclinarse, por lo que dificulta la salida de la columna de aire; además crea tensión en los músculos que debían estar relajados durante la actividad de lectura. La vista debe incidir en ángulo recto con el texto; se logra al colocar sobre la mesa una especie de atril perpendicular con lo que se elimina la necesidad de sujetar las páginas del texto y la inclinación del periodista durante la lectura.

El periodista se sienta derecho sin tensión. No encorva la columna vertebral ni inclina el cuello. Los músculos del tronco y de los brazos están distendidos. El leer sin tensión ofrece efectos beneficiosos en la calidad y el rendimiento de la lectura, lo cual permite un equilibrio emocional favorable con la ayuda de una respiración equilibrada.

.Ramas principales de la locución radial.

Las *ramas principales de la locución radial* (55) son: *narración, animación* y *divulgación*. Se caracterizan por el contenido y objetivo de la emisión radiofónica. El locutor trabaja para programas donde se ofrecen obras de ficción (cuentos, novelas, teatros), noticias dramatizadas y actividades deportivas.

Las especializaciones en la locución radial son:

1. *Narración*:
   a. De obras de ficción (cuento o novela) o de sucesos dramatizados: obras dramáticas, aventuras, comedias.
   b. Narraciones deportivas.
   c. Hechos actualizados, informativos, los cuales se narran en el momento en que ocurren.

2. *Animación*:
   a. Programas culturales.
   b. Programas políticos.

3. *Divulgación*:
   a. Informativos (Noticieros).
   b. Propaganda: *Política* (consignas, menciones), *económica* (turística, producción), *social* (crear hábitos, valores y conductas).

El *narrador* de obras dramáticas se ajusta a un guión para actuar o interpretar según los requisitos exigidos en el libreto. Por lo tanto, no tiene que improvisar como lo hace el *narrador deportivo*, quien depende de la realidad que va presentando.

El locutor durante la *narración* presenta las acciones, sentimientos, emociones, describe y vincula escenas. Se encuentra inmerso en el tiempo y el espacio de los hechos que narra. Con la acertada utilización de la *entonación, ritmo, tono, pausas*, integra las situaciones y las relaciona. El es un personaje más dentro de la trama o escena. Vilardell explica que:

> La voz del narrador tiene que reír y llorar con los actores; indiscutiblemente que un narrador capacitado será una carta de triunfo en un programa hablado.
>
> El tono es algo esencial en todo buen narrador. El da el tono de entrada en casi la generalidad de los casos de los actores (. . .) de ahí su extraordinaria responsabilidad en ese aspecto. Deberá terminar su párrafo arriba, al centro o abajo (con la entonación), según lo requiera la situación del libreto y del actor que le sigue en el uso de la palabra; encadena su voz (. . .) muchas veces sin pases musicales intermedios, debiendo formar una agradable sucesión de tonalidades limpias (56).

El *narrador* necesita dominar una gran gama de tonalidades y matices por la diversidad de tensiones que exigen las situaciones dramáticas que describe. Sabe cómo controlar profesionalmente la voz y el habla para cargar sugestivamente algunos períodos con su registro tonal. Conoce cómo descender o ascender por debajo del *tono medio normal*, aumentar o disminuir la *intensidad* y la *velocidad* para lograr momentos de tensión.

En los *programas de aventuras*, se requiere un ritmo acelerado y ágil. El *registro tonal* se eleva sobre el *tono medio* normal, se acentúa la velocidad para ofrecer la acción y el dinamismo. En los momentos de suspenso, se realiza la locución con mayor lentitud, un *tono* cercano al *grave* y una apreciable disminución de la *intensidad*, para pasar a la realización rápida en el momento climático. En las descripciones de los estados de ánimo, de intimidad, se emplea un *ritmo* lento, pero no llega al enlentecimiento del suspenso. El profesional del habla sigue el *tono, ritmo* de las escenas que antecedieron su entrada y prepara, al terminar su parlamento, el *tono* y el *ritmo* adecuado para las escenas siguientes.

El *narrador deportivo* crea imágenes en el oyente a través de las descripciones y matices emocionales. Habla en tiempo presente con dominio profesional de su voz, *articulación* y *dicción*. Su mente y su expresión oral se integran en perfecta coordinación con la velocidad de su mirada y la veracidad de las observaciones.

En los momentos de más expectación emplea el *registro agudo*. La tensión emocional la logra con una adecuada utilización de la *entonación*. Los recesos de los juegos lo emplea para aclarar las jugadas demasiado rápidas. Tiene en cuenta la velocidad de las acciones de acuerdo con el deporte, la complejidad de los reglamentos y de la técnica.

El *narrador de hechos de actualidad* describe y narra los desfiles, visitas, funerales de personalidades. Requiere de facilidad de palabra, imaginación y dotes de improvisación. Sabe imprimirle variedad a lo que describe y narra.

En la *animación*, el locutor trabaja en programas culturales o políticos. En los programas culturales su actividad puede ser seria o festiva, a diferencia de las actividades políticas, las cuales siempre ofrecen una interpretación seria. Labora como maestro de ceremonia y moderador. Como *animador*, es un elemento relacionante entre las actividades que anima y el público, al cual trata de motivar. Es el conductor y el nexo entre las diferentes partes de un programa.

El *animador* dirige, estimula y motiva a los asistentes de un acto, espectáculo o programa cultural o político. Su actividad es sobria o festiva, improvisada o preparada. Tiene una voz agradable, dominio técnico, dicción impecable, buena articulación, improvisación e interpretación.

El *animador* determina en un programa cultural que tipo de *animación* ha de realizar, si es seria o festiva, formal o informal. El *animador serio* destaca la sobriedad y el buen gusto en la exposición. Pone especial cuidado en sus palabras, ya que cualquier error se percibe con más rechazo que en un animador festivo. El *animador festivo* es un actor más dentro del programa. Realiza imitaciones, chistes, cuenta anécdotas. Su actuación se caracteriza por la informalidad y la creatividad.

En las emisoras de radio la *animación* se realiza en cabinas o en estudios teatros. En la cabina de transmisión se le denomina *locutor de continuidades*. Aquí la locución es generalmente sencilla y sin complicaciones ya que se guía por un librero. El locutor cubano Frank Guevara comenta:

> Si la audición es la conocida por música seria, culta o elaborada, debe persistir el tono grave y el matiz emocional amable, el ritmo de la lectura será sobre lo lento. Cuando se trate de melodías populares, canciones, boleros, guarachas, preferible será un timbre brillante, algo agudo, acompañado de un matiz entusiasta.

> La velocidad promedio para continuidades, varía según el programa, pero nunca debe ser mayor de ciento cincuenta palabras por

minuto. En este tipo de animación cabe perfectamente, la entrevista en la propia cabina, tanto a artistas, como a profesionales ... El tono en todos estos casos debe ser sobre lo grave, el ritmo muy coloquial y el intercambio denotará seguridad y fluidez propias a estas formas conversacionales de la locución. Este tipo de animación requiere una manera mesurada y exenta de rebuscamientos (. . .) la sencillez debe primar en estos casos cuando se sabe manejar a la perfección los elementos componentes del asunto que permitan resaltar la personalidad del animador de este tipo de programa (57).

El *animador* en el estudio teatro de la emisora actúa frente a un público, por lo que emplea la *entonación* y el *ritmo* que requiera el momento y el acto, por tal motivo necesita dotes de improvisador. En el programa de tipo panel, donde trabaja como moderador, utiliza un *tono* conversacional, sobrio con *timbre grave y matiz solemne*. Explica el tema, presenta a los panelistas, guía el debate y despide el programa.

En los programas políticos, realiza el trabajo en los estudios con público o en los controles remotos. Conoce de antemano los objetivos del programa, los nombres y cargos de la presidencia, en qué orden y quiénes harán uso de la palabra. Su labor se desenvuelve en conferencias, charlas, actos solemnes, presentaciones de figuras políticas. El *timbre* es grave y solemne, su *expresión* es clara y sobria.

El *animador* tiene presente que conjuga tres elementos: el espectáculo, la presión del público asistente y la atención de los radioescuchas. Debe mantener el equilibrio entre estos tres factores para que tenga calidad el programa. El animador Germán Pinelli explica que cuando se paraba frente a los espectadores, elejía un rostro que lo mirara con agrado, sonriendo con deseo, y ya eso le daba un pie, le daba confianza. Argumentaba que no hay frase dicha en un escenario o frente a las cámaras que sea insignificante, que el secreto de la animación está en lograr que los espectadores piensen lo que uno desea, pero dejándole creer que uno está haciendo lo que ellos ordenan (58).

El *animador* conoce que la conducta del auditorio está determinada por:

a) Composición socio-demográfica (clase, instrucción, edad, sexo).
b) Grado de unidad del grupo: Homogeneidad o heterogeneidad y número de participantes: muchas o pocas personas.
c) Motivos intelectuales, morales, estéticos que han impulsado al auditorio a participar en la actividad.
d) Motivaciones, estados de ánimo y físico del auditorio.
e) Momento y situación—tiempo y espacio—en que se encuentra el público.

f) Actitud con respecto al tema y al animador.

g) Conocimiento sobre el asunto que anima.

El *animador* se coloca sicológicamente de parte del público para ganar su confianza. Cuando un elogio es necesario y justificado, lo hace con el sentido del límite. Escoge los adjetivos más originales y menos usados. Tiene presente que todo segundo adjetivo, generalmente, rebaja en vez de engalanar. Existen motivos amables para provocar la risa. Está prohibido burlarse de los defectos de alguien en particular en el público, ya que rebaja moralmente al *animador* ante el auditorio (59).

En la *locución informativa* se encuentran los boletines, noticieros, programas informativos especiales y la propaganda a través de las menciones políticas y sociales.La locución informativa es una especialidad dentro de la locución. Aquí se ofrecen hechos y noticias de actualidad. Su objetivo es informar. Se realiza en cabinas o en los estudios de la emisora.

El locutor de noticias se actualiza sobre los sucesos nacionales e internacionales. Domina la pronunciación correcta de los nombres de países, capitales y personalidades extranjeros. Su labor es *sobria, objetiva, clara y precisa*. Su *entonación* es fundamentalmente plana pero con intencionalidad; sabe cómo emplear *matices* y *timbres* para enriquecer la forma y el contenido. Su *ritmo* es ágil con un *tono* sobre lo alto pero sin estridencia. A mayor importancia de una noticia, mayor ecuanimidad y serenidad.

La *locución informativa* utiliza un lenguaje variado, con un vocabulario preciso y construcciones sintácticas directas. Emplea sinonimia para evitar la repetición de un mismo término, variedad adverbial, locuciones temporales, diversidad en los grupos nominales y en los grupos sintácticos, sustantivos en aposición, participio en pasado, y empleo de tiempos presentes y del pretérito indefinido del indicativo en la voz activa.

Nadie mejor que el propio periodista para leer sus trabajos y así imprimirle *variedad tímbrica* al noticiero. El periodista radial que inicia su labor en la locución debe observar:

- Leer despacio, pero sin afectación.
- Pronunciar bien las palabras y efectuar las pausas indicadas por los signos de puntuación.
- Desechar la lectura artificial o fuera de uso.
- Evitar indecisiones y tartamudeos.
- No gritar ante el micrófono, ni tampoco intentar sonoridades que no se poseen.
- No hablar directamente hacia el micrófono, más bien un poco de lado.

- Respirar con las pausas normales del texto y evitar así el jadeo o ahogo. Por eso son tan importantes las oraciones cortas y los párrafos reducidos (60).

El micrófono intensifica *la voz* por lo que cualquier error se amplifica notablemente. El gritar o murmurar de manera monótona e indolente es un gran error. Mijail Minkov explica:

> El periodista que quiere dedicarse al trabajo con el micrófono debe tener un buen conocimiento de las cualidades sonoras de su voz; debe cerciorarse asimismo de que el micrófono escogido es el que más conviene y más beneficia su timbre y su entonación. Debe ser meticuloso en la pronunciación y debe escuchar con espíritu crítico las grabaciones de sus programas para tratar de detectar las deficiencias y procurar evitarlas en el futuro; debe hacer un esfuerzo por mejorar su dicción, su lenguaje, su pronunciación. El conocimiento de las propiedades técnicas y las posibilidades que le ofrece el micrófono, el conocimiento de los parámetros acústicos de los locales de emisión, el conocimiento, también, de las reglas de respiración y articulación son de importancia vital para el periodista del micrófono (61).

En ocasiones puede aparecer una sonoridad adicional con determinados *timbres* al exagerarse algunos sonidos consonánticos. Cualquier deficiencia se neutraliza parcialmente con una articulación precisa, elevando el *tono* en los finales de las frases, reduciendo el *ritmo* del discurso, manteniendo una *presión* uniforme en la corriente sonora del aire que se envía y una distancia constante de unos cincuenta centímetros del micrófono a la boca del periodista; logra la expresividad a través de las modificaciones de los matices de **la voz** y no por la tensión de las cuerdas vocales.

Los micrófonos tienen una elevada sensibilidad para los ruidos, por lo que está prohibido el toser, arrastrar los pies, golpear, estrujar un papel, respirar ruidosamente, tragar haciendo ruido. Al mover la cabeza hacia los lados, hacia abajo o hacia arriba, se produce un incremento o debilitamiento del sonido captado por el micrófono.

Mijail Minkov expresa:

> Hablar correctamente y claramente es, desde luego, la obligación primordial del reportero radial. Esto significa, entre otras cosas, que el radioperiodista debe mejorar y cultivar constantemente el lenguaje que usa, debe construir frases breves, usar expresiones vivas y metafóricas. Es su deber tener una dicción perfecta, dominar y observar las reglas

de la fonética de su lengua materna, atenerse a los principios y normas del lenguaje moderno y de la cultura nacional. Debe poseer el talento de locutor.

El micrófono le exigirá sinceridad y un tono de autenticidad. Si bien es un dicho periodístico que "el papel aguanta todo", el micrófono, en cambio, revelará cualquier nota falsa, cualquier truco, cualquier dejo de insinceridad en la voz. Más aún: funcionará como un amplificador de todas estas deficiencias **(62)**.

Los micrófonos pueden ser:

- *No direccionales:* Estos se emplean para que alrededor de ellos hablen dos o más personas. Se pueden utilizar desde cualquier ángulo; por ejemplo, en una mesa redonda.
- *Unidireccionales:* (direccionales) Se emplean fundamentalmente en lugares públicos, conciertos al aire libre, estudios de emisoras radiales con público, con el objetivo de evitar los ruidos parásitos.
- *Bidireccionales:* Son los ideales para los estudios y cabinas. Se emplean en las grabaciones de radionovelas, noticiero a dos voces y en los programas musicales. En estos micrófonos—al igual que los direccionales—se habla por sus partes *vivas,* nunca por los lados o *caras muertas.* Poseen una alta sensibilidad, nunca se le sopla aire para probarlos. En los espacios dramáticos, al desplazarse el locutor hacia los lados que no tienen recepción el micrófono, ofrece la impresión al oyente que el hablante se ha retirado unos cinco metros.
Estos movimientos se realizan sólo durante el diálogo, de lo contrario ofrece la sensación de que el actor o locutor ha saltado sin una transición de una posición cercana a una alejada en fracciones de segundos.

Algunos de los errores más frecuentes en la locución informativa son la pobreza de vocabulario, el uso indebido de las preposiciones y gerundios, el abuso con los adjetivos y los adverbios terminados en mente, el queísmo, palabras rebuscadas de difícil comprensión, parafraseos inútiles, muletillas, pereza articulatorio, hablar en primera persona, engolamiento, retórica gratuita, tartamudeo, monotonía, énfasis desagradable, innecesarias exclamaciones y términos técnicos.

.Estilos de locución en los géneros periodísticos.

Los *géneros periodísticos* (*información, editorial, entrevista, comentario, crónica, reportaje, menciones*) **(63)** exigen diferentes *estilos de locución.* El periodista al tener el guion que leerá debe determinar el género e identificar los *signos de puntuación*, así como la interpretación y realización que exigen los diferentes pasajes. Al dividir el texto en párrafos, tiene presente el significado de las palabras desconocidas, la *intención* que requiere cada parte, las formas de expresión, el *tono*, *ideas centrales* y *secundarias*, sus *transiciones*, *ritmo*, *entonación* con sus ascensos y descensos.

La lectura de las **informaciones noticiosas** requiere un *ritmo* lento o rápido de acuerdo con la importancia del texto. Si la información tiene un gran valor noticioso, el locutor lee con menos rapidez, más solemnidad y gran cuidado en la articulación. Las informaciones de última hora, requieren un *ritmo* rápido y una *entonación* arriba en suspenso; sin embargo, informaciones de menos importancia puede emplear un *ritmo* más rápido, lo cual posibilita ofrecer más noticias en el mismo tiempo, además de imprimirle agilidad al *espacio informativo*.

El **editorial** es la opinión de la emisora sobre temas de actualidad. Los directores de la emisora radial seleccionan al que lee el *editorial* de acuerdo con el *timbre, dicción* y *posibilidades interpretativas*. Su expresión debe ser reposada, vibrante para darle a cada palabra su valor significativo. Al leer, ofrece un *tiempo* y *cadencia* que demuestren que se ha reflexionado sobre el tema. Esto exige que, antes de la lectura, se marquen con cuidado las inflexiones, las transiciones y las *pausas* para ofrecer con intencionalidad el mensaje por medio de una exposición sugerente y coherente.

Las **entrevistas** exigen un *tono* medio. El *ritmo* puede ser rápido o lento. Se adapta a:

1. la situación en que ocurre la entrevista,
2. el rango social y tipo de persona,
3. la característica ambiental.

El **comentario** es un análisis y síntesis de un hecho noticioso por lo que se emplea un *tono* grave, pausado y vibrante; un *ritmo* lento con pausas precisas para posibilitar la comprensión de los argumentos y destacar las ideas importantes. La fluidez y movilidad del mensaje se logra con la riqueza en los matices *entonativos* intencionales y la maestría en la *dicción*.

La **crónica** contiene elementos informativos analizados con lenguaje poético desde un ángulo personal. Tiene como objetivo llegar a los sentimientos y emociones del oyente en una forma sugestiva. El *timbre*, el *ritmo*, las *pausas*, la *entonación* recrean un mosaico poético sobre un hecho noticioso.

El **reportaje** se denomina el género de géneros. En él se encuentran y se mezclan los otros géneros. La locución varía de acuerdo con el tema, contenido y objetivo de éste. El *ritmo*, el *tono*, la *entonación*, la *intensidad* varían de acuerdo con los géneros periodísticos y los pasajes que se ofrecen dentro del *reportaje*. El periodista radial prepara un guion previo en el cual destaca las *entrevistas*, parlamentos grabados, *informaciones*, fragmentos de *comentarios*, *crónicas*, cortes musicales, efectos sonoros para saber con precisión cómo integrar todos estos elementos sonoros armónicamente.

Las **menciones** son mensajes de reiteración y un valioso recurso para crear estados de opinión. Puede tener una orientación económico-política o social. Llevan un mensaje breve, con un lenguaje claro y directo, con sonido y/o música que la hagan atractivas para captar la *atención* e influir en los *valores* y *sentimientos* de los oyentes. Su estructura típica, con ligeras variaciones, presenta tres fases: *introducción*—música o efecto-, *diálogos de voces* y *consigna final* sobre un fondo musical. Se elimina el enfoque impersonal. Se ofrecen en los intermedios y cambios de programas con una duración de 2 a 2 minutos y 30 segundos, o de 15 a 30 segundos. Se selecciona el concepto a trasmitir y se buscan frases originales **(64)**.

Las *menciones* se renuevan cada cierto tiempo para evitar la saturación con el objetivo de no perder el impacto emocional por la excesiva reiteración. El lenguaje se caracteriza por la abundancia de elipsis, el empleo casi exclusivo de yuxtaposición, la preferencia por las formas nominales y el habla coloquial. Se emplean juegos vocálicos, onomatopéyicos, aliteraciones y repeticiones de sonido. La *entonación* cumple una función apelativa. Predominan las *exclamaciones* y las *interrogaciones*.

Están presentes la adjetivación, nombres propios de lugares y personas. El orden sintáctico preferente es un adjetivo más un sustantivo. Se refuerza la idea central con adverbios y adjetivos. Se emplean los superlativos y los comparativos. La aposición es fundamental por la necesidad de condensación para economizar el tiempo y el espacio.

Se utiliza el modo indicativo y el imperativo. La forma no personal común es el infinitivo. El modo subjuntivo casi no se utiliza, ni las formas no personales: gerundio y participio. El tiempo más frecuente es el presente del indicativo en sus tres personas del singular. La estructura sintáctica es poco complicada, con frases claras, precisas y simples. Se trabaja con las *voces* y los *timbres* que aporten una mayor carga expresiva, sugerente, connotativa, para evitar desbalances, sobrelocución, engolamientos, impersonalidad o autoritarismo.

Notas

1. Armand Balsebre: *El lenguaje radiofónico*, p.35.

2. M. Prives *et al*: *Anatomía Humana*, T. I., 509-510.

3. Sapir: *El lenguaje*, p. 9.

4. Se señalan brevemente algunos de los pares que participan en el acto del habla.
   La señal para la fonación enviada por medio de los impulsos neuromotores van a través de los nervios pares:
   a. Par *nervio trigémino:* nervio maxilar, nervio tensor del nervio palatino, nervio tensor del tímpano.
   b. Par *nervio facial.*
   c. Par *nervio vestibulococlear.*
   d. Par *nervio glosofaríngeo.*
   e. Par *nervio vago:* es el más largo de los nervios craneales. Las terminaciones fundamentales que intervienen en la fonación:
      i. Fibras aferentes (sensitivas) meato acústico externo de la oreja.
      ii. Fibras eferentes (motoras) músculos estriados de la faringe, el paladar blando y la laringe, tráquea, pulmones, diafragma.

5. **Cinestesia:** Sensación por medio de la cual se percibe el movimiento muscular.

6. **ICRT**: "Curso de Fonética y Fonología para locutores de Radio y Televisión". (s.p.i.).

7. M. de Grive y Van Dassel: *Lingüística y enseñanza de lenguas extranjeras*, p. 69-73.

8. **ICRT**: "Curso de Fonética y Fonología para locutores de Radio y Televisión". (s.p.i.).

9. *Ibid.*

10. **Hística:** Relativo al tejido. Del griego *histos:* tejido.

11. **ICRT**: "Curso de Fonética y Fonología para locutores de Radio y Televisión". (s.p.i.).

12. Vid. A. Quilis y Joseph A. Fernández: *Curso de fonética y fonología españolas*. Madrid, CSIC, 1968.

13. *Ibid.*

14. **ICRT:** "Curso de fonética y Fonología para locutores de la Radio y Televisión". (s.p.i.).

La intensidad

Las personas que hablan muy alto (**mucha intensidad en la voz**) con una voz potente tienen el objetivo de no pasar inadvertidas. La imagen que crean en el radioescucha es que estas personas tratan de:

- **Dominar y controlar de los demás:** Una voz con mucha intensidad es autoritaria e intimidatorio. Sugiere insensibilidad y en ocasiones mala educación. Si trata de controlar la conversación refleja egoísmo e impaciencia.
- **Persuadir:** A través de la intimidación para conseguir que lo obedezcan. Tratan de intimidar a los débiles, engañar a los indecisos o controlar a los inseguros.
- **Compensar un defecto:** Poca estatura o incapacidad física.
- **Perdida de la audición, embriaguez.**
- Si la utiliza con un tono amable y cortés, **seguridad en sí mismo.**

Cuando el periodista escribe, si va a emplear un personaje con una voz con gran intensidad, debe preguntarse: *¿Es la voz apropiada para la ocasión? ¿Se necesita una intensidad constante o que varíe según el número de personas que hay en el grupo? ¿Utiliza la voz en forma agresiva para controlar, agredir o intimidar a otros?*

Cuando las personas emplean **poca intensidad en la voz**, se percibe por el radioyente que muestran:

- Manipulación hacia los demás.
- Es una persona que se deja influir fácilmente.
- Poca confianza en sí mismo.
- Gran seguridad en sí mismo.

El periodista al emplearlo en un personaje debe preguntarse: *¿Ha habido un enfrentamiento con otras personas?*

¿Se encuentra nervioso o con miedo? ¿Está triste? ¿Es una estrategia de control? ¿Está cansado o enfermo?

15. Frank Guevara: *La locución: Técnica y práctica*, p. 98-102.

16. *Ibid.*

17. Oscar Luis López: "El locutor", p. 8-9.

18. *Vid.*, A. Quilis: "Investigación sobre fonética de la norma culta de la lengua española hablada en Madrid". (s.p.i.).

19. Perelló: *Fisiología de la comunicación oral*, p. 207-209.

20. María Dojalska: "Técnica y eficiencia del discurso oral, su importancia en la sociedad actual", en *Boletín sobre lingüística aplicada a la radio y la televisión*. Vol. II. Semestre I año 1983, p.10.

21. M. Prives *et al: Anatomía Humana.* T. I p. 511-512.

22. *Ibid.*

23. *Ibid.*

24. Perelló: *Op. Cit.*, p.210.

25. Pinkevich, Albert en revista de *Comunicación social*, p.81.
    " . . . la altura del tono no depende exclusivamente del sexo y de la edad de quien habla, sino de su estado de ánimo, y de las emociones que influyen mucho en el modo de hablar. Cuando el individuo está inquieto, nervioso, la voz se hace más alta; la fatiga, el desencanto, la pena, la tristeza, la hacen más baja. El ritmo del habla depende del temperamento, pero cada desvío del ritmo, que es propio de cada individuo, es un indicio de emoción. La altura de la voz depende de muchas causas: carácter personal, de la educación, de la situación, etc."

26. **ICRT**: "Seminario de Lingüística Aplicada para locutores de la radio". (s.p.i.).
    Tono:
    Cuando el periodista escribe, tiene en cuenta que hay una gran variedad de *voces,* desde *graves y armoniosas hasta agudas y estridentes.*

La *voz* ofrece información del mundo de los procesos afectivos del individuo.

Las personas suben el **tono** cuando están muy asustadas, contentas, alteradas o emocionadas. Si las emociones o sentimientos son muy intensos, la *voz* tiende a quebrarse. Cuando alguien está triste, deprimido o cansado baja el *tono de voz*. Cuando tratan de seducir, muchas personas también bajan el **tono de voz.**

- *Tono monótono e indiferente* puede significar: aburrimiento, depresión, celos, resentimiento o falta de sinceridad.
- *Tono cordial*: sinceridad.
- *Tono afectado*: pedantería y esnobismo.
- *Tono quejumbroso*: Manipulación, impotencia.
- *Tono entrecortado*: Seducción, enfermedad, fatiga, emociones provocadas por la ira, frustración, nerviosismo y estrés.
- *Tono ronco*: Fumador, enfermedad, persona que realiza excesos con su *voz*.
- *Murmullo*: falta de confianza, inseguridad, ansiedad, timidez, preocupación, fatiga, enfermedad, depresión, poca capacidad de liderazgo

27. *Ibid.*

28. **Afasia:** Pérdida de la palabra o de la capacidad de comprensión del lenguaje, debido a una lesión cortical en el hemisferio del cerebro dominante.

29. **ICRT**: "Seminario de Lingüística Aplicada para locutores de la radio". (s.p.i.).

30. María Dojalska: *Op. Cit.*, p. 10-11.

31. **ICRT:** "Curso de fonética y Fonología para locutores de la Radio y Televisión". (s.p.i.).

32. *Ibid.*

Los periodistas radiales conocen que **los rasgos de la voz o el habla** permiten la caracterización de un personaje para crear una imagen determinada en el oyente. Entre otros se emplean:

- La intensidad:
  1. Mucha intensidad en la voz.

   2. Poca intensidad en la voz.
- Ritmo:
   1. Expresión rápida.
   2. Expresión lenta.
   3. Vacilaciones.
- Tono:
   1. Tono de la voz.
   2. Entonación y énfasis.
   3. Monotonía e indiferencia.
   4. Voz ronca.
   5. Voz entrecortada.
   6. Quejumbrosa.
   7. Afectada.
- Timbre.
- Articulación: Acento.

33. **ICRT:** "Curso de fonética y Fonología para locutores de la Radio y Televisión".
(s.p.i.). Vid. A. Quilis y Joseph A. Fernández: *Curso de fonética y fonología españolas*. Madrid, CSIC, 1968.

34. *Ibid.*

35. Roman Jakobson (1939) presentó en el III Congreso Internacional de las ciencias Fonéticas un informe que marcó el inicio de la teoría *binarista*. Esta ha tenido aplicación en otros niveles de la Lingüística, además del nivel fonológico.
El *binarismo* se basa en que las unidades fónicas distintivas se relacionan con la presencia o ausencia de los rasgos distintivos intrínsecos (sordo/sonoro).
Quilis plantea en su libro: *Fonética acústica de la lengua Española* que "… en nuestra opinión, y en la mayoría de los linguistas, el binarismo y con él la concepción del rasgo distintivo es el acontecimiento más importante en fonología desde la aparición de los *Grudzuge* de Trubetskoy".

36. Alarcos Llorach: *Fonología Española*, p.56.

37. **Rasgo prosódico** es el rasgo diferencial pertinente que caracteriza un segmento de la cadena hablada. La mínima unidad significativa, caracterizada por un rasgo prosódico, se denomina *prosodema*. El *prosodema* es la más pequeña unidad *prosódica* de una lengua, en la lengua española es la sílaba.

38. Armand Balsebre: *Op. Cit.*, p.46.

39. "El secreto es perdurar", en *La nueva Gaceta,* p.12.

40. A. Balsebre: *Op. Cit.*, p.48.

41. ICRT: "Seminario de Lingüística Aplicada para locutores". (s.p.i.).

42. *Ibid.*

El ritmo rápido:
- se relaciona con la mentira
- la persona es dominante.
- son personas rápidas para tomar decisiones y expresar una opinión. No son cautas, sino impulsivas y apasionadas.

El ritmo lento:
Las personas que hablan con un ritmo lento:
- Proyectan estar relajados.
- Profesores y sacerdotes que esperan que se le comprenda bien.
- Incapacidad física o mental.
- Falta de dominio del idioma.
- Reflejan incomodidad

Vacilaciones: El periodista al escribir su guion conoce que no es lo mismo la vacilación a una articulación lenta. La vacilación puede estar causada por: Inseguridad, nerviosismo, confusión. A veces refleja: falsedad, o que la persona trata de ser muy precisa.

43. Luria: *Las funciones corticales superiores del hombre.,*p.503.

44. *Vid.,* R. Cabanas: "Habla, voz, personalidad" (s.p.i.).

45. **Disfonía:** Forma en que se nombran los trastornos del habla. Se utiliza para designar cuando la afección de la voz permite sólo hablar susurrando.

46. *Apud.,* Stanislavski: *La construcción del personaje,* p.98.

47. Armand Balsebre: *El lenguaje radiofónico,* p. 43.

48. ICRT: "Curso de Fonética y Fonología para locutores de Radio y Televisión". (s.p.i.).

49. G. Canuyt: *La voz*, p. 99.

50. Migdalia Porro y Mireya Báez: *Práctica del idioma español.*, p.11.

51. ICRT: "Curso de Fonética y Fonología para locutores de Radio y Televisión". (s.p.i.).

52. *Ibid.*

53. *Vid.*, Raquel García Riverón*: El sistema entonativo central.* Editorial Academia. La Habana.

54. A. Balsebre: *Op. Cit.*, p.76-77.

55. ICRT: "Seminario de Lingüística Aplicada para locutores de la radio". (s.p.i.).

56. Vilardell: *Micro-voz*, p.30.

57. Frank Guevara: *La locución: Técnica y práctica.*, p. 126-128.

58. Bustamante, Mayda y Pompeyo Pino: "Germán Pinelli: El secreto es perdurar", en *La nueva gaceta. No. 2. 1986.*, p.14.

59. Oscar Luis López: "El locutor", p. 10-12.

60. Mauro Rodríguez: *Radioperiodismo.*, p. 55-56.

61. Mijail Minkov: *Op. Cit.*, p. 24.

62. *Ibid.*

63. ICRT: "Seminario de Linguística Aplicada para locutores de la radio". (s.p.i.).

64. Emilio Sánchez: "Las menciones desde su dulce letargo", p. 24.

2.2. LA MÚSICA.

No soy partidario, en el teatro radiofónico, de utilizar la música como valor en sí, sino como elemento evocativo. Fragmentos de obras muy conocidas, que fijan una idea, inmediatamente, en el cerebro del oyente. El tema inicial de *Las grutas de Fingal* de Mendelssohn, representará siempre el mar; el principio de *Las estepas de Asia central*, de Borodine, figurará el desierto, la llanura; *Scherezada*, el oriente; un *jazz hot*, será la síntesis de Harlem (. . .). Como fondos del monólogo colectivo, esos elementos sonoros añaden inteligibilidad al conjunto.
Alejo Carpentier: *Crónicas, p.* 552

La *música* tiene un enorme poder de sugerencia y sugestión. Es uno de los subsistemas del lenguaje radial que crea profundas imágenes; por tal motivo, cuando se emplean *fragmentos musicales*, el periodista se cuestiona *para qué, cómo, por qué, para quién, con cuál objetivo* va a utilizar determinado tipo de *música*. La sensibilidad en la elección de los fragmentos es esencial para determinar el *ritmo, tono, timbre, intensidad, orquestación, armonía, melodía, estilo* que respondan a las funciones que se desean dentro del programa.

La música adelanta la acción, liga los diálogos y escenas, establece asociaciones de ideas, relaciona el pensamiento, intensifica momentos emotivos, prepara los clímax y anticlímax dentro del programa.

La palabra radiofónica podrá ser tan simbólica como la música radiofónica; la melodía de la palabra podrá dotar a la expresión radiofónica de un ritmo tan eficaz como cualquier composición musical, pero el contrapunto resultante de la superposición o yuxtaposición música/palabra introducirá un repertorio de connotaciones todavía mayor en la codificación del mensaje radiofónico (1).

2.2.1. La musicalización.

El objetivo principal de la *musicalización*, en un espacio radial, es la de buscar la **codificación** final adecuada para llegar a los radioescuchas. Se conjugan acertadamente los fragmentos musicales que logren determinadas funciones en el programa. Los instrumentos de trabajo para la *musicalización* son la mesa de sonido, la reproductora, los CD, sintetizadores y computadoras.

La *musicalización* exige el conocer un amplio espectro de la música, estilos, épocas y aspectos evocadores de determinados fragmentos. Se requiere sensibilidad, buen gusto, cultura para seleccionar la música que responda al tiempo y espacio representado. La *música* presenta cierta complejidad durante su selección ya que puede ser organizada por el *nombre de la obra*, el *autor*, el *intérprete*, el *contenido* (*romántico, tenso, alegre*), el *elemento evocador* o *imagen* que crea (*tormenta, catarata, llanura . . .*)

Cuando se escoge la música de un autor para representar una etapa, es conveniente que refleje la época, con el objetivo de ubicar al radioyente en un marco musical histórico. Así se evitan anacronismos musicales frecuentes en el medio.

La música para una escena de un guion radiofónico puede ser tratada de varias formas eficientes y acertadas. No hay una sola concepción artística por parte de un director, así como no existe una única interpretación por parte de un actor en relación con un personaje. Un programa puede ser dirigido, interpretado o musicalizado de varias formas, sin que se altere su contenido y calidad. La creación depende de criterios y gustos particulares.

Cuando se recibe el *libreto*, se estudia. Se marcan los lugares donde se utilizará la música apropiada. En el *libreto* se señalan las *acotaciones* de los *efectos*, los *sonidos* y la *música*. Las *acotaciones musicales* se escriben con claridad para que puedan ser comprendidas rápidamente y así facilitar el trabajo del operador y el de los actores.

Mientras se lee y marca el librero, se analiza el contenido de la trama: *lugar* en que se desarrolla, *época* en que transcurre, *características* de los personajes, para posteriormente utilizar la música o efecto de sonido apropiados.

La selección musical exige el conocimiento elemental de *categorías* y *conceptos* musicales, entre otros: El **timbre**, la **tesitura**, el *fraseo*, la **armonía**, el **ritmo**, el **compás**, la **melodía**, la **intensidad**.

El *timbre* (2) es la cualidad del sonido que permite distinguir la misma nota producida por dos instrumentos musicales diferentes. Por el *timbre*, se diferencian dos sonidos de igual frecuencia fundamental o tono. El *timbre* se determina por la cantidad de los *armónicos*. Los *armónicos* varían según la fuente, tipo de instrumento, diseño y la forma de tocarlo.

El *timbre* también se determina por la *Envolvente de Amplitud* del sonido, que es la variación de la *amplitud* de la onda en el tiempo. Los principales momentos de la onda son:

1. **Ataque**: El tiempo que le lleva a la onda para alcanzar el punto máximo de su amplitud.
2. **Caída**: El tiempo que le lleva a la onda para pasar del punto máximo de amplitud hasta un estado de energía estacionario.
3. **Sostenimiento**: El tiempo en que la amplitud de la onda sonora permanece estacionaria.
4. **Liberación**: El tiempo que le lleva a la onda para pasar del final de su período estacionario hasta el punto de su extinción.

Las características de los *timbres* (3) a tener en cuenta son:

Cálidos: *Se destacan los instrumentos de cuerda, trompa, guitarra eléctrica, arpa en tesitura medio-grave y vibráfono.*

Áspero: *Cuando se perfilan el oboe, fagot, saxofón, guitarra eléctrica, trompeta con sordina.*

Claro: *Flauta, flautín, clarinete, celesta.*

Opaco: Cuerda con sordina, *flauta, clarinete* en tesitura grave, *violonchelo, contrabajo.*

Incisivo: *Instrumento* de *metal, xilófono* y el *piano.*

El término **tesitura** (4) se refiere a la zona de extensión de sonidos, desde la zona más grave a la más aguda, que es capaz de emitir una voz humana o un instrumento musical. Las características para definir la *tesitura* de una voz son:

- Un buen *timbre.*
- Un volumen considerable.
- La posibilidad de agilidad.

Los siguientes instrumentos ofrecen las *tesituras*:

Subgrave: *Tuba, contrafagot.*
Grave: *Contrabajo, violonchelo, viola, guitarra, timbales, tuba, trompa, saxofón, arpa, fagot, clarinete bajo.*

Media: *Viola, guitarra, celesta, xilofón-vibráfono, trompeta, saxofón, arpa, clarinete, oboe, flauta, flautín.*

Agudo: *Violín, flauta, flautín.*
Sobreagudo: *Violín, celesta, arpa, flautín.*

El *fraseo* (5) es la forma en que se produce. La sucesión de notas que se destacan sobre una *armonía* y/o un *ritmo*; pueden ser:

Fraseo melódico: Comprende una melodía.
Fraseo de repetición regular: *Movimientos* rápidos y acusados, los cuales influyen en su constitución y en su expresión.

Fraseo de repetición irregular: Frases musicales aisladas, entrecortadas que forman un fragmento coherente aunque inestable.

La *armonía* (6) está relacionada con el fraseo. Estas son:

Armonía mayor: Se distingue por su claridad, grandeza, afabilidad. Proporciona la sensación de estabilidad.

Armonía menor: Marca un sentimiento de tristeza, pesadumbre o melancolía.

Armonía atonal: Ofrece desasosiego, inestabilidad cuando se emplean sonidos sin reposo, incoherentes e irritantes.

Armand Balsebre apunta:

> La teoría musical de la armonía se desarrolla a partir de las distintas experiencias que han determinado la consonancia y la disonancia que se observa cuando dos, tres o más notas suenan simultáneamente. Los límites de la consonancia o la disonancia, los límites de esa cualidad de los sonidos que al combinarse producen un efectos *agradable/desagradable*, depende de algunas reglas musicales pero también de costumbres y hábitos culturales. La música contemporánea del siglo XX ha mostrado una gama muy amplia de combinaciones sonoras, cuestionando los tradicionales conceptos de la consonancia y la disonancia. La ambigüedad conceptual en algunos preceptos de la teoría musical de la armonía, sin embargo, no impide que el oyente tenga una sensación bien precisa y definida de lo que es un sonido *agradable/desagradable*. Razones de tipo cultural y de familiarización del oyente con determinados tipos de música predeterminan la percepción de la consonancia o disonancia sonora (7).

El *ritmo* (8) constituye el orden y la proporción del sonido en el espacio y el tiempo. Establece el orden de los sonidos. En la *música*, se une con el tiempo y el tipo de acompañamiento que se da con los instrumentos de percusión:

Regular: Acompañamiento rítmico que se repite con un mismo diseño.
Irregular: Diseño cambiante y complejo. No se mantiene en forma constante y definida.

El *ritmo* melódico define:

- El cambio de la situación.
- El instante del cambio de secuencia en la estructura sintagmática para fragmentar las escenas.

El *compás* (9) es la unidad métrica que divide una composición fundamental en pequeñas partes iguales entre sí, de acuerdo con el tiempo, aunque su contenido puede estar formado por figuras de duración diversa.

La relación entre las partes del *compás* establece el *ritmo musical*, que puede ser *simple* o *binario*, *compuesto* o *ternario*. El movimiento da la velocidad a la *melodía*. Los términos utilizados para designarlos son:

- *grave* muy lento,
- *largo* extenso,
- *larghetto* menos lento que el largo,
- *adagio* poco a poco con comodidad,
- *lento* lento,
- *andante* menos lento que el anterior,
- *andantino* menos lento que el *andante*,
- *moderato* moderado,
- *allegretto* un poco alegre y movido,
- *allegro* alegre,
- *presto* de prisa,
- *vivace* viva y animada,
- *prestísimo* muy aprisa,
- *vivacissimo* muy viva.

Los términos musicales empleados para *aumentar* o *disminuir* la **velocidad** son:

1. *Aumento* de *velocidad*:
   - *animato* animado,
   - *accelerato* acelerado,
   - *piu mosso* más animado,
   - *stretto* estrecho, precipitado.

2. *Disminución* de la *velocidad*:
   - *arietando* relajando el movimiento,
   - *rittardando* retrasando,
   - *ritenuto* retenido,
   - *slargando* dilatando.

3. A voluntad:
    - *ad libitum* a voluntad,
    - *a piacere* a placer,
    - *rubato* irregular,
    - *senza tempo* sin tiempo.

La *melodía* (10) condiciona la duración de las unidades sintagmáticas del relato. *Melodía, contrapunto y armonía* se encuentran interrelacionadas. La *armonía* funciona como acompañamiento, armazón y base de la *melodía*. La analogía entre la sucesión de la *modulación tonal* (*melodía*) y la continuidad dramática o discursiva que concreta el texto sonoro define una función expresiva decisiva:

> La *melodía* de la música significa la relación semántica y espacio-temporal entre la unidad significativa antecedente y la siguiente de una secuencia radiofónica.
>
> La melodía da así sentido a la música en el hecho de expresar este "movimiento" que construye la realidad radiofónica y describe la "película" de imágenes auditivas que forma el radioyente en su imaginación. En el código imaginativo-visual del lenguaje radiofónico, el movimiento melódico de la música denota el aspecto narrativo de las imágenes auditivas y determinará muchas veces la naturaleza específica de la secuencia, como unidad sintagmática de la realidad radiofónica. Teniendo en cuenta el carácter espontáneo de la palabra radiofónica y la menor complejidad del material sonoro que representa, será la melodía musical el factor expresivo que delimite la naturaleza de la secuencia y el factor de referencia sincrónico en el montaje músico/verbal (11).

Para indicar el **carácter** o **sentimiento** de una composición, los términos empleados son:

- *affettuoso:* afectuoso,
- *agitato* agitado,
- *amabile* amable,
- *appassionatto* apasionado,
- *cantabile* cantado,
- *con brio* con espíritu vivaz,
- *con delicatezza* con delicadeza,
- *con expressione* con expresión,
- *con fuoco* con fuego,

- *con spirito* con espiritu,
- *con ternerezza* con ternura,
- *delicatamente* delicadamente,
- *dolce* dulce,
- *dolcissimo* voz dulce,
- *energico* enérgico,
- *expresivo* expresivo,
- *giocoso* jocoso,
- *gracioso* gracioso,
- *maestuoso* majestuoso,
- *mesto* triste,
- *semplice* sencillo,
- *sostenuto* sostenido,
- *tranquilo* tranquilo.

La *intensidad* (12) del sonido es el parámetro que diferencia un sonido débil de una fuerte. Se ofrece con los términos:

- *pianissimo* (pp) bastante suave,
- *piano* (p) suave,
- *mezzo piano* (mp) medio suave,
- *mezzoforte* es la mitad de *forte*,
- *forte* (f) fuerte, *fortíssimo* (ff) bastante fuerte.
- *Sforzando* (sfz) forzando.

Para el aumento gradual de la *intensidad* se emplea: **crescendo**; para la disminución gradual de la intensidad, **decrescendo**.

La *orquestación* puede ser *simple*, *llena* o *compleja*. Se refiere a la cantidad de instrumentos que intervienen en su composición. *Simple* es con pocos instrumentos; *llena*, la unión de varios instrumentos; *compleja*, combinaciones de muchos instrumentos.

2.2.2. Funciones de la música en el medio radial.

Durante la selección musical se define la función que cumplirá dentro del espacio o escena radial. Las fundamentales (13) son:

- **Organizativa.** Funciona como tema, subtema, *leit-motiv*, entrada o salida de escenas.
- **Subjetiva.** Crea estados de ánimo en el oyente. Expresa o apoya una situación emocional.

- **Descriptiva.** Ofrece ideas e imágenes que dan la sensación de un efecto o situación natural. Ambientes, atmósferas. Elementos **objetivos** descritos a través de la música. Brinda y refuerza la época y el estilo que representa la obra. Esta participa en la acción de forma real. Ejemplo, en una escena alguien toca un fragmento musical en un piano. Este fragmento musical debe corresponder con la época y lugar que se representa en la obra.

Existen varios planos en los cuales se emplean los fragmentos musicales; se destacan: música en *primer plano, segundo plano* o *plano alejado.*

.La música como elemento organizativo.

La música como una parte (14) sintáctica:

- *Tema.*
- *Subtema.*
- *Cortina musical.*
- *Leit-motiv.*

El **tema** musical es lo primero que percibe el oyente en un programa radial. Es la presentación del espacio. Es la música o efecto con el que se inicia el programa y, generalmente, con el que se despide. En este momento se ofrecen los créditos de los realizadores, artistas, técnicos que han participado en el programa. El *tema* determina la predisposición del oyente para diferenciar, conocer y disfrutar del programa que a continuación se le ofrece.

La música *tema* de presentación sugiere el contenido central de la trama, o está lo más cerca posible de la esencia de ese contenido. Así se estimula la atención y el interés del radioescucha. Es difícil determinar el éxito de un *tema.* Un detalle intrascendente, un giro melódico, determinada instrumentación, algún elemento rítmico o armónico, constituyen aspectos capaces de identificar un programa para el público.

El *tema* de *presentación* se puede colocar después de un diálogo simple, donde se identifican a los personajes, con el objetivo de darle novedad y agilidad rítmica al programa. A veces se emplean **subtemas** para presentar secciones dentro de un programa mayor. En algunos programas, después del *tema,* se ofrecen los créditos de las personas que trabajan en el espacio para luego emplear un *subtema* que introduzca la próxima sección.

Los radioyentes identifican el programa radial con el *tema.* Cambiarlo puede crear la idea de que ya no escuchan su programa. Si se desea actualizar o modernizar el *tema,* es preferible variar algún elemento de la estructura acústica del fragmento musical empleado, tal como la *línea melódica, timbre, instrumentación, voces,* más que variar totalmente el *tema.*

El **leit-motiv** es una música o efecto sonoro que se reitera cuando aparece un personaje, objeto o situación determinada. Esta repetición llega a destacar y fijar determinada idea. Su empleo brinda muy buenos resultados, pues crea situaciones afectivas por asociación cada vez que aparece la persona o situación específica. Ofrece unidad y cohesión en el desarrollo del programa, ya que es un elemento recurrente. Algunos fragmentos musicales empleados como *leit-motiv,* en ocasiones, se relacionan con la presentación.

Los fragmentos musicales además se emplean como signo de puntuación: transición, entrada y salida de escenas o acciones, cortina, corte o puente musical para evitar el silencio.

.La música como elemento subjetivo.

La **música como elemento subjetivo** (15) expresa o apela a los procesos afectivos. Los estados sentimentales y emocionales que la música provoca en el oyente son diversos: *tristeza, melancolía, alegría, temor, pasión.* Se logran al tener en cuenta el *ritmo, armonía, melodía, timbre, estilos.*

Las composiciones musicales, por medio de los *timbres, movimientos, tesitura, tonalidad, armonía* crean estados afectivos. Si se emplean como música de fondo en un segundo plano, se le imprime *fuerza sentimental* o *emocional* a las escenas y acciones a través de la dramatización sonora. Se puede utilizar como respuesta en un diálogo, caracterización, situación sicológica o un clímax dramático.

Algunos fragmentos musicales ofrecen estados de ánimo:

- *Bondad, tranquilidad, alegría, cordialidad, piedad, amabilidad, amor, compasión*:
  Timbres cálido o claro, **tesitura** media o aguda, **armonía** modo mayor, **movimiento** reposado, **orquestación** simple y **ritmo** regular, no percusivo.
- *Maldad, ingratitud, vileza, envidia, celos, crueldad, desprecio:*
  Timbre áspero u opaco, **tesitura** media o grave, **armonía** modo menor o atonal, **fraseo** repetición irregular, **movimiento** lento, **orquestación** simple y **ritmo** irregular.
- *Grandeza, valor, honor, orgullo, esperanza, pasión:*
  Timbre brillante, **tesitura** media o aguda, **armonía** modo mayor, **fraseo** melódico, **movimiento** medio, **orquestación** llena y **ritmo** regular.
- *Aflicción, melancolía, desesperación, pena, arrepentimiento, desaliento:*

Timbre opaco o cálido, **tesitura** grave, **armonía** modo menor o tonal, **fraseo** irregular o regular, **movimiento** lento o reposado, o**rquestación** simple y **ritmo** irregular no percusivo.

- *Excitación, desasosiego, exaltación, violencia, vehemencia, ira, temor, horror, desorden mental:*
  Timbre claro, **tesitura** media o aguda grave, **armonía** atonal, **fraseo** irregular, **movimiento** irregular, **orquestación** compleja, **ritmo** marcado irregular.

- *Ironía, mordacidad, extravagancia, buen humor:*
  Timbre claro, áspero o incisivo, **tesitura** aguda o grave, **armonía** modo mayor o atonal, **fraseo** regular, **movimiento** reposado o vivo, **orquestación** simple, **ritmo** marcado.

Teresa Fernández *et al* en "La musicoterapia como moduladora de la actividad cerebral" (16) presenta la siguiente clasificación de los efectos de la música sobre el organismo humano:

Característica de la música	Sistema sobre el que actúa	Efecto que produce
- Sonidos agudos, tonos altos, Pieza en modo mayor.	- Sistema nervioso y respiratorio.	- Excita.
- Música fuerte.	- Sistema cardíaco y respiratorio.	- Agita el movimiento de la sangre y respiratorio.
- Composiciones pausadas y canto poco variado.	- Sistema nervioso.	- Somnolencia.
- Música campestre, fantástica y religiosa.	Sistema nervioso.	- Activa las facultades intelectuales.
- Música pueril y melancólica.	- Sistema nervioso.	- Sedante.
- Música de guerra y danzante.	- Sistema muscular y nervioso.	- Activadora, alegra, despierta actividad inconsciente, regocija.

Instrumento musical	Sistema sobre el que actúa	Efecto que produce
- Flauta.	- Sistema digestivo.	- Mejora la digestión.
- Arpa, violín y violonchelo.	- Sistema nervioso.	- Seda la excitación nerviosa.
- Cornetín.	- Sistema muscular.	- Activa y es energética.
- Fagot.	- Sistema nervioso.	- Levanta el ánimo.
- Tambor.	- Sistema circulatorio.	- Aumenta las pulsaciones, activa la circulación.

El periodista radial al escoger los fragmentos musicales considera las propiedades de la *música* y a cuáles **procesos psíquicos**: *cognitivos, afectivos, volitivos,* moviliza. Existen músicas que calman, excitan, deprimen o sedan. Una composición musical lenta con una estructura *melódica* fácilmente perceptible y una regularidad notable, ofrece *seguridad* y *calma*. Fragmentos musicales de carácter vivo y brillante, *estimulan la decisión de acciones y el sentimiento de eficiencia.* Para favorecer el trabajo intelectual, es beneficiosa la música estructurada con movimientos lentos y seriados.

.La música descriptiva.

La música, dentro de los espacios radiofónicos, se utiliza como **elemento descriptivo** (17) para crear imágenes sonoras en el oyente sobre la escena o situación que se describe. Aporta un espectro amplio de ideas tales como *movimiento, quietud, esfuerzo, elegancia, irrealidad.* La imagen sonora musical puede presentar un *ambiente bucólico, noche tormentosa, campo de batalla, ráfaga de viento, correr del agua,* entre muchas otras. Algunas posibilidades son:

- *Vivacidad, movimiento, acción vitalidad, decisión, humorismo.:* **Timbre** claro, **tesitura** aguda, **armonía** mayor, **fraseo** regular, movimiento rápido, **orquestación** simple o clara, **ritmo** regular marcado.
- *Quietud, intimidad, encierro, cercanía, calma, nocturnidad:* **Timbre** cálido u opaco, **tesitura** media grave, **armonía** modo mayor o menor, **fraseo** melódico, **movimiento** reposado, **orquestación** simple, **ritmo** regular no marcado.

- *Esfuerzo, potencia, peso, energía:*
  Timbre incisivo, **tesitura** grave, **armonía** modo mayor o atonal, **fraseo** irregular, **movimiento** reposado, enérgico, **orquestación** llena-completa, **ritmo** marcado.
- *Magnitud, grandiosidad, cataclismo, gran espacio:*
  Timbre claro y brillante, **tesitura** aguda, mayor o atonal, **armonía** modo mayor, **fraseo** regular, **movimiento** reposado o lento, **orquestación** llena, **ritmo** regular.
- *Elegancia, belleza, riqueza, colorido, nobleza, distinción:*
  Timbre cálido, **tesitura** media, **armonía** modo mayor, **fraseo** melódico, **movimiento** reposado, **orquestación** simple o llena, **ritmo** regular.
- *Irrealidad, fantasía, prehistoria, exotismo:*
  Timbre claro u opaco, **tesitura** aguda, sobre aguda o grave, **armonía** atonal, **fraseo** regular, **movimiento** medio, lento, **orquestación** simple o llena, **ritmo** irregular.

En determinados *montajes y codificaciones*, la utilización de algunos instrumentos musicales es más lógica que en otros. Oír un piano en una escena donde se represente un escenario interior se acepta más que en un paisaje de campo; es más adecuado el sonido de flauta para una escena de pastores de ovejas, que el sonido de un tambor.

La música como **elemento objetivo** refleja la *época* y el *lugar*. Un error evidente es cuando se selecciona el fragmento musical para una ambientación objetiva y se comete un anacronismo al no tener en cuenta el país y el momento. Esto no sólo empobrece la calidad del programa, sino que desorienta culturalmente al radioescucha.

El reflejo de la *época* y el *lugar* por medio de la música depende de la concepción general que se tenga de la obra, del tratamiento formal y estilístico que se emplee de acuerdo con el tipo de programa. Para reflejar la situación se puede utilizar la música del país en un tiempo. Si no es posible por la ausencia de fragmentos musicales de una época específica, entonces se buscan versiones musicales que sin ajustarse totalmente a la situación, evoquen o recreen por asociación o semejanza la ambientación o descripción idónea buscada.

Los **elementos asociativos musicales** son (18): *melodía, armonía, ritmo, timbre.* Con éstas se pueden caracterizar a un país o una época determinada; son *asociaciones*:

- **Melódica:** Se basa en las relaciones sonoras, estructurales que se asemejan a otras frases musicales.
- **Armónica:** Son combinaciones armónicas de acordes que, por sus relaciones, evocan en este aspecto a la música de una época o país determinado.

- **Rítmica**: Es aquella que utiliza esquemas rítmicos representativos de un país y tiempo específicos.
- **Tímbricas**: Sugiere, a través de determinadas cualidades sonoras, los sonidos de instrumentos musicales pertenecientes a un lugar o época.

Otro enfoque puede ser una **asociación imaginativa** a través de una idealización de la realidad, cuando se imaginan momentos muy remotos en el pasado (prehistoria) o pertenecientes a un futuro (espacio cósmico). Se representa en forma sonora a través de música sintetizada o electrónica.

2.2.3. Proceso de la ambientación musical.

Un primer paso para la *ambientación musical* (19) es la *lectura del guión* para estudiar el sentido argumental, profundizar en las *características dramáticas* del mensaje, comprender el *significado* de la obra y compenetrarse con el *tema*. Se anotan los detalles específicos de cada escena y sus posibles *ambientes*. Se especifican los fragmentos musicales *objetivos* y *subjetivos*, y en qué parte del guión se situarán. En caso de que el programa lleve *dramatizaciones*, se anota el estilo, época, características orquestales, instrumentos y percepciones subjetivas que provocan.

Se asiste al *ensayo*, previo a la grabación, para observar la expresividad de los actores, sus interpretaciones, la duración de los parlamentos y conocer dónde se necesita una música determinada o un efecto. Posteriormente, se *investiga* y busca información sobre la obra que ha de ambientarse, su género y época. Las *dramatizaciones* necesitan mayor atención con la *música subjetiva* para determinar qué *sentimientos, estados de ánimo* se quieren provocar en los radioescuchas. Los *informativos* requieren una realización ágil con predominio *descriptivo objetivo* de las noticias en un primer plano. Por el contrario, es más *descriptivo subjetivo* cuando se trabajan los géneros *crónicas* y *reportajes,* en los cuales se apela, generalmente, a los procesos afectivos.

En los *documentales informativos radiofónicos con dramatizaciones,* la época exige un estilo musical determinado. La música se elige entre aquellas que represente o se asocie con el *tiempo* o *lugar* en que transcurre la acción. Se determinan los *fragmentos musicales* para las imágenes sonoras fantásticas, poéticas, irreales que se empleen. Se especifica en cada escena cuál es la *situación afectiva* concreta que se pretende crear y en cuáles momentos. No se percibe igual si se escucha un sonido en un espacio abierto, en la calle, o en un interior en un pequeño cuarto, o la música de una orquesta al aire libre o en una sala de concierto. En estos casos, es básico emplear la música con *resonancia, ecualizadores, filtros* para ofrecer la verosimilitud de los lugares abiertos o los locales cerrados.

Las *acotaciones* musicales se especifican en el guión:

NARRADOR: Andrés se sienta al piano y comienza a tocar.
MUSICALIZACIÓN: (MÚSICA DE PIANO A UN PRIMER PLANO).

Las situaciones afectivas requieren ilustraciones musicales precisas para lograr estados anímicos interpretativos en el oyente. Si se consiguen con las palabras, entonces sólo se utiliza el fragmento musical para reforzar el pasaje. La *música* además se emplea en situaciones en que se quiere prevenir o sorprender al oyente sobre lo que va a ocurrir en el transcurso del programa radial: *momento épico, romántico, sobrenatural.*

Con un fragmento musical se puede ofrecer un cambio de un *ambiente objetivo* a uno *subjetivo* y viceversa:

SONIDO:	(TIMBRE DE TELÉFONO)
EFECTOS:	(PASOS. DESCUELGAN EL TELÉFONO)
JUAN:	-Oigo, ¿Quién habla?
ACTOR:	(FILTRO) -Queremos informarle que su esposa acaba de morir.
SONIDO:	(ACORDE MUSICAL QUE INDIQUE UN GOLPE EMOCIONAL FUERTE)
EFECTO:	(DEJA CAER EL TELÉFONO. PASOS QUE SE ALEJAN CON PREMURA)
JUAN:	(ATURDIDO)—No puedo creerlo. Ella había mejorado.
EFECTOS:	(TIMBRE DE TELÉFONO A FONDO)
JUAN:	(CONFUNDIDO) -Ese maldito timbre me taladra el cerebro ...
	(TITUBEANDO) -Realmente, puede ser cierto que a alguien le interesaba su muerte.

La *transposición* se efectúa al añadir nuevos elementos al sonido real a través de la modificación por *distorsión, amplificación, eco, reverberación.* Puede ser de un *ambiente subjetivo* a uno *objetivo:*

SONIDO:	(MÚSICA CON SONIDO INARMÓNICOS)
MARTHA:	(FILTRO Y RESONANCIA) - ¡Antonio!, ¡Un ladrón!
OPERADOR:	(FADE OUT CON EL FILTRO Y LA RESONANCIA)

MARTHA: TONO AMOROSO) -Despierta Antonio. ¿Estas soñando? Vas a llegar tarde al trabajo.

Las escenas adquieren mayor carga dramática si el narrador y personajes se apoyan con efectos o música de fondo. Los cambios en los *ambientes sonoros* ofrecen una amplia gama de posibilidades expresivas, lo cual da lugar a la *ambientación musical creativa*. En la radiodifusión, la selección, montaje y sonorización, deben ser originales. A veces la intención es lo que determina la elección de una música. Hay que huir de los convencionalismos y tener creatividad.

.Ambientación musical creativa.

La **ambientación musical creativa** (20) ofrece los siguientes matices:

- **Ironía, ambigüedad, alegría, tensión:** La *música de fondo* puede cambiar la significación y matiz de lo que expresa la palabra.
- **Proximidad-lejanía. Mayor-menor tamaño:** La *modulación* de la *intensidad* del fragmento musical puede estimular en los oyentes la fantasía. Mayor *intensidad* da la sensación de proximidad, gran tamaño; menor *intensidad*, lejanía o menor tamaño.

SONIDO: (INSECTO QUE VUELA EN PRIMER PLANO. SUBE INTENSIDAD EN *FADE IN*).

NARRADOR: —La mosca no cesaba en su gigantesco crecimiento después de exponerla a la fórmula.

- **Descripción emotiva:** El predominio de un sonido con respecto a otro que se produce en sincronía (*superpuesto*).
- **Curiosidad:** Un sonido fuera de contexto presentado por el narrador o personajes.

SONIDO: (SONIDO FANTÁSTICO)

JUAN: —Ernesto, ¿no oyes esos ruidos extraños, o me estoy volviendo loco?

ERNESTO: —Sí, los escucho. Son muy extraños.

- **Ambiente subjetivo:** Manipulando la intensidad, el volumen, la música.

NARRADOR: —Llegaron a la fiesta.

SONIDO:	(MÚSICA DE FONDO. RUIDOS DE VASOS Y COPAS. RISAS).
JUAN:	(REFLEXIVO). (RESONANCIA) -Esa música siempre me llena de nostalgia.
SONIDO:	(SUBE MÚSICA Y BAJA A FONDO) (EFECTO DE OLAS Y DE MAR. DISTORSIÓN PARA DAR SENSACIÓN DE RECUERDO. BAJA A FONDO).
JUAN:	(RR= RESONANCIA) . . . El aire movía su pelo suelto. Su mano acariciaba la mía . . .

- **Angustia, obsesión:** Una música ambiental o efecto sonoro que se amplifican y repiten obsesivamente.
- **Ironía:** La música puede ser la concatenación del habla o una continuación que ridiculice o de un sentido contrario de lo que se ha dicho.
- **Estado anímico:** Un fragmento musical puede reproducirse en forma muy nítida y después en forma confusa para expresar los estados de ánimo del personaje.
- **Captar la atención:** Un sonido desconocido intriga y llama la atención de los oyentes cuando intencionalmente se repite en diferentes ocasiones.
- **Desánimo-excitación:** La modificación paulatina de la *velocidad* de la música, puede indicar un determinado decaimiento de ánimo si decrece la *velocidad* o se produce un enlentecimiento. Una aceleración de la *velocidad* puede dar la idea de excitación. Reducir o acelerar la *velocidad* al extremo puede crear una idea de algo grotesco.
- **Atmósfera sombría:** El montaje de música y ruidos yuxtapuesto es altamente descriptivo. El escritor cubano Alejo Carpentier explica cómo con la música lograba crear una atmósfera sombría:

En una reciente audición, yo había construido toda una escena, desarrollando radiofónicamente una balada de Paul Fort que narra el asesinato del duque de Guisa. Si bien recuerdo, algunos versos decían:

Vuelve el duque a su castillo,
lo persigue el eco sombrío de la campana,
detrás de él, cantando,
avanzan treinta asesinos,
treinta mercenarios . . .

El texto era recitado lentamente, sin inflexiones, por el *speaker*: el actor Marcel Herrad. El fondo sonoro combinado por mi, se componía de un pedal grave de órgano (tubo de 16 pies), sobre lo que se oían, muy esfumadas, unas notas repetidas en el registro de los cornos. Un tam-tam en vibración continua, contribuía a desdibujar los contornos, creando una **atmósfera** sombría, sin tonalidad definida. Sobre la palabra campana, comenzaba a sonar un toque lúgubre. Y, sobre el verso: detrás de él, cantando, etc., dos artistas situados a tres metros del micrófono, cubriéndose la boca con las manos, cantaban un tema brutal, sin articular las palabras. El efecto lo afirmo con orgullo, era maravilloso. Esa escena, que ha sido impresa en disco, daba la sensación de haber exigido la colaboración de cincuenta personas. Los mercenarios parecían tener treinta voces . . . **(21)**.

- **Obsesión:** Repetir sonido. El *volumen* debe coincidir. De no querer conseguir un efecto obsesivo se le da un tiempo mayor.
- **Antiguo gramófono, sonido musical en exteriores, sirena de policía:** Se emplean filtros. Se modifican las *frecuencias agudas, medias y graves*. Cuando se modifican y atenúan las *frecuencias graves*, simula una reproducción de un antiguo gramófono. Atenuando *graves* y *agudas* y *resaltando las medias*, ofrece la sensación de un sonido musical en exteriores. Modificando las *frecuencias medias*, sensación de la sirena de policía.
- **Amplitud sonora, fantasía:** La *reverberación* modifica un fragmento musical dando la sensación de amplitud sonora, fantasía.
- **Mayor amplitud sonora y fantasía:** Con el *eco* en una repetición controlada de un sonido que se extingue paulatinamente. Es más fuerte que la reverberación.
- **Efecto musical inquietante:** *Sonido invertido*. Se reproduce de atrás hacia delante. *Línea melódica* transformada, *ataques absorbidos*, y *finales cortados*. *Desfasaje:* la misma música que se reproduce con una décima de segundo de desfasaje. Produce un efecto musical inquietante.
- **Atmósferas y ambientes fantásticos:** Con la *modulación* se ofrecen sonidos complejos. Se consigue una gran variedad de coloración que sirven para crear atmósferas y ambientes fantásticos y sobrenaturales:

1. **Modulación de amplitud:** Ofrece efectos de sonido confuso que tiene diversas coloraciones.
2. **Modulación de frecuencia:** efecto de vibrato, subida y descenso del tono musical (sirena de policía) y sonido chirriante.

Para los *temas* o *subtemas* no se escogen títulos musicales muy conocidos ni muy convencionales. Se buscan que sean originales, ingeniosos y agradables. El *colorido* orquestal, las músicas de las diferentes etnias y culturas se valoran durante la selección de un *tema* para que presenten fragmentos musicales con las características *tímbricas, melódicas* de determinados pueblo.

En *informativos con dramatizaciones* se pueden emplear selecciones musicales que correspondan a la época de la narración; los *ambientes subjetivos* están libres de trabas formales para expresar cualquier estado anímico o descriptivo. Los *comentarios, editoriales* no se musicalizan. El oyente desea oír con claridad lo que se está argumentando sin que se apele a sus estados afectivos.

La falta de unidad en el *estilo* de la música a lo largo de un *documental informativo dramatizado* puede considerarse como un defecto en la *ambientación musical*. El pasar de un estilo a otro, por ejemplo de *clásico* a *medieval*, sin una justificación real, puede perjudicar a la unidad general del programa. Un cambio de estilo musical implica un cambio de época, situación geográfica, escena, estado anímico. La *calidad, intensidad, armonía, fraseo* y *ritmo* se tienen en cuenta para tener una coherencia sonora aceptable en el programa.

No es aconsejable utilizar música bailable en la *ambientación subjetiva*, salvo en momentos muy concretos. Se evitan los fragmentos musicales que tienen una percusión obsesiva que provoca monotonía a lo largo del programa, con excepción de los momentos que los requieran.

Los *fragmentos musicales* no se deben interrumpir si no coinciden con su *final melódico* o *cadencia*, ya que se perciben como una interrupción abrupta y desagradable para la percepción del oyente. Los fragmentos musicales *"pegajosos"*, que se recuerdan fácilmente, cuando no sean *leit motiv*, se evitan debido a que su *melodía* podría captar la atención en detrimento del resto de los componentes de la escena. Esta situación puede ocurrir con la selección de una canción, la cual puede hacer perder fuerza a la esencia de la acción dramática a favor de la canción. Fragmentos de canciones se emplea, generalmente, cuando se pretende satirizar una situación, o en *ambientación objetiva*, donde aparece alguien que canta en una escena.

Los fragmentos musicales como *elementos objetivos* dentro de una escena deben reflejar su *época* y el *lugar*. Hay que tener sumo cuidado en no cometer *anacronismos* al utilizar fragmentos que respondan a otras épocas; percatarse si el fragmento musical tiene instrumentos que pertenezcan a otro país o cultura. En la *ambientación subjetiva* es muy importante el *ritmo, timbre, tono, melodía*, no es tan riguroso el tener en cuenta el tiempo y el lugar de la música.

El *estilo musical* es uno de los elementos que más anacronismos crea. La música contemporánea a partir del *impresionismo*, empleada como *ambientación subjetiva*, puede adaptarse a épocas anteriores a las de su creación sin que se produzcan anacronismos.

Determinados *timbres* instrumentales producen en el oyente un cierto cansancio cuando se escuchan de manera continua y prolongada. Una ambientación donde prevalezca el *timbre* de un solo instrumento resulta monótona y de escaso valor creativo, sobre todo si se emplean con cierta duración. Se atenúa la monotonía si el instrumento solista está acompañado de orquesta. El grado de monotonía y cansancio que producen en el oyente los instrumentos musicales se puede observar en la siguiente escala (22):

Más monotonía

Xilófonos

Celesta

Castañuela, tambor, bombo, timbales, platillos

Saxofón

Órgano

Piano

Arpa

Guitarra eléctrica

Viento metal

Viento madera

Cuerdas

Menos monotonía

Ambientación de diferentes programas.

Para musicalizar un programa (23) es preciso determinar el tipo de programa si es: *infantil, humorístico, de panel, científico, dramático, histórico,* entre otros. Toda música tiene utilidad si es colocada en el momento y el lugar adecuado para que responda a las exigencias de determinado programa.

Los *noticieros* están conformados por diferentes materiales y géneros periodísticos que responden a temas variados. Aquí la música se elige y sitúa de acuerdo con el género periodístico que lo requiera, de lo contrario es un impedimento en la realización informativa radial.

Una *noticia* es emotiva a medida que su transmisión se acerca a la realidad de los hechos. En este caso, la música no puede sustituir al dramatismo del sonido real, aun en el caso de que éste no tenga una gran calidad técnica.

En los *programas históricos,* la música se ajusta lo más fielmente posible a la época y al lugar. Los *programas de panel* pueden tratar infinidad de temas, desde el más sobrio al más alegre. El tratamiento musical está en dependencia de la característica de su temática. En los *documentales* informativos se utiliza música *objetiva y descriptiva,* pocas veces se emplea un *ambiente subjetivo,* ya que fundamentalmente no se buscan crear estados afectivos.

En los *espacios dedicados a los niños*, la música tiene un papel preponderante. Es la niñez la etapa más imaginativa del ser humano, el período de aprendizaje y formación. Todo lo que reciba influye notablemente en su desbordante fantasía. Estos programas se crean de acuerdo con las edades de los niños. Este es el factor que se toma en cuenta para la música que se escoja. Los fragmentos musicales son más sugestivos y menos complicados a medida que la edad de los niños es menor.

Los *espacios dramáticos* son los más complejos en su musicalización, pues se emplean fragmentos musicales para describir, ambientar, recrear estados afectivos. En los *documentales informativos dramatizados* predomina la acción argumental referida a hechos y acciones reales. Este programa utiliza todo tipo de música al igual que los espacios dramatizados.

Los *espacios informativos* requieren un ambiente objetivo, que demuestren verosimilitud y objetividad. Esto no impide que se empleen en determinados géneros periodísticos fragmentos musicales para crear específicos ambientes descriptivos.

Estilos y épocas.

Para el trabajo musical se debe tener información de los diferentes estilos y épocas (24) para no confundir unos con otros. Una división puede ser:

- 700-146 a.n.e. Civilización griega: Tañedores de liras, flautas, melodías griegas.
- 147 hasta 476 a.n.e. Roma: Emplean los mismos instrumentos y el sistema musical.
- Hasta el 1000. Europa: Se desarrolla la Música Cristiana.
- Siglos V al XV. El estilo Gótico desplaza al Románico. La música profana es divulgada por los juglares y trovadores. Canto Gregoriano.
- Siglos XV al XVI. La música del Renacimiento. El esplendor polifónico.
- 1660 al 1715. Época Barroca.
- 1715 al 1760. Estilo Rococó.
- Siglo XVIII hasta los primeros años del XIX. Época Clásica.
- Siglo XIX. Época Romántica. El impulso romántico continúo en los primeros años del siglo XX. Se formaron escuelas con estilos nacionales en cada país.
- Siglo XX. A partir de aquí, la música desarrolla diversos estilos: Impresionistas, Expresionistas.

Desde el Romanticismo, la música culta ha tenido una evolución, seguida por la música ligera, popular. Esta se clasifica en diferentes décadas, del 20, 30, 40, 50, 60, 70 ... hasta nuestros días.

La música se puede organizar por *estilos* y *épocas*:

- **Edad Media**: Instrumental, cantada.
- **Renacimiento**: Orquestal, solista, cantada.
- **Barroca**: Orquestal, solista, cantada.
- **Clásica**: Orquestal, solista, cantada, sinfónica, de cámara, de concierto.
- **Romántica**: Orquestal, solista, cantada cámara, sinfónica, concierto.
- **Impresionista**: Orquestal, solista, cantada, cámara conciertos.
- **Neo-clásica post-romántica**: Orquestal, solista, cantada, cámara, sinfónica.
- **Contemporánea**: Orquestal, cantada, cámara, electrónica.
- **Opera-opereta, zarzuela**: Instrumental, obras completas, solistas, coros.
- **Ligera cantada**: Solistas masculinos, femeninos, grupos, coros.
- **Ligera instrumental**: Melódicas, rítmicas, electrónicas.
- **Jazz**: Orquestas, grupos, solistas.
- **Religiosa**: Gregoriana, misas.
- **Folklórica**: Extranjera, instrumental, cantada.
- **Otras:** Músicas militares, himnos, músicas infantiles.

Notas

1. Armand Balsebre: *El lenguaje radiofónico.*, p. 94.

2. Angel S. Aldama y Nicolás Fabar: "Curso de musicalización para radio".

3. Rafael Beltrán: *La ambientación musical.*, p. 30-39.
   -Angel S. Aldama y Nicolás Fabar: "Curso de musicalización para radio". (s.p.i.)

4. *Ibid.*

5. *Ibid.*

6. *Ibid.*

7. Armand Balsebre: *Op. Cit.*, p. 61-62.

8. *Vid.*—Rafael Beltrán: *Op. Cit.*, p. 81-84.
   -Angel S. Aldama y Nicolás Fabar: *Op. Cit.* (s.p.i.)
   -Rolando Gómez: *Op. Cit.* (s.p.i.)

9. *Ibid.*

10. *Ibid.*

11. Armand Balsebre: *Op. Cit.*, p.109.

12. *Vid.*—Rafael Beltrán: *Op. Cit.*, p. 81-84.
    -Angel S. Aldama y Nicolás Fabar: *Op. Cit.* (s.p.i.).
    -Rolando Gómez: *Op. Cit.* (s.p.i.).

13. *Vid.* Angel S. Aldama y Nicolás Fabar: *Op. Cit.* (s.p.i.).

14. *Ibid.*

15. *Vid.*—Rafael Beltrán: *Op. Cit.* p. 20-29.
    -Herzfeld: *Tú y la música.*
    -Rolando Gómez: "Curso de musicalización". (s.p.i.)
    -Angel S. Aldama y Nicolás Fabar: "Curso de musicalización para radio". (s.p.i.)

16. Teresa Fernández de Juan: "La musicoterapia como moduladora de la actividad cerebral".

17. *Vid.*—Rafael Beltrán: *La ambientación musical.*
-Bechterev, W.: *La psicología objetiva.* Editorial Paidos, Buenos Aires, 1953
-De Gordon, A.: *Indicaciones terapéuticas de la música.*
Establecimiento tipográfico. Rey No. 23. La Habana.
-Ianni, M. D. "Fonoterapia", en *Tratamientos naturalistas prácticos.* Cao. 19. Editorial Buenos Aires, Argentina, p. 396-399.
-Ingenieros, J.: *El lenguaje musical.* Ed. Rosso. Buenos aires (s.f.)
-Loroño, A. y P. del Campo: *Musicoterapia.* Cuaderno 6 Rev. Integral Maragall, 371 Barcelona, 1987, p. 80.
-Puertas, G.: "La música en ergoterapia y rehabilitación". Rev. *Hospital Psiquiátrico de la Habana.* Vol. 16. No. 2 1975, p. 229-242.
-Rouffet, M. "Conferencias sobre musicoterapia". Departamento Nacional de Psicología. Ministerio de Salud Managua. Nicaragua, 1982, p. 30.

18. *Vid.*—Rafael Beltrán: *La ambientación musical.*, p. 81-84.
-Angel S. Aldama y Nicolás Fabar: Curso de musicalización para radio". (s.p.i.)
-Rolando Gómez: "Curso de musicalización". (s.p.i.)

19. *Vid.*—Rafael Beltrán: *La ambientación musical.*, p. 55-64.
-Angel S. Aldama y Nicolás Fabar: Curso de musicalización para radio". (s.p.i.)
-Rolando Gómez: "Curso de musicalización". (s.p.i.)
-Roberto Domington: *Los instrumentos de música.*
-Miroslav Klement: Los instrumentos musicales., p. 67-73

20. *Vid.* Rafael Beltrán: *La ambientación musical.*, p. 81-84.

21. Alejo Carpentier: *Crónicas.*, p.550-551.

22. *Vid.*—Roberto Domington: *Los instrumentos de música.*
-Miroslav Klement: Los instrumentos musicales., p. 67-73.

23. *Ibid.*

24. *Ibid.*

2.3. LOS EFECTOS SONOROS.

Fuera del sistema semiótico de la palabra o la música, la realidad referencial objetiva es representada en la radio a través del efecto sonoro. La tendencia al uso casi exclusivamente naturalista del signo radiofónico ha delimitado durante mucho tiempo el carácter significativo del efecto sonoro como "sonido ambiental" que constituye una objetiva sensación de realidad. En este sentido, el efecto sonoro es cualquier sonido inarticulado que representa un fenómeno meteorológico, un determinado ambiente espacial, la acción natural sobre un objeto inanimado o cualquier fragmento de realidad animal. El efecto sonoro cumple así la función de factor verosimilitud y ambientación objetiva, que impregna la configuración imaginativo-visual del radioyente de una sensación de realidad (1).

Los *efectos de sonido* son un valioso elemento de apoyo para los programas de radio. Ellos no tienen límites, como no existen límites en la gama de sonidos del mundo que nos rodea. Van desde los creados por nuestras pisadas, una puerta que se abre, el silbar del viento, hasta un avión supersónico. Ellos crean la *ambientación* y la *atmósfera* necesarias en la programación radial. Su uso enriquece la forma y anima el contenido. Son unidades de significación y de relación en los programas radiales. Tienen una determinada gramática en las normas generales **convencionales** del lenguaje radiofónico.

Los *efectos sonoros* desempeñan un papel muy importante en la radio ya que estimulan la imaginación del oyente. Lo agarran emocionalmente y lo preparan sicológicamente para las escenas que se sucederán en el desarrollo lógico del programa. Escribe Armand Balsebre (2) que como conjunto semiótico, en el lenguaje radiofónico, el *efecto sonoro* sobrepasa la función descriptiva al introducir connotaciones que modifican su estructura básica de sonido inarticulado para reforzar el código sonoro.

Hay una inmensa variedad de sonidos o efectos sonoros. Se pueden clasificar en tres grandes grupos:

a) **Naturales**: creados en la naturaleza por animales, plantas y por fenómenos naturales: viento, lluvia, trueno.
b) **Producto del trabajo humano**: autos, industrias, puertas.
c) **Humanos**: ruidos bucales, murmullo, llanto, risa, gritos.

El periodista radial conoce y domina este subsistema del lenguaje radial. Al escribir visualiza la *imagen sonora*: *cómo se recibirán* los códigos por los oyentes. En la vida real, los sonidos que se escuchan son muchos y muy complejos; en la realidad radiofónica, no se ofrece todo lo que aparece en la realidad, sino lo que es comprensible y verosímil. Estos efectos no son capaces de restituir integralmente todos los sonidos que aparecen en la realidad. Se utilizan, después de una selección y estilización, los que con más eficacia sugieren y evocan el entorno del hombre.

En la búsqueda de los sonidos auténticos y reales para el medio radial, la radiodifusión ha desarrollado **convencionalismos** comprendidos y aceptados por la generalidad de los oyentes. Si se emplean con exageración, los efectos crean comicidad. Algunos **convencionalismos** sonoros que recrean un *ambiente*, *tiempo* o *escenario* son: **paso del tiempo** con el *tic tac del reloj*, la **noche** con *el ulular de una lechuza*, **zona marítima** con *las gaviotas y las olas*, **barco de vela** con el *ruido de las cuerdas al tensarse*, **primera horas de la mañana** con *el canto de un gallo*, el **exterior de una zona campestre** con el *canto de pájaros*.

En la radio se ofrece la *realidad objetiva y subjetiva* por medios sonoros. Por la vía auditiva, se representan los objetos y sus relaciones, las sensaciones visuales, táctiles, movimientos, puertas, pasos, por lo que hay que saber escoger el tipo de efecto con los matices que se desean transmitir. La *eficacia evocadora* de la imagen sonora está determinada por la *función estilística* que cumple en el fragmento semántico que trata de representar. Con este trabajo imaginativo, se puede recrear un **edificio de gran altura** por el *ruido del viento*, la **copa de los árboles** acentuada por *acordes musicales*, **destrucción de una ciudad**: *mezcla de sirena de alarma, ruido de explosiones, gritos, llantos, silencios, gemidos, lamentos*.

También con los *efectos sonoros* se sugieren pasajes abstractos y reveladores. Pueden reflejar la velocidad, el color, lo sólido, lo blanco. Traducen nociones generales del mundo psicológico, tales como la alegría, dolor, entusiasmo. Se establece una relación entre la realidad *objetiva y subjetiva*. En la *realidad objetiva*, se ofrecen los sonidos de la realidad circundante en una escena. La *realidad subjetiva* ofrece las sensaciones, procesos afectivos sentimentales y emocionales, estados sicológicos de una persona o un grupo.

El objetivo final es exponer un **código convencional** que represente un fragmento de la realidad de un mundo mucho más complejo. Estas representaciones pueden llegar a ofrecer imágenes de ciencia ficción, fantásticas; por ejemplo, el instrumento musical o efectos sonoros que se escoja para presentar de fondo en un segundo plano pueden crear un ambiente extranjero, pueblo de otro planeta, hasta recrear el ruido imaginario que producen los electrones.

Los efectos sonoros pueden emplearse en **sincronía** (*superpuestos*) unidos al habla o la música en un segundo, tercer plano, o en **diacronía** (*yuxtapuestos*) antes o después de un parlamento, diálogo o música. Pueden ser *arbitrarios* sin ninguna causa, o *motivados* como efecto provocado por una causa.

—

Algunos efectos ofrecen significación por sí mismos (*trote de caballo*) con los cuales el oyente identifica qué se quiere expresar. Otros requieren de una identificación verbal (*timbre de alarma, ruido indeterminado*) para ubicarlos en el contexto que se recrea. El *contexto* determina si el efecto a emplear es necesario o inapropiado.

Los *efectos sonoros* apelan fundamentalmente a los *procesos afectivos* del oyente, más que a los *procesos lógico-cognoscitivos*. Al relacionar al oyente con una imagen sonora en una *situación estética* determinada (*agradable o desagradable*), se produce reacciones diferentes sentimentales y emocionales. Adquiere una poderosa tonalidad al unirse con otras partes de la *sintaxis del programa* y crear significaciones diversas: un hombre agresivo se acerca a un grupo de personas, les habla con furia, su voz se sustituye gradualmente por el rugido de un león.

La significación de los efectos sonoros varía de acuerdo con el lugar en que se ubique, delante o detrás de un parlamento, música, a fondo o en un primer plano. Estos pueden ser *generales* o *particulares*, más o menos *intensivos* y *convencionales*. Con ellos se refuerza la idea, se evita la repetición y la ambigüedad.

2.3.1. Formas en que se emplean.

Los efectos de sonidos pueden emplearse **(3)** fundamentalmente en *sincronía* o superpuestos y en *diacronía* o yuxtapuestos.

a)   En *sincronía* o superpuestos:

- *Primer plano:* Se oye con más *intensidad* el efecto sonoro en comparación con los otros sonidos.
- *Segundo plano:* Sonido con menos *intensidad*. Se percibe como alejado en comparación con el que se percibe en primer plano. Identifica, refuerza aspectos afectivos en las escenas. Contribuye a la continuidad de un programa.
- *Sonido mezclados:* Sonidos al mismo nivel de *intensidad*, unidos que ofrecen una nueva realidad sonora.

b)   En *diacronía* o yuxtapuestos (uno después del otros):

- *Cross fade:* Disminución gradual del sonido, al tiempo que va siendo sustituido en *intensidad* por otros que ocupa el primer plano del anterior.
- *Fade in:* Aumento de *intensidad* progresivo de un sonido.
- *Fade out:* Disminución de la *intensidad* de un sonido.
- *Ligar:* Mezclar dos o más sonido a la misma *intensidad*.

2.3.2. Funciones.

Los efectos sonoros, al combinar los aspectos *denotativos* y *connotativos*, se utilizan (4) en un programa radial como código:

* **Subjetivo.**
* **Descriptivo-expresivo.**
* **Organizativo-estructural.**

Como **código subjetivo** expresa, apoya o refuerza una *situación afectiva*, tal como *tranquilidad, expectación, exaltación, temor, tensión, ansiedad.* Puede ser:

a) *Efecto de fondo en un segundo plano*: identifica y define el contenido emocional de una escena, para contribuir a la continuidad emocional del programa o aumentar la carga emocional.

b) *Leitmotiv:* efecto sonoro que se repite en diferentes momentos o escenas para acentuar o definir características sicológicas de un personaje o una atmósfera.

c) *Caracterización de un personaje:* identifica, define, apoya determinada sicología, personalidad, estado de ánimo.

d) *Atmósfera sicológica*: tensión, miedo, expectativa.

e) *Clímax dramático:* expresa momentos cumbres. Indica al oyente que se avecina un momento climático. Acompaña al clímax y crea diferentes estados emotivos.

f) *Destaca la acción*: la clasifica o la hace sobresalir.

g) *Sinónimo:* para reforzar lo que se ha expresado, ideas, acciones.

h) *Metáfora, símbolos o imágenes.*

> . . . cuando se trata de un efecto sonoro de estructura tímbrica o melódica no-naturalista, no reconocible en la naturaleza, el efecto sonoro de la función expresiva suele generalmente ser también un efecto de función ambiental o descriptiva. El efecto sonoro construye así la doble significación del código imaginativo-visual del lenguaje radiofónico: realidad objetiva (función descriptiva) y movimiento afectivo (función expresiva)
>
> La connotación expresiva del efecto sonoro dependerá básicamente de cómo el montaje radiofónico articule su duración y presencia. Independientemente de la naturaleza sonora, sea cual sea su altura, timbre o melodía, según cómo combinemos el efecto sonoro con la palabra radiofónica y la música, obtendremos una mayor o menor connotación expresiva en la narración (5).

Cuando se emplea como **código descriptivo,** ofrece la visualización de la imagen acústica de paisajes, ambientes, atmósferas, lugar, tiempo, sensación de movimiento o quietud, realidad o irrealidad. Los efectos sonoros con una **función expresiva** tienen una mayor duración, un plano superior al de las otras fuentes sonoras para ofrecer una mayor significación.

Ese aspecto redundante del efecto sonoro *descriptivo* es el elemento de credibilidad y verosimilitud que ofrece en el mensaje radiofónico.

> Cuando en un reportaje radiofónico, el periodista-reportero describe verbalmente una determinada acción/noticia desde un lugar concreto en una calle de una gran ciudad, el oyente espera escuchar, junto a la palabra del reportero, murmullos de personas, sonido del tráfico urbano o cualquier otro sonido ambiental que signifique convencionalmente la descripción periodística. La ausencia de tales efectos sonoros ambientales en la codificación del mensaje o crónica periodística introduce necesariamente una cierta inverosimilitud; la ausencia de *ambiente* necesita ser justificada explícitamente.
>
> El abuso de los efectos sonoros descriptivos-ambientales en algunos documentales y programas dramáticos, especialmente cuando los sonidos son obtenidos a partir de la misma fuente o archivo documental de efectos sonoros, suscita también la generación de una constelación de significados distintos o contrarios a la noción de verosimilitud (6).

Como código *descriptivo-expresivo* se utiliza como:

a) *Efecto de fondo en segundo plano*: paisaje, atmósfera, ambiente.
c) *Mezcla sonora en un primer plano* con el habla o la música: paisaje, ambiente, atmósfera.
d) **Leitmotiv:** acentúa, imprime fuerza a un personaje o ambiente.
e) *Elemento objetivo en una escena*: Cuando el efecto sonoro es un elemento *objetivo* en un escenario, es una unidad semántica más y se requiere un tiempo para que el oyente lo reconozca y lo integre al contexto. Esta función hace verosímil la información semántica. Ejemplos: puertas que se abren o cierran, pasos, algún personaje que toca un instrumento musical.

El *paisaje sonoro* es el entorno acústico, el *ambiente*. Para crearlo se tiene en cuenta la geografía, etnias, situación socio-económica. Se determina si es salvaje, rural o urbano para escoger el tipo de efecto que responda mejor a esta realidad. En el medio urbano, los sonidos se perciben más cercano que en el rural. Cuando una persona se acerca a una ciudad siente con más intensidad el ruido creado por los automóviles, trenes, aviones, maquinarias, sonidos que se superponen al espectro natural del sonido. En un medio rural los sonidos se perciben fundamentalmente en exteriores muy amplios.

El ciclo de los vientos del mar hacia la tierra y posteriormente de la tierra hacia el mar da una imagen compleja del sonido. Todo cambio de sonido de la pauta habitual indica una modificación en el *tiempo* y el *espacio*. Las condiciones climáticas varían el *paisaje sonoro*. El calor hace que los sonidos se perciban con más fortaleza; el frío, con menos *intensidad*.

El *espacio acústico* es un entorno cultural por medio del cual las comunidades han establecido **convencionalismos** y reciben señales vitales. La morfología del *paisaje sonoro* varía de época en época. Aparecen unos sonidos y desparecen otros. Por ello hay que tener imaginación y talento para diseñar los *efectos sonoros* en los programas radiales. Algunos **convencionalismos** de ambientes sonoros son:

- **Fábricas**: ruidos de máquinas.
- **Supermercados**: voces, ruidos, pasos.
- **Aeropuertos**: efecto de avión.
- **Restaurantes**: música, voces, ruidos de vasos y cubiertos.
- **Batallas, guerras**: estrépito ensordecedor de ruedas, crujidos, cañonazos, ametralladoras, gemidos.

Para lograr nuevos matices con los *efectos sonoros*, se utilizan los *efectos electrónicos*. Con los **filtros** (*ecualizador*) se pueden modificar las *frecuencias agudas, medias y graves*. Atenuar las **frecuencias graves**: crean una percepción sonora de lentitud en el tiempo. La **reverberación** *y el* **eco**: ambientación de sueño, delirio y fantasía. **Cambio de velocidad de mayor a menor**: se logran efectos violentos, cómicos o fantásticos. **Repetición del sonido**: efecto obsesivo. **Sonido invertido**: efecto fantástico, de delirio. **Cambios de modulación** en *amplitud, timbre*: sonidos fantásticos, sobrenaturales e irreales.

Como elemento **organizativo** contribuye a la correcta codificación de la estructura sintagmática y actúa como signo de puntuación dentro del lenguaje radial. Ofrece relación, jerarquía y da fluidez a las partes dentro de un programa. Puede ser:

a) *Tema*
b) *Subtema*: Después de la presentación para identificar sumario, secciones.
c) *Transición*: Para ofrecer el paso o cambio entre dos hechos o situaciones.

d) **Cambio de escena:** Indicar entrada y salidas de escenas.
e) **Primer plano, segundo plano o sincronía.**

Con los *efectos sonoros* se puede indicar el paso de un *punto de vista objetivo a subjetivo* y viceversa. Es posible por el nivel expresivo y sugestivo del lenguaje radiofónico, reforzado con los *planos sonoros* y el poder evocador de la *codificación* de los subsistemas, crear cambios sicológicos en el oyente: sonido de fábrica que se va transformando en un ruido que produce tensión. Un narrador describe la sicología de un personaje, baja a fondo su voz para subir a un primer plano un efecto sonoro que ofrece la tensión interna del personaje. Un hombre que se dirige al hospital para ver a su hijo grave, se oyen sus pasos apresurados, los cuales bajan en intensidad en *cross fade* para dar lugar a otro sonido que sube en intensidad: el sonido de los latidos del corazón que quedan en un primer plano. Las funciones de los efectos sonoros se mezclan en muchas ocasiones de acuerdo con la necesidad que requiere cada escena o programa.

El periodista radial determina los efectos adecuados de cada programa:

* Estudia el *género* o *programa periodístico*, la *situación*, el *lugar*.
* Separa las características específicas de las diferentes escenas.
* Define la sicología de los personajes para escoger los efectos idóneos que ofrezcan el carácter, estado de ánimo.
* Determina los efectos en función de las acciones y escenas.
* Coordina los sonidos en un tiempo, con un *ritmo* para apoyar el desarrollo de cada escena.

En países desarrollados con un gran avance tecnológico y económico, se realizan y producen los programas con un tiempo limitado. Esto ha dado lugar a la desaparición del especialista en efectos sonoros en la radiodifusión, lo cual ha limitado la posibilidad de riqueza expresiva de este subsistema del lenguaje radial. Se utilizan los efectos clasificados y grabados en un reducido y limitado repertorio de efectos sonoros en colecciones de discos compactos. Esto provoca que un mismo efecto se emplee en un número indefinido de programas que necesitan reflejar imágenes sonoras distintas o situaciones ambientales particulares. En otros países, con menos desarrollo económico, todavía se realizan algunos efectos sonoros en los estudios. Es curioso cómo se buscan imágenes sonoras que ofrezcan la mayor verosimilitud con materiales totalmente ajenos a la realidad que representan. Muchos sonidos grabados directamente de la realidad no ofrecen la imagen sonora o representación del fenómeno que se quiere exponer. No todos los sonidos naturales reproducen la realidad que representan. En ocasiones, con artificios e instrumentos se ofrece más verosimilitud que con el sonido real.

2.3.3. Tipos de efectos.

Los efectos de sonidos pueden clasificarse (7) de acuerdo con el medio o lugar donde se producen o se encuentran almacenados:

a) *Realizados en el estudio* durante la grabación del programa:
. *Manuales* con diferentes instrumentos.
. *Guturales* sonidos de animales y otros ruidos realizados por un imitador.
b) **Grabados en CD.**
c) *Música* como efecto sonoro.

.Realizados en los estudios.

Los efectos realizados en los estudios (8) pueden ser *manuales* con determinados instrumentos o *guturales* realizado por un imitador. Los *manuales* son generalmente efectos: de *pasos* de personas con diferentes calzados y objetos, de *puertas*, *timbres*, *pisadas* de *animales* y *líquidos*.

Los **pasos** pueden ser de hombre, mujer, niño, anciano o grupos de personas. Con **diferentes calzados**, con *bastón, muletas, chancletas, botas, botas con espuelas, sin zapatos*. En **distintos medios**: *bajando escaleras, malezas, yerbas, tierra, roca, madera, piso mojado, sobre tejas, nieve, arena, fango, agua, metal, escombros, superficies plásticas*. Los *especialistas en efectos* sonoros realizan:

Los **pasos humanos:**

Pasos de un **hombre,** zapatos que tengan el tacón de cuero. Regularmente se hace el efecto con un solo zapato, el derecho o el izquierdo. Este efecto se efectúa golpeando con el tacón, y suavemente con la punta del zapato. Se evita pisar siempre en el mismo lugar, pues da un efecto monótono. Los pasos son lentos o rápidos de acuerdo con *el ritmo* que pidan las escenas. Cuando son de dos **hombres** o más se realiza como el anterior, golpeando con el tacón y suavemente con la punta, pero con dos zapatos. Primero con uno y después con el otro. El *ritmo* que se le imprime ofrece la sensación de dos o más personas.

En el caso de la **mujer** se logra, levantando ligeramente la punta del zapato. Sólo se golpea con el tacón, se da un pequeño movimiento al zapato para indicar el movimiento de las caderas. De ser dos **mujeres** o más, se efectúa igual que los pasos de dos hombres o más, pero mucho más suave, siempre tratando de destacar los tacones. Se le imprime un ritmo adecuado. No se debe pisar siempre en el mismo lugar.

Al tratarse de un **niño**, se pisa sólo con la punta del zapato con suavidad. Se tiene muy en cuenta el *ritmo* y el pisar en diferentes lugares. Más de un niño, se realiza de la misma forma con la suavidad requerida. Hay que tener siempre presente *el ritmo*.

Pasos con bastón, puede ser de una persona que camina normal. Se escuchan sus pasos, pero además, el golpe del bastón en el piso. El efecto del bastón se realiza golpeando con un bastón o un palo en el suelo.

Si la persona tiene algún **impedimento en una pierna**, se golpea fuertemente con el tacón en el piso, se arrastra la punta del pie, para posteriormente golpear el piso con el bastón. Esto se sincroniza para escuchar las pisadas y el bastón. Con **muletas** se efectúa con dos listones de madera de una pulgada de diámetro aproximadamente. Se golpean al mismo tiempo, arrastrándolas ligeramente. Se realiza el efecto más fuerte o más suave si es un hombre, mujer o niño.

Cuando se refiere a **botas y espuelas**, se remachan tres o cuatro arandelas metálicas, que queden con libertad de movimiento, a un fleje metálico de cinco o seis pulgadas de largo o con un llavero con tres o cuatro llaves.

Efectos de pasos **sin zapatos**, se unen los dedos de las manos y se golpea en el piso con el dorso de la mano y con la punta de los dedos. Se puede realizar este efecto con los pies sin zapatos. **En maleza o hierbas** se realiza con la mano, con tiras de papel. Con el *ritmo* se ofrece la rapidez de desplazamiento.

Los **pasos en tierra** se efectúan en una caja de dos pies cuadrado con tierra y grava. **Pasos en roca**, la misma caja con piedras grandes. Se hacen los pasos, creando el sonido con la dificultad que presentan estos pasos en roca. **Pasos en madera**, se realizan en una pieza de madera de 15 por 12 pulgadas, la cual se coloca sobre una frazada o alfombra.

Pasos en piso mojado, se colocan cuatro o cinco hojas de papel mojado y se camina sobre ellas. **Pasos en la nieve**, un saquito de arena se llena con grava bien fina. Se camina sobre él. **Pasos en fango**, con un pequeño recipiente de metal o plástico se coloca adentro un pedazo de frazada o papel de periódico y se le echa agua. Se realizan los pasos con la mano. **Pasos en el agua**, se hacen con la mano en un tanque de agua. **Pasos en el metal**, un pedazo de metal de 15 a 10 pulgadas, se coloca sobre una frazada o tela gruesa. Se camina sobre él.

Las **puertas**:

Generalmente los sonidos que más se emplean en los programas radiales son de **puertas** de *madera, automóvil, avión, refrigerador, castillo, cabina telefónica, cárcel*, entre otras.

La puerta de **madera** tiene sus medidas convencionales. Está hecha con bisagras. En el otro extremo, con cerrojo de pomo y pestillo. Con ella se hace el efecto de **puerta** de la **calle**, puerta **interior** de **clóset, escaparate**. Efecto de la puerta de **automóvil**, se usa regularmente la puerta de un automóvil que está montada en un marco de madera. Para lograr el efecto se abre o cierra la puerta. Se sitúa a un metro de distancia del micrófono. Puerta de **avión**, se utiliza la misma puerta del auto más cerca del micrófono y la acción de cerrar se realiza con más energía. Puerta de **refrigerador**, con la puerta del auto se aleja más de micrófono, la acción se realiza suavemente.

Puerta de **corredera**, se puede emplear una caja de bolas, un patín que se desliza sobre un pedazo de madera. Sobre un metal, se produce el efecto de la **puerta de un elevador**.

Puertas de **hierro, rejas de cárcel, verjas**, se realizan con una puerta especial que produce chirridos debido al óxido. Si se desean más chirridos se le agregan a los goznes unas gotas de ácido.

Los **timbres**:

Se realizan en los estudios los **timbres** de *puertas, teléfono, despertador, escuela, alarmas*.

El timbre de **puerta**, es un efecto electrónico. Se emplean los mismos timbres de puertas. Se varía la intensidad del sonido de acuerdo con lo que pida el libreto. Para el **teléfono**, se emplea el mismo timbre de teléfono.

Pisadas de animales.

Las **pisadas de animales** son uno de los efectos muy empleados en la radio. Se destacan las pisadas de uno o varios *caballos, el trote corto, largo, el galope, caballería, pisadas de felinos, animales pesados*.

Las pisadas de un **caballo** se hacen con dos mitades de coco seco, uno en cada mano en una caja de madera con grava y tierra, se le da el *ritmo* lento, trote, galope de acuerdo con lo que pida el libreto.

Cuando son pisadas de **felino** en la selva, se hacen movimiento pausados muy lentos con la palma de la mano o los dedos sobre papel. Para el **elefante, rinoceronte** o **hipopótamo** se hace el movimiento con los pies. **Burro, mulo, buey, vaca,** se realiza con los cantos de los cocos secos. Se varían el *ritmo* y la fuerza de las pisadas.

Efectos de **líquidos.**

Se trata de reproducir los sonidos de *taza de café, te, vasos, copas de metal o cristal, bebidas con hielo, agua hirviendo, descorchar botellas.* Se realiza el efecto de *remar, nadar, sumergirse.*

Se emplea una botella con agua si es bebida, para producir el sonido de **verter líquido.** Se utilizan diferentes recipientes. Para la **taza** de **café** o **te,** se emplea una taza con un platillo para producir el efecto del contacto entre la taza y el platillo. Se echa un chorrito pequeño que dé el sonido del líquido y la cantidad que se sirve.

Para los efectos de **vasos, copas de metal** o **cristal,** primero se da el sonido chocando el vaso, la copa o el jarro contra la botella, jarra o lo que se emplee para servir, de acuerdo con lo que pida el libreto. Después, se echa el líquido en el vaso o la copa. Para un brindis se chocan los vasos.

De ser **bebidas con hielo:** tres o cuatro pedacitos de cristal grueso se echan en un vaso con un poquito de líquido. Se mueve suavemente y se produce el efecto sonoro del hielo. Sonido de **líquido hirviendo:** Con una manguerita. Uno de sus extremos se introduce en un recipiente con agua, por el otro extremo se sopla para producir burbujas como si estuviera el líquido hirviendo.

Para **descorchar botellas,** se utiliza una botella con corcho. Si no se tiene el corcho, se introduce el dedo dentro de la boca de la botella, se saca haciendo presión hacia fuera para crear una pequeña explosión, semejante a la que produce la botella al descorcharla.

Si se quiere dar el efecto de **remar,** se meten las manos en un recipiente y se le da el movimiento de un remo. En los efectos de **nadar,** se logra con las manos metidas en el agua de un recipiente. Se le da un movimiento para producir los efectos de alguien que nada si está nervioso, ahogándose o nadando con calma. Para **sumergirse,** se sumerge la mano rápidamente, con la palma abierta hacia abajo, se trata de hacer burbujas.

Efectos diversos.

Existen un gran número de efectos: Entre ellos se encuentran *puñetazos, arrear mulos, desenrollar pliegos, hojear revistas, escribir a máquina, martillar, serruchar, cavar, pelear, talar árboles, afeitarse, mecerse en un sillón, sentarse en una silla o en el piso, rastrillar fusiles o pistolas, patinar, batear pelotas, silbido de flechas, interruptor eléctrico, efecto de cadena, de reloj, máquina de coser, de derrumbe, guantes de pelota, guillotina, instrumentos diversos, crujido de barcos de vela, cámaras fotográficas, silbatos, ventanas, monedas, joyas, abanicos, platos de lozas, tenedores, cuchillos, aleteos de palomas y gallinas.*

Puñetazos: con la palma de la mano se da en el muslo. **Una bofetada**: Una mano contra otra al golpearse producen el efecto de golpe con la mano abierta.

Arrear mulos: se realiza un sonido onomatopéyico como el que hace el campesino.

Fuego chisporreteando: Estrujar hábilmente un papel de celofán.

Hojear revistas, libros, periódicos: Se utiliza una revista, un periódico o un libro. Cada uno de ellos tiene un sonido diferente.

Escribir a máquina: Con una máquina de escribir.

Escribir a mano: Se hace con las uñas. Se mueven las uñas sobre un papel, o se realiza con un lápiz sobre un papel.

Martillar: Se coge un martillo o un pedazo de hierro y se golpea sobre el material que pide el libreto.

Serruchar: Con una tusa de maíz seco, se frota sobre una madera. **Cepillar madera**: Coger una madera y pasarla sobre otra.

Afilar machetes o cuchillos: Rozar dos metales. El efecto del **machete** se realiza con un metal más largo, y con el **cuchillo**, con una lámina pequeña de metal.

Cavar, palear: Con un metal sobre tierra, grava o arena, según donde requiera el efecto de cavar o palear.

Talar árboles: Un pedazo de metal grueso contra una madera ofrece el efecto de los hachazos.

Afeitarse: Con pedazo de cartón, un peine, se pasan sobre la mano.

Un sillón que se mece: Maderas con un tornillo que se aprieta para que produzca chirrido. Puede producir el efecto sonoro de **balance, hamaca**, hasta un **velero.**

Desenvainar y pelear con machetes, sables o espadas: Se roza un metal suavemente contra otro, ofrece el efecto de desenvainar. Al golpearlos y rozarlos uno contra otro, producen el efecto de la **pelea con machetes, sables o espadas.**

Rastrillar fusiles, pistolas: un pestillo de puerta, de acuerdo con la energía que se ponga en el movimiento, produce el efecto de **rastrillar fusiles y pistolas.**

Patinar: Con un patín se sonarán las ruedas en el piso.

Bicicleta: Al sonar el timbre de la bicicleta, se ofrece esta imagen sonora.

Batear pelotas: Se puede realizar con la lengua contra el cielo de la boca.

Efecto de carretillas: El efecto de los pasos del caballo da la sensación de esta realidad.

Silbido de flechas: Se produce el sonido onomatopéyico con la boca. Una pequeña presión de aire y pronunciar una f. **Flecha al clavarse**: Se produce el silbido de la flecha y después, con la punta de un dedo, se golpea sobre una madera.

Interruptor de radio, televisión, luz: Con un interruptor eléctrico, se produce el efecto de encender o apagar el **radio**, la **televisión** o la **luz**.

Cadenas: Con un tramo de cadenas, se mueve a un metro del micrófono. Si es un individuo con **grilletes**, se arrastra el tramo de cadena por el suelo con un pedazo de hierro.

Yunques: Un pedazo de hierro golpeado por otro hierro.

Tic Tac de un reloj: Se puede hacer con un despertador.

Máquina de coser: Se crea el sonido con una máquina de escribir.

Derrumbe: En una caja de madera se echan escombros y se mueven.

Guante de pelota: Se da un golpe suave en la ropa o en el zapato con la palma de la mano.

Guillotina: Un metal que se desliza a través de un pedazo de madera. Finalmente se produce un golpe seco sobre algo blando.

Instrumentos médicos, mecánicos: Para lograr el efecto de los instrumentos médicos pueden emplearse tenedores y cucharas, al moverse y chocar produce este efecto. Para los sonidos de los instrumentos mecánicos, con tuercas, pedazos de tubos.

Cortinas: A un peine grande se le pasa un pedacito de metal por los dientes. Ofrece el sonido de cuando se abre o cierra una cortina.

Policía, cartero: Con un pequeño silbato se da la imagen de un cartero o policía.

Ventana: Esta sensación sonora se logra con un pequeño pasador o pestillo.

Monedas: Se emplean algunas monedas y se chocan unas contra otra. Si es un **saco de monedas antiguas** se emplea un saco con arandelas.

Joyas de metal: Varias monedas se mueven en la mano. **Brillantes, piedras preciosas**, con pedacitos de vidrio en la mano.

Aleteo de palomas y gallinas: Un libreto viejo se mueve, dándose pequeños golpecitos contra el cuerpo.

Guturales hechos por un imitador. Estos efectos lo produce un imitador con su voz; pueden ser de animales:

Ladridos, mugidos, croar, arrullo, cacareo, crotora, graznido, relincho, arrúo, gruñido, himplar, silbido, balido, aullido, rebuzno, berrear, chillido, gorjeo, canto, piar, bramido, rugido, zumbido.

Los efectos sonoros **pregrabados**:

Estos van desde el *auto* que arranca y se detiene, *caballería, fusilaría, disparos, truenos, sirenas, trinos de aves, canto de gallo, rugidos de fieras, hasta las explosiones de los cohetes*. Aquí se encuentra un espectro tan amplio y diverso imposible de lograr en los estudios. La desventaja del sonido grabado radica en que no siempre se adecua al ritmo, velocidad, narración, ambiente, escenario, atmósfera. Hay que lograr adecuarlos para integrarlos con la naturalidad y verosimilitud que exigen las escenas. Los efectos sonoros deben ser utilizados con sumo cuidado, ya que sonidos simultáneos o mal mezclados, entorpecen el mensaje.

Los *sintetizadores* son hoy una fuente sonora principal en el proceso de creación de efectos sonoros. El *tratamiento electrónico y digital* del sonido en la fase de grabación determina la *estructura tímbrica*, rítmica o *melódica* que representa la realidad natural. La *estructura* de los efectos sonoros presenta infinidad de variaciones posibles. Después de seleccionado el sonido, se le da un *tratamiento acústico* a través de los sintetizadores, para decidir su forma sonora definitiva.

LUGO:	-¿Viste la película?
EFECTOS:	(PUERTA QUE SE ABRE EN UN SEGUNDO PLANO)
PATTY:	(SEGUNDO PLANO)—¿Se puede?
LUGO:	-Entra Patty.
EFECTOS:	(PASOS DE ELLA QUE SE ACERCA)
LUGO:	-¿Tomaste café?
JORGE:	(CON SATISFACCIÓN) - Estupendo. Tu secretaria es magnífica.

EFECTOS:	(COLOCAR BANDEJA EN EL BURO. RUIDOS DE CUCHARAS. SIRVEN CAFÉ Y BAJA A FONDO EL SONIDO)
PATTY:	-¿Con crema, señor?
LUGO:	-Un poco.
PATTY:	-¿Y usted, Jorge?
JORGE:	-No, prefiero tomarlo natural.
LUGO:	-Gracias, corazón.
EFECTOS:	(PASOS DE ELLA QUE SE ALEJA. PUERTA QUE SE CIERRA EN UN SEGUNDO PLANO)
NARRADOR:	(LIGERA PAUSA)—Jorge termina su café en cuatro largos sorbos y luego pone la taza en la bandeja y la coloca sobre el buró.

La *imagen sonora* percibida a través de los *efectos* en el lenguaje radiofónico ofrece una gran variedad de posibilidades significativas. Los *efectos sonoros* permiten combinaciones aún más complejas durante la codificación sintáctico-semántica con los otros subsistemas del lenguaje radial: el *habla* y la *música*.

NOTAS

1. Armand Balsebre: *El lenguaje radiofónico*, p 117.

2. *Ibid*, p. 117-118.

3. *Vid.*, ICRT: "Curso para productores de radio".
    ICRT: "Seminario sobre los efectos sonoros en la radio".

4. *Ibid.*

5. Armand Balsebre: *Op. Cit.*, p.128.

6. *Ibid*, 126-127.

7. ICRT: "Curso para productores de radio". Cuba.
    ICRT: "Seminario para la dirección radial". Cuba.

8. *Ibid.*

3.

EL MONTAJE

La significación de la imagen sonora, como resultado de una multiplicidad de de/formaciones expresivas, será construida por el montaje radiofónico. Una acepción integradora de su doble función podría concretar así la definición de montaje radiofónico:

EL MONTAJE RADIOFONICO es la yuxtaposición y superposición sintagmática de los distintos contornos sonoros y no sonoros de la realidad radiofónica (palabra, música, efectos sonoros, silencio), junto a la manipulación técnica de los distintos elementos de la reproducción sonora de la radio que de/forman esa realidad.

Armand Balsebre: *El lenguaje radiofónico*, p. 144.

Algunos periodistas se peguntarán para qué necesitan nociones sobre el montaje radial. Muchos saben que al no trabajar sólo con noticias y boletines, necesitan además, crear con talento artístico: *documentales informativos, noticias dramatizadas, revistas informativas*, los cuales exigen montajes creativos diferentes.

Por otra parte, en los *programas informativos* no se difunden las noticias en el mismo orden en que se reciben. Se *seleccionan, organizan* y se *editan*. Este trabajo requiere minuciosidad, valoración periodística y sentido artístico. Exige el conocimiento de las reglas y las leyes del correcto *montaje*.

Un mismo mensaje organizado y combinado en un orden y estructura diferente varía el mensaje y por consiguiente la percepción en el oyente. Cada elemento sonoro posee un valor expresivo polisémico amplio. El resultado final es, de acuerdo con su organización, una *forma* y *contenido* nuevos. Por supuesto, el *montaje* requiere una planificación intencional previa con el objetivo de lograr un mensaje específico con una adecuada *forma* y *contenido*.

Mijail Minkov plantea:

> Para la composición también es esencial tal como el montaje, el empleo de elementos artísticos . . . A esta altura cabe mencionar la importancia que pueden tener ideas originales, hechos y argumentos acertadamente seleccionados e introducidos en el texto, así como la solución lógica que puntualicen la significación del mensaje transmitido. También aquí vale la pena combinar de un modo apropiado los diversos componentes de una emisión: el habla, la música y el ruido natural.
>
> La composición de una emisión radioperiodística se apoya en los principios siguientes:
>
> * El *ritmo* apropiado de la emisión combinado con la *máxima claridad* de las comunicación en ella contenida. En el espacio estrictamente limitado que el radioperiodismo tiene para su emisión, no hay lugar para amplias divagaciones, para excesivas descripciones, para deternerse mucho en los aspectos interesantes del tema tratado. Se precisa una exposición breve, compacta, un régimen dinámico de la evaluación de la información, un estilo conciso, un alto grado de vivacidad.
> * La máxima concentración de la atención de los oyentes en la esencia de la información transmitida que puede lograrse eliminando todo lo superfluo, puesto que tal lastre distraería la atención del oyente y haría más diluida la recepción y la asimilación del mensaje transmitido (1).

Variadas son las posibilidades de selección del productor, director o periodista en la radio, al *montar* un programa radial, pero lo importante es que sea capaz de seleccionar aquellas *formas* que permitan llevar el *contenido* que él quiere expresar a partir de la organización que escoja de los elementos sonoros.

> Es así, en el contexto dramático-espectacular de la acción radiofónica, como el montaje radiofónico convierte el concepto de "lo naturalista" en algo ambiguo: la recreación de la realidad conserva sus contornos sonoros, pero construye al mismo tiempo una realidad distinta a la materialmente real, alterando sus dimensiones espacio-temporales. El montaje radiofónico crea un nuevo concepto de "lo real": *la realidad radiofónica*.

Siguiendo con el juego de palabras, las características de la percepción radiofónica harán luego que esta *realidad radiofónica* sea "más real" que "lo real". Así, un monólogo dramático superpuesto a una música sugiere a veces una dimensión expresiva muy real, provocando reacciones muy emotivas en el radioyente, cuando tal imagen sonora no pertenece al ambito de la realidad referencial porque salvo circunstancias excepcionales, nadie verbaliza exteriormente su pensamiento cuando está a solas, y menos con una música de fondo que ni siquiera surge del paisaje sonoro natural (2).

El **montaje** tiene dos **funciones** fundamentales:

1. INFORMATIVA.
2. ESTETICA.

El oyente asocia la organización de los elementos sonoros y se imagina una forma con un contenido determinado. El *montaje* crea un efecto sicológico que le permite suplir la ausencia y diferencias temporales y espaciales entre las escenas presentadas.

Esta relación entre elementos y escenas da lugar a un producto cualitativamente nuevo. El *montaje* permite que el oyente perciba un conjunto de *impresiones auditivas*, las cuales crean una *imagen sonora* que lo impacta *cognoscitiva, afectiva* y *volitivamente*.

Cada elemento sonoro, cada escena, con su carga semántica individual, se convierte en una unidad dialéctica de un conjunto mayor, determinado por el *montaje*: el **programa**. De manera sucesiva y orgánica se van vinculando para lograr una nueva realidad que posee en su interior la *continuidad* y *coherencia*. Se crea un producto, una unidad nueva que tiene un sentido propio cualitativamente diferente al de cada elemento individual que lo componen.

La *continuidad* dramática del relato radiofónico se logra con el *montaje* adecuado de las diferentes unidades sonoras, *sintagmas, planos, secuencias* y *escenas* dentro de los *planos temporales y espaciales* en la nueva realidad que crea el lenguaje radiofónico.

3.1. Diseño sonoro.

El *diseño sonoro* es un proceso creativo de selección, organización, y composición de los sonidos, los cuales se vinculan a una idea o a una información para ofrecer de una manera armoniosa e integral un programa con una estética enriquecida.

El lenguaje radial es arte y técnica. Se labora con información, imágenes sonoras artísticas que destaquen los aspectos esenciales. La *organización sonora* tiene un *aspecto subjetivo* y otro *objetivo*, ambos se interrelacionan. La imagen sonora es aceptada por el oyente como verdadera en la medida en que convencionalmente refleje la realidad.

El *diseño sonoro* (3) exige la selección de sonidos a través de una búsqueda precisa y consciente, ya que el código creado es válido en la medida en que se combinen sistemas y estructuras conocidas por el receptor. Los dos sistemas terminales del circuito de difusión son la síquis del difusor y la del receptor. Ambas aceptan los valores de los **códigos convencionales** empleados (4).

Algunos vicios del habla que se oponen a la *armonía* general en el *diseño sonoro* del lenguaje radial son:

a) **Monotonía**: Repetición de sonidos parecidos que confunden al oyente.
b) **Cacofonía**: Sonido desagradable que al unirse con otros produce un efecto repetitivo.
c) **Sonsonete**: Repetición sonora desagradable.
d) **Discordancia**: Combinación inadecuada de los elementos del *ritmo:* pausas y acentos.

Existe una estrecha correspondencia entre los procesos de recepción, conservación y procesamiento de la información y sus análogos síquicos durante la transmisión, así como durante la recepción. Es básico en el *diseño sonoro* observar: la cantidad y dificultad de la información, la velocidad, la capacidad, nivel de asimilación de los canales y características de los radioyentes. La cantidad de información que es percibida por el oído siempre es menor que la cantidad de información que físicamente llega al oído, y ésta información percibida es mayor que el volumen que puede decodificar la siquis del hombre, la cual la limitan la pasividad de la atención, selectividad perceptiva, límites en la comprensión, valores, paradigmas, creencias.

Algunas cualidades del lenguaje radiofónico son:

• **Unidad** en la forma y el contenido. Si no tiene homogeneidad en las ideas y conceptos, desaparece la unidad. El abuso de los elementos sonoros incidentales o disgresiones alteran la unidad y afectan el pensamiento.
• **Claridad:** Los subsistemas sonoros y sus codificaciones ofrecen comprensión sin dificultad. Se afecta la claridad si aparecen *anacronismos, tecnicismos, cultismo, equívocos, homonimia* o *polisemia.*
• **Pureza** en los subsistemas, su codificación y montaje. Deben ser adecuados a las normas del lenguaje radial. Se evitan los *barbarismos, anacronismos, solecismos.*

- **Barbarismos:** Falta que se comete en el uso de una palabra.
- **Anacronismos:** Sonido que no corresponde con el tiempo o lugar que se recrean en el programa.
- **Solecismos:** Construcción sintagmática errónea que altera el sentido de lo que se expresa. Problemas de concordancia, construcción o de *montaje*. Ejemplo en el habla: *medias para niñas de seda*.

La codificación sonora exige que el elemento *semántico* (*contenido*), así como el *montaje* sean adecuados y se dirijan al conocimiento, experiencia y necesidades del receptor. Carlos Alberto Montaner en "Internet y la agonía de Gutenberg" explica:

> ¿Qué le resulta atractivo al consumidor de información en la era de internet? Lo de siempre: lo que despierta su curiosidad desde hace miles de años: noticias sobre los peligros que se ciernen sobre ellos, sobre las oportunidades de mejorar su calidad de vida, sobre violaciones de las normas y, como forma especial de diversión e inspiración, variaciones sobre personas que triunfan ante la adversidad.
>
> Sobre estos cuatro ejes, seguramente necesarios para la supervivencia, los seres humanos organizan la información que dan y la que reciben. Así sucede en París y New York, en una aldea de Senegal o en la selva peruana **(5)**.

El periodista, con sensibilidad, dominio de la técnica radial, memoria auditiva, conocimiento del segmento de público potencial, tiene una nueva tarea, la de comunicar con convicción y con poder persuasivo el material escogido, el cual puede enriquecerse con el uso adecuado del lenguaje radial para lograr un producto íntegro y armónico con gran fuerza cognoscitiva-afectiva.

El *montaje sonoro* de una escena o espacio radioperiodístico no se puede considerar como un simple contraste entre los diferentes subsistemas radiofónicos. Para la codificación se requiere de criterios *psicológicos*, *sociológicos* y *estéticos*. La asociación *sincrónica* o *diacrónica* de los sonidos sólo adquiere valor y significado cuando el contraste entre habla, música y efectos sonoros se realiza con un profundo sentido de la combinación artística y con un objetivo bien definido de lo que se quiere transmitir.

La *gramática radiofónica* presenta reglas inviolables parecidas a las del lenguaje articulado. Esta gramática encuentra en los subsistemas, diálogos, planos, ritmo, ambiente, atmósfera, narrador, tiempo y espacio, las reglas y leyes de la correcta codificación.

El sentido del *tiempo* y el *espacio* en el medio radial es diferente al de la vida real, ya que el lenguaje radial es el diseño de una nueva realidad sonora que **representa la realidad** objetiva. El *tiempo* se ofrece con cortes musicales, efectos sonoros o enunciado directamente en el dialogo o por el narrador. Esta sensación que se difunde por la radio no rompe con el sentido de *actualidad* y *verosimilitud* que exige el espacio.

La *música* o *efecto sonoro* dada a través de la *disolvencia, cross fade, fade in, fade out* en una escena ofrecen la idea del inicio o el final de escenas. El *escenario, ambiente* o *atmósfera* lo pueden presentar el narrador, actores, música o los efectos sonoros. Los cortes sonoros establecen una relación *temporal* y *espacial*. Los *movimientos* de los actores, autos, trenes, entre otros, se ofrecen por medio del narrador, directamente a través del diálogo de los personajes, planos y efectos que se acercan o se alejan.

El *periodista radial* narra los hechos noticiosos; en ocasiones, puede actuar como uno de los personajes en una escena, el cual da a conocer datos y elementos de otros. La *sintaxis interior del lenguaje radial* en un espacio o programa siempre es lógica y depurada, con un correcto sentido del tiempo y el ritmo.

.Metáforas y símbolos.

Las formas más frecuentes del *lenguaje tropológico* o figurado empleado en la radio son las **metáforas** y los **símbolos**. La *metáfora* se logra por la traslación de sentido de una idea a otra. En la radio es fugaz y se ofrece con acercamiento entre dos realidades concretas que dan lugar a una nueva idea o interpretación a través de la unión de dos sonidos de naturaleza diferente.

> El código semántico-descriptivo de la palabra radiofónica se apoya principalmente en su significado denotativo, según el cual un signo o palabra equivale a una idea u objeto de percepción. Sin embargo, en razón de la necesaria precisión y de la analogía y simbolización que justifica la reproducción de la realidad referencial, este código semántico—descriptivo incorpora también dos figuras retóricas principales: la *comparación* y la *metáfora* (6).

El empleo de las *metáforas* en la radiodifusión debe ser sopesado cuidadosamente con palabras precisas que indiquen el uso de este lenguaje poético. Es muy conocido el recurso mediante el cual la *voz* de una mujer que habla demasiado se convierte en un *efecto sonoro*, logrado por la reproducción de un monólogo a alta velocidad. Si se quiere ridiculizar a un personaje que habla en una escena, se hace una transición y su expresión se convierte en el sonido de un animal u otro efecto sonoro. A la escena de un anciano que agoniza, se le sobreimpone el ruido de un árbol que cae por los hachazos de un leñador.

El *símbolo* es más complejo que la *metáfora*; además, ofrece un mayor interés expresivo. Por analogía con el símbolo visual, es un fenómeno sonoro que sin identificarse expresivamente con la imagen, adquiere, por encima de su apariencia realista, un valor más amplio y profundo. Perdura más que la *metáfora*. Ejemplo: podría ser un hombre que está preso. Lleno de ira, angustia y depresión. Este ve cómo unos mercenarios asesinan a su esposa. En ese momento, sube una canción lujuriosa y agresiva.

El *símbolo* es un proceso de transferencia. Un elemento se convierte en un signo equivalente de otro objeto o de otra cualidad. Este proceso conlleva una abstracción.

En el periodismo radial, las *metáforas* y los *símbolos* tienen relación estrecha y coherente con los elementos objetivos de la narración. Se pueden obtener con la *expresión musical* y los *efectos sonoros* relacionados con el **habla**, como en el toque de trompeta de un músico que quiere dar una nota más alta que sus posibilidades. Esa nota y su sonido devienen en un *símbolo*: su alma insatisfecha. El *símbolo* sirve de transición entre lo real y lo imaginario. Este debe estar bien justificado en el contexto y expuesto con originalidad. El *símbolo* se logra fácilmente con la música. En la radio, el paso de lo concreto a lo abstracto demanda tiempo en su elaboración.

Los *símbolos* se logran con *música* de época, la cual anuncia la entrada de un personaje. Esta posteriormente se mezca con la acción para ofrecer la idea de una tensión interna de éste. Los *efectos sonoros* son empleados también con un sentido *metafórico* y *simbólico* para expresar imágenes abstractas. Ejemplo: Un hombre hace un monólogo en primer plano. A fondo (segundo plano), se escucha un ruiseñor, su canto tiene igual importancia al de las palabras del poeta. Pasa a un primer plano el canto del ruiseñor para indicar la pureza de los sentimientos del hombre. El canto del ruiseñor, como elemento *metafórico*, pasa a ser un reflejo más abstracto del sentimiento del poeta.

Sonidos de sirenas, de alarma, crean una *atmósfera* de terror. Indican el inicio de un conflicto bélico. Explosiones de bombas, accidentes de autos, lamentos de madres, niños llorando, crean un ambiente de muerte y miedo. Estos pequeños momentos conducen a un *ambiente* preciso para crear un valor universal, siempre que se integren y respondan a un ambiente dramático específico. El trote de un caballo, vinculado a los sonidos de un tic tac de un reloj ofrecen una *imagen* de acercamiento de la muerte. El miedo y la angustia se logran a través de silbido del viento, aullidos de perros, entre otros.

El empleo de estas pinceladas sonoras son más emotivas para el oyente que cuando estos momentos se ofrecen por medio de una narración o explicación verbal. La *simbolización abstracta* se puede ofrecer con el *tiempo* a través de la dicotomía pasado/presente. A cada parte de la dicotomía corresponde un ambiente sonoro diferente. También se puede *simbolizar* el *tiempo* con la personificación de la conciencia de un individuo, la cual puede perdurar en el presente.

La elaboración *simbólica* puede alcanzar un grado de abstracción más elevada al emplear procedimientos técnicos especiales, tal como, situar el *pasado* y el *presente* de la acción por medio de *fondos sonoros* diferentes: el narrador tiene un fondo sonoro determinado para el *presente* (efecto de calle con mucho tránsito), y para el *pasado*, se ofrece un estribillo musical ubicado acertadamente en un *segundo plano* o *plano alejado*.

.El ritmo.

El *ritmo* es el carácter periódico de un movimiento o proceso. Puede ofrecerse a través del **tiempo** o el **acento**. Con el *tiempo* se obtiene por medio de la distribución de las *pausas*. Con el *acento,* por la proporcionada combinación de sonidos fuertes y débiles, por la sucesión de acentos predominantes y secundarios en cada sintagma expresivo, por medio de la acertada combinación de los subsistemas del lenguaje radial para construir las escenas que conformarán el programa. Pueden aparecer elementos reiterativos, recursos motivacionales, balance dinámico, diálogos y movimiento dramático.

Un correcto o incorrecto *ritmo* depende de la relación armoniosa, proporcional, alejada de la agrupación monótona y malsonante. El *ritmo* debe responder a la *forma* y *contenido* del programa.

Los elementos del *ritmo* en el lenguaje radial ponen en juego las categorías: *función, extensión* y *temporalidad* de los subsistemas. Se presentan a través de los factores *externos* o *internos*. Los *externos* se ofrecen a través de la extensión y duración de la acción. Los *internos* responden al contenido y al nivel de apelación de los intereses, necesidades y motivaciones del oyente.

Errores en el *ritmo* de una escena repercuten en todo el programa. En la organización rítmica de las partes que componen la imagen sonora se destacan:

1. El **habla** a través de la lentitud y la rapidez de los diálogos, la extensión de los parlamentos y bocadillos, el grado de tensión dramática de éstos, tipos de vocablos utilizados (adjetivos, sustantivos, verbos), relación de los personajes y el narrador.
2. La **música** depende del tipo o estilo, cantidad de los instrumentos, la extensión del fragmento y si la música es instrumental o cantada.
3. Los **efectos sonoros** a través del *tono, timbre, intensidad, duración* y la *relación* de éstos: suave/brusco, agudo/grave, armónico/ inarmónico, tenso/difuso.
4. Los **planos sonoros** ofrecen movimiento con su diseño.

Los **ritmos ágiles** se logran con escenas breves, poca complejidad formal, con cortes continuos y rápidos. Con el empleo de los **contrastes** que ofrecen variedad y dinamizan el *ritmo* dentro de las escenas, tales como: la lentitud/rapidez, escenas largas/cortas, mucho ruido/ poco ruido, así como la diferencias entre intensidades, timbres, tonos. **Ritmos lentos**, con parlamentos extensos, cortes menos seguidos. Los *ritmos lentos* se utilizan para intensificar las situaciones dramáticas con el objetivo de crear momentos de expectación, emoción y tensión en el radioyente.

Balsebre apunta que la sistematización de los códigos *rítmicos* del habla se definen a través de tres formatos principales:

1. **El ritmo de las pausas:** Además de precisar y determinar el sentido e intención de las palabras, delimita la construcción fonológica de la oración y destaca la expresión sicológica. Las pausas desempeñan una función rítmica principal en la expresión de la palabra radiofónica.

2. **El ritmo melódico:** La expresión musical y afectiva de la palabra radiofónica tiene en la melodía una de sus dimensiones más significativas. Tal significación necesita del ritmo para expresarse con todos sus matices. Las unidades melódicas, separadas por pausas, agrupan a series de "notas musicales", que bajo un tiempo marcado constituyen el compás. De la repetición periódica de los tonos o "notas musicales" que constituyen la curva melódica del discurso verbal resultará el ritmo melódico. La melodía desarrolla también una función descriptiva importante: describe la continuidad temporal y sintagmática de las distintas imágenes auditivas que produce la imaginación del radioyente a partir de los estímulos auditivos. En este sentido, el ritmo melódico acentúa o atenúa los cambios de tema o secuencias.

3. **El ritmo armónico:** Si la melodía estructuraba el ritmo de la palabra a través de la combinación de las unidades melódicas entre sí y de la combinación de los tonos o "notas musicales" de una unidad melódica, la armonía estructura también el ritmo de la palabra a través de la repetición periódica de los timbres de las voces de una misma secuencia. La función rítmica de la armonía determina la duración de la presencia sonora de una misma voz. Según el tempo ritmo deseado, el texto verbal se divide en unidades armónico-rítmicas cada una de las cuales corresponden a una misma modulación tímbrica. La variación de timbres constituye la base del ritmo armónico. La combinación de muchos timbres crea un rico conjunto armónico en matices expresivos, pero rítmicamente poco atractivo, pues a mayor número de voces combinadas armónicamente, más complejo es el tempo-ritmo resultante, más difícil la percepción (7).

En los espacios informativos el *ritmo* es un factor esencial, ya que a través de él se ofrece la imediatez, actualidad, importancia. Mijail Minkov, expone que el *ritmo* al que obedece toda comunciación radiofónica, el flujo incontenible de las palabras que representan inevitablemente toda emisión informativa, obliga al periodista radiofónico a ayudar a sus oyentes a asimilar su información acústica, haciéndola lo más clara, precisa y sencilla posible. También se debe cuidar que la formulación de la información obedezca a las rigurosas leyes de la lógica (8).

.La ambigüedad.

Para evitar *ambigüedad* y desinformación en el oyente durante el *diseño sonoro* del lenguaje radial, el periodista radial elabora el mensaje y lo organiza con precisión. Emplea elementos necesarios de redundancia para fijar la utilidad y el valor objetivo. El material lo selecciona y lo fracciona en virtud de las escenas y episodios. Todo lo externo e innecesario, se elimina. Sin embargo, la *ambigüedad* puede ser *intencional* para crear deteterminados *matices dramáticos*.

La *imagen sonora* es por naturaleza más incierta que la visual. En la radio, la imaginación del oyente es bien sensible a la fantasía. Como se dice "en el medio radial se estira la imaginación".

Cuando la *ambigüedad* esta cuidadosamente sopesada, puede provocar niveles superiores *imaginativos*, *simbólicos* y *dramáticos*. Se logra con la desarticulación y cambio de los códigos con el objetivo de sorprender al oyente. Puede ser **contextual, temporal, dramática** y **espacial**.

La **ambigüedad contextual** se crea cuando un sonido nuevo aparece en una situación determinada. Puede ser interpretado en dos o más sentidos diferentes. Así ocurre cuando dos personajes conversan en una escena, y de pronto, escuchan una sirena. Esta relación crea una *situación dramática* que provoca incertidumbre.

> SONIDO: (SIRENA. BAJA A FONDO Y SE ALEJA SEGUNDO PLANO)
> ELSA: -Parece que anuncian la llegada de alguien.
> MADRE: (INTRANQUILA) -No. Es la sirena que suena cuando hay . . . ¡Derrumbes!.
> ELSA: -Pero no te inquietes. Siempre estás pensado lo peor . . . Como tu hijo trabaja en la mina.
> MADRE: (ANGUSTIADA)—Vamos allá para averiguar. (ALEJANDOSE)—Ven, acompáñame.
>
> EFECTO (PASOS RAPIDOS DE AMBAS SE ALEJAN).

La *ambigüedad contextual* también puede ser dinámica al cambiar el ambiente, el tiempo, el lugar, a través de la mezcla sonora; ofrece una naturaleza enigmática con un matiz nuevo entre lo real y lo imaginario.

—

EFECTO: (PASOS CON RUIDOS INDEFINIDOS DE FONDO, DADOS EN RESONANCIA).

Con el **tiempo** también se puede ofrecer la *ambigüedad*, vinculando los acontencimientos del presente con hechos que han ocurrido en el pasado. Una *restrospectiva (flash back)* que no se anuncia, desconcierta al oyente en los primeros segundos, mientras la ubicación del lugar donde se desarrolla la escena es incierta. El interés que tiene esa *ambigüedad* es la carga emocional que puede provocar.

MIGUEL: —Me ha torturado siempre la imagen de ella después de muerta. No supe comprenderla. Las veces que la tuve frente a mi me decía: (LIGERA RESONANCIA EN TODO EL DIALOGO QUE REPRESENTA EL FLASH BACK).

LUISA: (RR)—"Tienes que decidirte y actuar de acuerdo con las circunstancias".

MIGUEL: —Pero, Luisa ¿ Cómo me puedo enfrentar . . . ? (Así continúa el diálogo en el pasado.)

La **ambigüedad dramática** se ofrece con la relación de los planos, montaje, elipsis, tono o timbre. Tenemos el caso de un hombre que le habla a una mujer del amor que le profesa. El radioperiodista hace un montaje con el habla de ese hombre. Su voz se lleva a fondo y es sustituida por el habla del hombre que ella realmente ama y que en su imaginación ella cree escuchar. Se evita la confusión de las voces al buscar diferencias tímbricas bien marcadas.

El variar el habla de un personaje por otro, sin anunciarlo, cuando está bien insertado contextualmente, puede crear un interés dramático al ser un resorte de sorpresa. Pasados unos segundos, si es necesario, se aclara la situación por el narrador o por algunos de los personajes.

JUAN: —Sabes Elena, que este sentimiento es profundo. No sé como has pensado (CROSS FADE)

ERNESTO: (TIMBRE DIFERENTE CON LIGERA RESONANCIA) -que no te quiero. La situación que ha ocurrido nos ha afectado mucho a ambos . . . (TERMINA RESONANCIA).

JUAN: —¿No me estás oyendo Elena?

ELENA: —Disculpa, Juan. Es que estoy muy preocupada.

—

ELENA:

(TRANSICION) Me tengo que ir. Perdóname, después hablamos . . . (PASOS DE MUJER QUE SE ALEJAN, BAJAN A SEGUNDO PLANO) (LIGERA REVERBERACION QUE DE LA IDEA DE PENSAMIENTO) (PREOCUPADA)—No puedo dejar de pensar en Ernesto . . .

La **ambigüedad espacial** se manifiesta por una variación de planos. Una voz normal en un primer plano, más una voz reverberante en un segundo plano, sugieren una *diferencia de lugar* y variación en la realidad que se presenta. Uno de los personajes parece hablar muy cerca, y el segundo, más lejos. Con el uso de risas diabólicas en *planos sonoros* diferentes, se produce una impresión sugestiva de irrealidad. Una voz que aparece en diferentes planos crea un efecto insólito de imprecisión en un espacio determinado.

3.2. Principios del montaje

Existe una unidad dialéctica entre *forma* y *contenido*, ambas se interrelacionan. Ninguna de estas categorías puede predominar por encima de la otra en la *codificación* del lenguaje radial. Deben corresponderse y solucionar la necesidad comunicativa. El *montaje*, por consiguiente, está determinado por el *contenido* y la *forma*.

En la organización de las diferentes escenas se tiene en cuenta:

- la *extensión* o *longitud* de las *escenas*,
- el *aspecto lógico* del *montaje* y *organización* que tienen las escenas intcrnamente,
- la *intención comunicativa* de acuerdo con el *montaje y organización* de estas escenas en relación con las otras en el programa. La *acción*, *diálogos*, *contenido dramático* y la *situación*.

Siempre debe existir un *motivo* que justifique determinada organización y *codificación*. Incluso la extensión de las escenas está determinada por el *contenido* comunicativo, diálogo, tiempo necesario para la correcta *percepción* y *decodificación* por parte del oyente. Para que el oyente no pierda interés se busca *dinamismo* y *variación* en las *escenas*, para llegar a la *atención*, *interés* y *satisfacción* del oyente.

Armand Balsebre apunta:

A propósito de la interacción entre el montaje radiofónico y la sintagmática del relato radiofónico en el radiodrama (continuidad o paralelismo), y a modo de observación general en la codificación del nexo de secuencias, deduzco las dos reglas siguientes:

- En el encadenamiento de secuencias que denoten una transición temporal inmediata, la *sintagmática* del relato recurrirá a figuras del montaje que induzcan a una relación asociativa temporalmente inmediata: *el encadenado* entre el sonido de la secuencia 1 y el sonido de la secuencia 2. Tal cosa sucede en la **continuidad progresiva-inmediata** (*transición del presente al futuro inmediato*) y en el **paralelismo** (el relato de *dos sucesos que se caracterizan por una misma dimensión temporal*).

- En el **encadenamiento** de secuencias que denoten una **transición temporal mediata**, no instantánea o distante, se recurrirá a figuras de montaje que induzcan una relación asociativa temporal semejante: *fundido-encadenado, fade-out, fade in* u otras figuras que resulten de la combinación de aquéllas entre sí o con los planos sonoros no variados. Tales recursos serán utilizados en la continuidad progresiva mediata o distante ("*flash-forward*") o en la continuidad regresiva ("*flash-back*") **(9)**.

Para mantener el *interés*, hay que saber cambiar de una *escena* a otra sobre una acción que no concluye. Los *noticieros* dan avances de las noticias que se darán a continuación; posteriormente, se menciona una parte de la noticia más importante y no se concluye, hasta el momento final del programa. Al radioescucha le interesa la acción o el movimiento, los cuales se logran con la carga dramática de los diálogos.

Hay que discernir en la relación *sincrónica* o *diacrónica* de los subsistemas en las escenas, cómo insertar las *retrospectivas*, la *desarticulación cronológica*, la *relación espacial*, los *tiempos*, las *semejanzas, analogías* y los *contrastes*.

El *énfasis* se logra con la priorización de unos de los componentes. El *ritmo* guía al oyente en la composición sonora y lo prepara emocionalmente para lo que va sucediendo. Con el *énfasis*, se destacan los aspectos de interés, al hacer sobresalir uno de los componentes del conjunto. El *énfasis* **(10)** se logra con:

- Los *planos* destacan un sonido en primer plano, en comparación con otros planos (segundo o tercero). Se ofrece simultáneamente la acción, el ambiente (primer plano y segundo plano) y el contexto general donde se desarrolla la acción.
- Los *efectos sonoros* o *música*.
- Los *efectos electrónicos*: eco, reverberación, sintetizadores.
- El *contraste* de sonido *agudo/grave*.

- El *contraste* de *timbre/intensidad.*
- La relación y duración entre los subsistemas.
- La *intensidad* en uno de los componentes.

Un buen *énfasis* se logra por la manera de codificar y montar los sonidos. La *música* y los *efectos sonoros* no pueden desvincularse del *habla.* Si lo que se expresa oralmente se realiza con los otros subsistemas simultáneamente, se intensifica la carga emocional. La *música* y los *efectos sonoros* permiten crear ambientes que den *énfasis* en la motivación, emotividad, al subrayar aspectos de interés y al multiplicar las potencialidades expresivas.

En el *montaje* hay que tener en cuenta el *efecto Kuleshov* (11), en el cual se observa que la simple sucesión de una imagen sonora, tras otra, desencadena una serie de inferencias de significados e interpretaciones por parte del sujeto, aun cuando no exista un elemento que explique o una acción dramatúrgica que lo justifique. En los *noticieros* suele desconocerse esta elemental regla del montaje.

De nada vale la estructuración perfecta de cada una de las *noticias* o fragmentos que componen el *noticiero,* si no se ensamblan correctamente y no se tiene en cuenta el mensaje que puede crear. Los *efectos sonoros* y la *música* hay que escogerlas con minuciosidad. El *noticiero* atrae por su forma y retiene por su contenido, ya que las *noticias* satisfacen necesidades informativas, de prestigio y estéticas.

En los *noticieros,* con el objetivo de ofrecer la actualidad, se utiliza más el *sonido ambiente* que la *música* y los *efectos sonoros.* Las *informaciones noticiosas, comentarios, los boletines y noticieros* apelan, por sus contenidos, directamente a los procesos cognoscitivos, más que a los afectivos. Sin embargo, los géneros *entrevistas, crónicas, reportajes* y los programas como las *revistas informativas, documental sonoro,* con mayor elaboración estética, se enfocan con fuerza en los procesos afectivos de los radioyentes.

Durante el *montaje* son importantes los *elementos dramatúrgicos* y el *esquema narrativo,* para establecer un balance coherente entre los clímax y anticlímax para que faciliten la secuencia lógica y el control de los procesos sicológicos de los oyentes.

La función fundamental de un correcto *montaje,* por medio del dominio de los *elementos de dramaturgia,* es la de atrapar y guiar estos procesos sicológicos del público, e incorporarlos a las *noticias* que se difunden, para que no abandone el programa hasta el final. Se pone de manifiesto cuando un *artículo* o *reportaje* es capaz de movernos y agarrarnos desde las primeras líneas sonoras hasta las últimas. Hay que crear la predisposición sicológica que motive a seguir atentamente el contenido del programa.

El que realiza el montaje observa las leyes de la capacidad de concentración humana. Un exceso de *concentración* puede ocasionar la saturación y provocar que el sujeto desatienda lo que escucha. En el montaje de un noticiero radial se jerarquizan las noticias por niveles de importancia. Pero no basta esto, hay que tener presente y saber guiar la *atención, percepción, comprensión, interés, motivación* y *necesidad.*

.Aspectos sicológicos durante el montaje.

Mijail Minkov explica:

> Un íntimo conocimiento de los problemas relativos a la sicología del oyente y una acertada interpretación de estas cuestiones, también son primordiales para que el trabajo radioperiodístico alcance la debida eficacia. El periodista de la radio debe centrar su atención en aspectos sicológicos que puedan ser importantes para sus esfuerzos por elevar la eficiencia de su información. En este sentido es primordial conocer los incentivos que ayudan a despertar el interés del oyente o aquellos que le ayudan a retener en la memoria la información radiofónica recibida (o, en otras palabras, que aumenten la durabilidad del efecto de la información), saber cómo este proceso depende del contenido de la información y del modo de su presentación, y, por otro lado, de las características individuales de cada oyente.
>
> ¿Cómo actúa el mecanismo del *ego* sobre las condiciones del flujo torrencial de la información? ¿Cuáles son las leyes que rigen la recepción de la información y sus asimilaciones? ¿De qué depende la eficiencia de la información recibida? Estos y muchos otros problemas similares intrigan a no pocos sociólogos y sicólogos de diversas partes del mundo que se dedican al estudio de los medios masivos de difusión. Estas cuestiones, sin embargo, también deben intrigar a los trabajadores creadores, directamente vinculados al sistema de los medios de difusión.
>
> El conocer la sicología del oyente y tenerla en cuenta, ayuda mucho a aumentar la eficacia del trabajo informativo de la radio, puesto que facilita la previsión de las eventuales reacciones del oyente, permite adaptar las formulaciones a las condiciones de la recepción de nuestras informaciones por parte del auditorio. Las mejores intenciones y los mayores esfuerzos no servirán para nada si el fruto del trabajo del periodista no llegase hasta el oído del oyente **(12)**.

La atención

La *atención* dirige a los otros procesos psicológicos, tales como la *percepción*, la *memoria*, el *razonamiento*, la *imaginación*. Eleva la efectividad de cualquier actividad síquica. Cuando actúa la *atención*, el análisis y la comprensión del oyente aumentan, se memoriza con mayor precisión y velocidad.

A través de la *atención*, el ser humano organiza selectivamente su actividad síquica para evitar gastos de energía nerviosa. Este carácter selectivo orienta al individuo hacia lo que tiene mayor significación para él. Algunas de las características de la *atención* de los oyentes son **(13)**:

- *Dinamismo:* La atención cambia periódicamente sus enfoques y objetivos. Es básico el empleo del *dinamismo* y *variedad de timbres, armonías, tonos, intensidades, ritmos,* para enriquecer la imagen sonora en los programas de radio, y eliminar la monotonía.
- *Volumen de la atención:* Capacidad del oyente para asimilar una determinada cantidad de información en un tiempo determinado. Influyen el *interés, conocimiento* del receptor sobre el tema tratado, *situación* en que se sucede el hecho.
- *Intensidad:* Grado de atención y consumo de energía nerviosa que esto implica. Depende de:

  1. *Significación subjetiva* que tiene para el receptor.
  2. *Prestigio de la fuente* de información.
  3. *Personalidad* del que funge como difusor.

- *Estabilidad de la atención:* Determinada por la capacidad de sostener un nivel de intensidad en los marcos de un tiempo específico. Es necesario:

  1. Un *límite* determinado en la *cantidad* de información.
  2. *Diversidad* suficiente que excluya la *monotonía.*
  3. *Forma* de suministrar la información.
  4. *Tiempo* de concentración de la atención.

- *Repetición:* Es análoga al *movimiento* de elementos sonoros repetidos.
- *Contraste:* La *atención involuntaria* se atrae y es mantenida fácilmente con ayuda de excitadores que *contrasten:* En la transmisión de un sonido con *timbre* nuevo, de un *agudo a uno grave,* una *pausa.* La *atención* del oyente después de un *anticlímax* se agudiza nuevamente.
- *Duración:* Las excitaciones cortas generalmente pasan demasiado rápido y no captan la atención del oyente. Los estímulos fuertes y demasiados prolongados también la perjudican. Es básico un equilibrio.
- *Contenido:* Novedad, originalidad.

Los factores que condicionan la *atención* son:

a) **Subjetivos:** Integrados por las *necesidades de información actualizada, intereses, motivaciones, estados de ánimo.*

b) **Objetivos:** Formados por la *propiedad de la información* que actúa como estímulo (explosión, gritos).

Existen tres tipos de *atención*:

a) **Involuntaria**: No existe conciencia de la actividad ni esfuerzo de voluntad para mantener la atención.

b) **Voluntaria**: Conscientemente planteada con esfuerzo de la voluntad para provocar y mantener la atención.

c) **Postvoluntaria**: La *atención* ha sido provocada voluntariamente, posteriormente no existen esfuerzos evidentes para mantener la atención. Es creada—no exclusivamente—por causas exteriores al hombre, las cuales no están relacionadas con determinados objetivos conscientemente planteados, pero que atraen y concentran la atención. En esto influyen la intensidad, originalidad, cambio, movimiento, repetición, contraste, duración, dimensión. Mientras más fuerte e intenso sea el sonido, captará con más facilidad la *atención* y por consiguiente la concentración.

La *atención involuntaria* es transitoria. Permanece mientras duran los excitadores correspondientes y desaparece, si no es reforzada. Se atrae fundamentalmente por la forma de presentar el código sonoro. La *voluntaria* se capta por la significación del contenido. El individuo tiene un período de *atención voluntaria*, la cual después de cierto tiempo, decae.

El que realiza el *montaje* del programa radial valora constantemente cómo renovar la *atención* para organizar el código con los momentos climáticos en diferentes partes del programa, seguidos de momentos anticlimáticos. Se eliminan las escenas largas y complejas que requieran un gran esfuerzo atencional.

La **atención** (14) permite seleccionar la información que será procesada por las funciones cognitivas centrales. Es el elemento vital de toda la actividad mental, pero está limitada por las energías nerviosas, o sea, el esfuerzo cognitivo se destina al procesamiento de una parte de la información disponible.

La *atención* (15) pone en marcha una serie de procesos:

- Los **selectivos**, que se activan cuando se le da respuesta a un solo estímulo en presencia de otros.

- De **distribución**, cuando es necesario atender a varias cosas a la vez.
- De **sostenimiento** de la atención, que se producen cuando es preciso concentrarse en un estímulo durante amplios períodos de tiempo.

Los *rasgos formales* de la *atención* son el cambio de fuentes sonoras, los efectos sonoros, voces eufónicas masculinas, femeninas e infantiles. "Es preciso esa interacción entre llamar formalmente la atención y luego sostenerla semánticamente" (16).

La percepción.

La *percepción* es el conjunto de procesos síquicos que posibilita el reflejo subjetivo de la realidad. La *percepción* de los componentes acústicos de los sonidos es subjetiva. Se reciben en forma *binaural*. Para facilitar la comprensión de las noticias por parte del oyente, se clasifican por temas en sintagmas, géneros, escenas.

Mijail Minkov explica:

> Es, pues, sólo un profundo conocimiento del objetivo de nuestro esfuerzo periodístico, a saber, del auditorio al cual nos dirigimos, lo que puede asegurar que nuestro trabajo periodístico en la radio sea coronado con el debido éxito y que tenga la debida incidencia en el vasto público nacional. Tomar en consideración las particularidades de la **percepción** de la información transmitida no es menos importante para el trabajo del radioperiodista que el conocimiento pormenorizado de todos los aspectos técnicos de la labor creadora en la radio (17).

Una incorrecta *entonación* y *acentuación* confunden al oyente. La hipertrofia de la *estructura sintáctica* de cualquier parte del material informativo por el redactor, altera la *percepción* del radioyente.

Los espacios informativos no deben renunciar a la influencia y apelación de los *procesos afectivos*, aunque sus objetivos sean directamente los *procesos cognoscitivos*. La práctica demuestra que donde se tiene en cuenta el estado sicológico del oyente y sus *necesidades emocionales*, aumenta la efectividad y la influencia de la información.

La *percepción* presenta cinco fases:

- *Detección.*
- *Discriminación.*
- *Identificación.*

- *Reconocimiento.*
- *Comprensión.*

Las características perceptibles durante la **detección** del sonido son: *intensidad o potencia, tono o altura, timbre o color y duración,* los cuales vienen determinados por la *frecuencia y amplitud* de la onda sonora. Los parámetros más relevantes en la **discriminación** del sonido por el oyente son:

- *Sonoridad:* Percepción subjetiva de la *intensidad* (*amplitud*).
- *Volumen*: percepción subjetiva de la potencia acústica.
- *Altura:* Relacionada a la percepción del *tono*, frecuencia fundamental de la señal sonora.
- *Timbre:* Capacidad que permite diferenciar los sonidos. Se caracteriza por la forma de la onda con sus componentes acústicos.
- *Duración:* El tiempo que la onda sonora está en vibración.

Uno de los momentos más importantes es la **identificación**. Se logra con la introducción de los elementos acústicos, subsistemas sonoros que permiten identificar la información necesaria dentro de los rasgos distintivos de una codificación. La audición humana no es plana. Ante un determinado sonido puede tener diferentes *percepciones*. Existen los *modos de audición* que explican cómo se produce la *percepción sonora* y cómo se da la **significación** y **comprensión** a los sonidos. Existen tres modelos de **modos de audición**:

- *Schachtel:* Centra la audición en el sujeto o el objeto:
  1. *Autocéntrico:* Es la audición subjetiva basada en el sentimiento de satisfacción o insatisfacción del sujeto ante el estímulo sonoro.
  2. *Alocéntrico:* Es la audición centrada en el propio sonido. ¿Qué informa? ¿Qué sentimiento evoca?

- *Schaeffer:* Tiene cuatro modalidades de audición en la relación entre la *percepción* sonora y la *atención* sonora:
  1. *Oír:* No hay intención de escuchar, pero el sonido se percibe. Es el nivel más elemental de percepción sonora. Ejemplo: Sirena de un auto de policía.
  2. *Escuchar:* La atención se enfoca en lo que significa un sonido, no en el sonido en sí. Ejemplo: Alguien pronuncia su nombre.
  3. *Entender:* Hay una intención de escuchar. Es un proceso selectivo donde algunos sonidos son percibidos y otros no. El receptor escucha el sonido por su propio valor.

4. *Comprender:* Audición semántica. El sonido se transforma en un signo. Se buscan significados y valores semánticos.

- **Smalley:** Describe tres modos de *percepción* sonora en función de si la atención auditiva se centra en el sujeto o el objeto. Modo de audición:
  1. *Indicativo:* Centrado en el objeto. El sonido es un mensaje, un signo.
  2. *Reflexivo:* Centrado en el sujeto. Respuesta emocional del sujeto ante el sonido percibido.
  3. *Interactivo:* Requiere una atención voluntaria.

La comprensión.

El carácter dinámico de la *comprensión* requiere de determinadas limitaciones en la *forma, cantidad* y *dosificación* del suministro de información. Al material informativo hay que prepararlo de una forma que facilite la *atención* y *comprensión* del oyente.

La *comprensión* posee un carácter voluntario y afectivo. Los *procesos afectivos* aumentan o disminuyen la *comprensión*. El *tono* desagradable de un locutor o periodista disminuye la *atención* y la *comprensión*. La *profundidad* se caracteriza por los vínculos y diversidad. La *claridad* en la comprensión está dada por la clara presentación del mensaje; mientras que la *accesibilidad*, es la facilidad en la asimilación de la información durante el proceso de comprensión.

El grado y la calidad de la **comprensión** (18) dependen de:

- El contenido transmitido.
- La forma de presentación.
- El contexto de recepción.
- Variables del receptor. **Interés, motivación, conocimientos:**—*de la estructura general de los relatos,*—*del mundo y de las acciones humanas,* y—*de las convenciones utilizadas para la producción de los mensajes.*

Los **rasgos formales** que influyen en la *comprensión* son:

1. Elementos de contenido centrales al señalar y destacar lo que es importante.
2. Informaciones sobre el tiempo, el lugar y el contexto de la acción.
3. Codificación para determinados segmentos de radioescuchas: niños.

Los **esquemas relevantes en el procesamiento de los mensajes que influyen en la comprensión** son (19):

- *Esquemas sobre sí mismo*: información y conocimiento que una persona desarrolla sobre sí misma.
- *Esquemas de personas*: conocimiento que se desarrolla sobre las características físicas y de personalidad de otras personas con las que interactúa.
- *Esquema del rol*: expectativa que una persona mantiene con respecto a cómo actuar en determinadas situaciones en las que se desempeña un rol social.
- *Esquema de sucesos*: conocimientos sobre las acciones a desarrollar en actividades cotidianas en el mundo social.

Existen tres diferencias en cuanto a la utilización de los *esquemas* **en el ámbito de las relaciones interpersonales** y en las situaciones de exposición al radioperiodismo. Estas son **(20)**:

1. Los medios de comunicación aportan una mayor cantidad de mensajes diferentes en comparación con los que una persona puede encontrarse en su vida cotidiana. Por todo ello, para comunicarse eficazmente con los mensajes mediático se necesita una gran variedad de esquemas que hagan posible la compresión de los contenidos y los formatos de los mensajes.
2. Para las audiencias los medios de comunicación se han convertido en la actualidad en una especie de autoridad que cuenta con créditos o credibilidad, porque en ellos trabajan expertos calificados.
3. La implicación con la que las personas se exponen a los mensajes de los medios, durante la mayor parte del tiempo, es baja. Cosa que no sucede cuando las personas se comunican con otros individuos en contextos interpersonales. Trae por consiguiente que, cuando las personas se exponen a distintos programas radiales, emplean (para poder extraer sus significado, comprenderlo) una gran variedad de esquemas.

Se han identificados cinco **tipos de esquemas (21)**:

- *Esquema narrativo*: Permite comprender las diversas fórmulas utilizadas para vehicular contenidos. Las personas han aprendido fórmulas para contar y recibir historias o relatos.
- *Esquemas de personajes:* Permite realizar un procesamiento rápido y eficiente de la información sobre los diversos personajes que aparecen en los relatos. Gracias a que se suelen utilizar fórmulas estereotipadas para diseñar a los personajes (. . .), es posible reconocer rápidamente

(. . .). Los estereotipos son positivos porque facilitan el procesamiento de la información (La comprensión en este caso) al activar expectativas relacionadas con la acción de ellos. Pero son negativos porque aportan imágenes sesgadas de la realidad (. . .).

- *Esquemas de contexto:* Son esquemas necesarios para comprender los hechos que se relatan, dado que el contexto en el que se desarrolla una acción determina la intervención del suceso al que se enfrenta una persona y genera expectativas diferenciadas.
- *Esquemas temáticos:* Permite hacer inferencias sobre la moral de una historia o suceso.
- *Esquemas retórico:* Permite extraer conclusiones sobre los propósitos de los diseñadores o realizadores de un mensaje.

Explican Juan José Igartua y María Luisa Humanes que "(. . .) los *esquemas* facilitan el procesamiento de la información derivada de los medios; gracias a ellos, las personas construyen el significado de los mensajes audiovisuales. Sin *esquemas*, los sujetos cada vez que se enfrenten a un contenido audiovisual nuevo tendrían que procesar cognitivamente cada elemento (tipo de historia, personajes, contextos, temas y propósitos) para poder extraer el significado y comprender lo que se les está contando, un proceso demasiado costoso y que supondría una gran carga cognitiva (. . .)" **(22)**.

Esquema y procesamiento de noticias:

Graber **(23)** explica que en relación con el procesamiento de las noticias, los *esquemas* ejercen tres funciones principales: *determinar qué información será advertida y procesada*; *ayudar a organizar y evaluar una nueva información*; y *permitir completar la información omitida*. Todas las personas acaban desarrollando *esquemas* o *representaciones cognitivas* (más o menos compartidas a nivel social) sobre las cuestiones que afectan al país o a las relaciones internacionales.

Argumentan Igartua y Humanes que **(24)**:

El procesamiento de noticias que conduce a la comprensión y aprendizaje implica dos actividades cognitivas principales: adecuar la nueva información a los viejos esquemas preexistentes, y revisar la información nueva según los conocimientos que ya se poseían. Cuando una persona posee un esquema desarrollado sobre el tema central de la noticia, la comprensión y aprendizaje de la información resulta mucho más eficaz, en comparación con la situación en la que la persona carece de un esquema previo sobre dicho tema. Por ello, se ha señalado que determinados factores de contenido de las noticias pueden acrecentar la comprensión de la misma.

La motivación.

La *motivación* es el proceso sicológico que permite impulsar los resortes de acción de cada individuo. La *acción* puede ser física o sicológica. *Atender* lo que se escucha es un acto voluntario que requiere de *motivación* para ello.

Existen las *motivaciones intrínsecas e extrínsecas*. Las *intrínsecas* se vinculan con el emisor, mensaje y radioyente. Las *extrínsecas* son las *promociones* de los programas, comentarios de determinadas emisiones, entrevistas con los actores, anécdotas y pormenores de la realización de determinado espacio.

Las necesidades

Los especialistas aseguran que las informaciones se escuchan para satisfacer necesidades:

- *Fisiológicas y de seguridad.*
- *De confirmación* o *consolidación* de valores o creencias que refuercen y sirvan de guía en la vida personal y social.
- *Utilitarias* con el objetivo de conocer y tener información para tomar decisiones.
- *De prestigio:* Reconocimiento social, colectivo, laboral, profesional.
- *Estéticas:*
- *Afectivas:* Sentirse estimado, respetado, miembro de un grupo.
- *Humorísticas:* Diversión, entretenimiento (25).

Vicente Gonzáles asegura:

> Todos estos recursos son inherentes a las necesidades propias del sujeto, y el comunicador podrá aprovecharlos en la medida en que haya estudiado al público para el cual trabaja y pueda saber sus intereses, necesidades, aspiraciones, inquietudes ... Puede suceder que para ciertas personas una información tenga un efecto y para otras, dentro del mismo grupo social, tendrá el efecto exactamente opuesto, ya que ello depende de la formación cultural, la edad, las experiencias, la personalidad de cada cual (26).

Las emociones y los estados afectivos.

Juan José Igartua y María Luisa Humanes explican que:

> (. . .) sin duda, la experiencia emocional es uno de los principales efectos provocados por el entretenimiento mediático. Hasta el punto que entretener se ha convertido en sinónimo de emocionar.
>
> Los efectos (. . .) auditivos utilizados en la realización (. . .) están pensados para crear o estimular distintas emociones y estados afectivos en las audiencias. Por ejemplo, se ha señalado que en la producción de dramáticos se debe cuidar y comprender cuáles son las estrategias de realización más adecuada para impactar a la audiencia (. . .) **(27)**.

Frijda **(28)** plantea dos leyes que ayudan a comprender la experiencia emocional que se produce cuando se interactúa con los productos audiovisuales. Primero, según la *ley del significado situacional*, "las emociones surgen en respuesta a las estructuras de significado de una situación dada". Segundo, según la *ley de la realidad aparente*, "las emociones son generadas por acontecimientos evaluados como reales, y su intensidad es proporcional al grado en que sea así".

> Zillmann **(29)** ha advertido que el consumo mediático puede estar determinado por un deseo de *regular la excitación*, es decir, como forma o mecanismo de afrontar los estados emocionales o mejorar el estado de ánimo. A partir de su teoría del Manejo Emocional (. . .), Zillmann ha hipotetizado y contrastado empíricamente que el entretenimiento se puede utilizar como un regulador de la experiencia emocional, tanto para excitar o activar como también para sosegar o calmar.
>
> El presupuesto más básico que subyace en la Teoría de la Regulación de la Excitación o del Manejo Emocional se refiere a lo siguiente: la motivación hedónica, de búsqueda del equilibrio afectivo y de bienestar, gobierna gran parte del comportamiento humano (. . .).
>
> (. . .) la teoría del manejo emocional supone que los individuos también pueden regular sus estados afectivos de manera *simbólica,* a partir de sus elecciones de entretenimiento mediático.
>
> (. . .) también precisa que los individuos no tienen por qué ser conscientes de que la motivación hedonista preside su comportamiento habitual.

Se afirma que la *empatía* o *identificación con los personajes* constituye un concepto multidimensional, que alude a una serie de procesos psicológicos **(30)**:

- *Empatía cognitiva:* Se refiere al hecho de entender, comprender o ponerse en el lugar de los protagonistas, lo que se relaciona con la capacidad de tomar las perpectivas o adoptar el punto de vista del otro. Ello posibilitará percibir y seguir el desarrollo de la historia o la "trama" (. . .) desde el punto de vista del personaje.
- *Empatía emocional:* Alude a la capacidad de sentir lo que los protagonistas sienten, implicarse afectivamente de forma vicaria o sentirse preocupado por sus problemas. Posibilitará que el sujeto sea capaz de experimentar los mismos sentimientos que vivencian los personajes.
- *Capacidad de fantasear o de imaginación:* Consiste en que el sujeto es capaz de anticipar las situaciones a las que se expondrán los protagonistas de los relatos (. . .) o inferir cuáles serán las consecuencias de las acciones de éstos.
- *El hecho de volverse personaje:* Se refiere a la sensación de sentirse como si una mismo fuera uno de los personajes (. . .).

Hoffner y Cantor (31) explican que la identificación de los personajes se relaciona, además, de forma positiva, con el grado de atracción "personal" sentida hacia los mismos. Se presentan las siguientes dimensiones:

- La valoración positiva.
- La percepción de similitud.
- El hecho de desear ser como los personajes. Las reacciones afectivas ante los contenidos de entretenimiento dependen de la reacciones empáticas que se desarrollen hacia los personajes.

Se producen retrospectivas de la vida emocional por el consumo de contenido dramático. Esto es posible por la puesta en funcionamiento de distintos procesos (32):

1. La *revocación distanciada* (el distanciamiento): pasar de una memoria de campo (de actor implicado) a una memoria de observador.
2. La *reevaluación:* de lo ocurrido en la vida personal; se busca nuevas dimensiones de evaluación. De este modo, un efecto (. . .) puede alterar la valencia afectiva de los esquemas o estructuras de pensamiento existente y, por consiguiente, su relación con otros elementos dentro del sistema cognitivo, así como integrarlos en esquemas nuevos y, probablemente, más adaptativos.
3. La *comparación* de las propias experiencias con las experiencias de los actores (. . .). En este sentido se podría hablar de dos formas de comparación social que podrían estar actuando. Primeramente, se

produciría una comparación social para la validación o normalización de la experiencia emocional. Mediante ésta, la persona busca comparar sus emociones y actitudes con otras, para reafirmar que su experiencia es corriente, mayoritaria y adecuada, y que es reconocida o validada como tal por las otras personas. Por otro lado, se produciría una comparación social ventajosa (. . .). De este modo, las personas se compararían favorablemente con los casos extremos y estereotípicos de la narración dramática o, en algunos casos, podrían validar su experiencia como normal, comparándose con estos casos extremos (. . .).

4. El *aprendizaje* en una forma novedosa de enfrentar y resolver conflictos más extremos y desafíos ante lo que las personas aún no han estado y deben enfrentar necesariamente (. . .). Este sería un "efecto hacia el futuro", que se podría interpretar como el aprendizaje en acción de nuevas estrategias de afrontamiento.

3.3. El montaje de los subsistemas.

Explica Armand Balsebre que como resultado de la combinación de los elementos sonoros en un código lineal en el tiempo, se crean sintagmas los cuales se vinculan y dan lugar al *montaje radiofónico*, el cual tiene su código expresivo regido por las relaciones asociativas entre sintagmas u otras unidades mínimas del lenguaje radial (planos sonoros, subsistemas, escenas, secuencias), y de los sintagmas con la configuración imaginativa espacio-temporal del radioyente (33).

Los *subsistemas sonoros* en la radio (*habla, música y efectos sonoros*) tienen múltiples posibilidades de organización. Se destacan las organizaciones:

1. **Diacrónica o yuxtapuesta.** Los elementos sonoros aparecen uno después de otro en la secuencia temporal:
    - Cuando la *música* o *efecto* terminan, comienza el *habla*. Al terminar el *habla*, de nuevo un *efecto sonoro* o la *música*.
    - Cuando termina el *habla*, comienza la *música* o *efecto sonoro*. Al terminar la *música* o *efecto sonoro*, comienza el *habla* de nuevo.
    - *Habla* seguido de *pausa* o *efecto sonoro*.
    - *Música* o *efecto sonoro* seguida de *pausa*. Posteriormente, *habla* o *música*.

2. **Sincrónica.** Los subsistemas aparecen relacionados en el mismo momento. Aquí son muy importantes los planos:
    - *Música* o *efecto sonoro* en un primer plano. *Habla* en un segundo plano.

145

- *Habla* en un primer plano. *Música* o *efecto sonoro* en un segundo plano.
- *Música* y *efecto sonoros* mezclados, con el mismo nivel de *intensidad,* en un primer plano o segundo plano.

3. **Diacronía-sincronía:** Comienza un subsistema después del otro en *diacronía.*

Posteriormente se relacionan en *sincronía:*

- *Música* o *efecto sonoro* que baja a fondo en su parte final. El *habla* sube a primer plano. Termina la *música* o el *efecto,* el *habla* continua sin segundos plano (*en seco*). Termina el *habla* y comienza otro *efecto sonoro* o un *fragmento musical.*
- *Música* o *efecto* bajan a segundo plano, para que entre a un primer plano el *habla*; termina el *habla* y sube a primer plano la *música* o el *efecto sonoro.*
- *Música* o *efecto sonoro* en primer plano, baja a fondo en *cross fade.* Se sustituye una *música* o *efecto sonoro* por otros.
- *Música* o *efecto sonoro* en un primer plano baja a fondo. *Habla* en un primer plano. La *música* o los *efectos sonoros* finalizan en un segundo plano. El *habla* sola continúa en un primer plano. Al terminar, comienza otro *efecto sonoro* o *música* y baja a fondo. De nuevo el *habla* en un primer plano. Al finalizar, sube *efecto sonoro* o *música* al primer plano.

4. **Sincronía-diacronía:** Comienzan los subsistemas ligados por medio de los planos y posteriormente, aparece uno después de otro.

- *Habla* en un primer plano con una *música* en un segundo plano. Se termina con la música y sigue el *habla* en *seco (sola).*
- *Habla* en primer plano, *efecto sonoro* en un segundo plano. Termina el efecto.

  El *habla* continúa en seco.

  Música en primer plano y *efecto sonoro* en segundo. Finaliza el *efecto.* Continua la *música* unos segundos para terminar y dar paso al *habla.*
- *Efecto sonoro* en primer plano. Música en un segundo plano. Terminan la *música* y los *efectos sonoros,* continúa el *habla* en seco.
- El subsistema en *segundo plano* puede subir a un primer plano y el que estaba en primer plano, termina o desaparece por medio de la disminución de intensidad (*disolvencia*) (34).

El radioperiodista organiza los sonidos con intencionalidad, para lograr un mensaje determinado en un contexto específico, *superpuestos* (*sincronía*) diferentes planos en el mismo tiempo, y *yuxtapuestos*(*diacronía*) sucesión de sonidos en el tiempo.

La codificación *superpuesta-sincrónica* crea estados emotivos en los oyentes, recrea ambientes o atmósferas con el objetivo de fortalecer la imaginación y sugestividad. Se emplea el *primer plano* que representa el sonido más cercano, junto a un *segundo plano* que es el sonido más alejado, o *tercer plano* donde aparece algún sonido más distante que el *segundo plano*. El sonido en el *segundo plano* o *plano de fondo* no va directamente al razonamiento, sino a las emociones y sentimientos del radioescucha. Ofrecen la relación espacial y de distancia a través de la *intensidad* del sonido con lo que ofrece la sensación de lejanía-cercanía.

La *yuxtaposición-diacrónica* ofrece la codificación de los sonidos uno después de otro en el *decursar del tiempo* con el objetivo de darle un criterio asociativo. Estos van directamente a los procesos cognoscitivos (razonamiento), por lo que se requiere de un esfuerzo mayor del intelecto del oyente para comprender el significado, al contrastar y comparar dos impresiones sonoras que ofrecen un nuevo juicio o conclusión.

El *ritmo* músico-verbal es uno de los ritmos radiofónicos principales, ya que connota una enorme variedad de significados y sensaciones. Esto permite que se hable de un lenguaje legítimo y genuino. La codificación de un mensaje músico-verbal tiene las siguientes características **(35)** :

- El **ritmo musical** ofrece el ritmo fundamental en el lenguaje radial. Las variaciones rítmicas de la música rigen a la periodicidad de las pausas, combinaciones de tonos y voces del habla.
- **El ritmo de la palabra** queda regido por el ritmo musical en el lenguaje radioperiodístico. La relación música-habla genera un mensaje nuevo con una nueva significación.
- **La palabra al intercalarse con la música** respeta el **significado semántico-narrativo** de la música radiofónica.
- **La palabra al vincularse con la música** respeta el **ritmo** de la música en las transiciones, cadencias o períodos.
- **Los unidades del ritmo músico/verbal** son dos: a) Distintos segmentos de palabras superpuestas en cada momento sobre la música, b) Los distintos segmentos de música en primer plano que se oyen cuando finaliza la superposición de la palabra.

.Unión de escenas.

Las escenas se pueden organizar y relacionar de diferentes formas. Cada una ofrece características expresivas distintas. Algunas son:

- **En seco o directas:** Una escena sucede a otra en forma directa. Termina un sonido y aparece otro. No se emplea un tercer sonido entre una y otra. Ofrece la sensación sicológica de *cambio de lugar, tiempo, punto de vista.*
- **Disolvencia:** Un sonido *baja en intensidad* hasta *desaparecer.* Se emplea entre escenas para dar el *paso del tiempo, cambio de lugar, tiempo, punto de vista.* La *disolvencia* relaja la tensión del oyente. Es un momento *anticlimático.*
- **Fade in:** El sonido sube en *intensidad.* Momento *anticlimático* que prepara al oyente para la escena próxima. Ofrece la sensación de *tiempo transcurrido.*
- **Cross fade:** Un sonido pierde *intensidad,* mientras otro sube en *intensidad* hasta ocupar el primer plano. Entre las escenas indica el *paso del tiempo, cambio de lugar* o de *punto de vista.*
- **Corte musical (cortinilla):** Música o efecto sonoro que indica la *transición de una escena* a otra. Puede comenzar en un segundo plano de la escena anterior y subir a un primer plano o comenzar en un primer plano, al terminar la escena anterior, y continuar en un segundo plano con la escena siguiente. Esto ofrece la sensación de *tiempo transcurrido, cambio de lugar, efecto emocional* o *sentimental.*

Las uniones de escenas se establecen por *sincronía (superposición)* o por *diacronía (yuxtaposición)* para crear diferentes estados sicológicos e ideas. En estas relaciones el primer sonido determina el segundo y este último influye en el primero. El resultado final no es una suma, sino un nuevo producto. Al tener en cuenta estos tipos de uniones y sus posibilidades, se busca una *mayor antención* y *comprensión* por parte del oyente.

En las uniones (36) entre las escenas se tiene en cuenta la:

- La *variedad.*
- El *contraste.*
- El *efecto psicológico.*
- El *contexto.*
- El *ritmo.*
- La *elipsis.*

Con la **variedad** se logra que no decaiga la *atención* ni el *interés* del oyente. Se evita la fatiga que crea la monotonía y que se pierda el interés y la atención con suma rapidez. La radiodifusión al ser unisensorial tiene que buscar la *variedad* para mantener el *interés.*

El **contraste** es una necesidad oposicional de la unidad. Puede responder a necesidades estéticas, pero el factor fundamental del *contraste* es el *psicológico* *afectivo.* El **efecto psicológico** se logra por medio de la oposición en la codificación con el objetivo captar la *atención* y buscar la tensión emocional en el oyente. Su fuerza depende del contrates en la *forma* y el *contenido* de los elementos que van sucediéndose en la trama.

El **contexto** exige que todos los sonidos deban estar en función de la escena y el programa. No pueden existir ruidos parásitos o ausencia de sonidos no programados. El **ritmo** es un pilar básico para la *estructura, contenido* y movimiento de lo que se expresa. Sus elementos en los *subsistemas* y *escenas* son:

- *La duración.*
- *El dinamismo.*
- *Dinámica de los sonidos (tono, timbre, intensidad).*
- *Combinación.*

Se logra menos *dinamismo y lentitud* con un *ritmo lento,* con escenas largas, mayor tiempo en los subsistemas, *tono grave, timbres* con más armónicos, pocos cambios y combinaciones; un *ritmo dinámico,* con escenas cortas, menos tiempo en los subsistemas. Una mala selección del *ritmo* en las uniones de las escenas hace desagradable la codificación del programa. Una combinación de escenas ligeras y rápidas con otras con menos dinamismo, logra un equilibrio adecuado.

El oyente obvia los saltos temporales y recibe la acción de forma continua, ya que las **elipsis** en el *tiempo* son aceptadas por el radioyente. Las *elipsis* permiten narrar un hecho que abarca días, meses y años en poco tiempo. Al eliminar sonidos innecesarios, se facilita la *progresión* y *agilidad* en los cambios de escenas.

3.4. Algunos tipos de montaje.

En el medio radial, la **selección de un tipo de *montaje*** (37) requiere se valore el objetivo comunicativo, la claridad, inteligibilidad, fluidez lógica, para captar mejor la *atención* y el *interés* de los radioyentes. Para seleccionar un montaje determinado, el periodista se pregunta: *¿Es una necesidad estética, informativa o dramática? ¿Ofrece mejor enfoque, amenidad? ¿Orienta correctamente? ¿Contiene algo nuevo? ¿Arroja un nuevo enfoque artístico agradable o novedoso? ¿No afecta los recursos estilísticos y lingüísticos del radioperiodismo? ¿Se entiende clara y fácilmente?*

Algunos montajes se estructuran teniendo en cuenta:

1. La **progresión dramática**, movimiento y desarrollo.
2. Las **asociaciones**.

Si se emplea la **progresión dramática**, el objetivo es tener un movimiento y desarrollo en el programa de acuerdo con las siguientes guías conductoras organizativas:

- *El tiempo.*
- *La acción dramática*
- *El conflicto.*
- *El ritmo.*
- *Relación causa–efecto.*

Es necesario aclarar que en la **codificación** y **el montaje** de un programa, muchos de estas guías conductoras de la *progresión dramática* se interrelacionan.

Si se tiene en cuenta **el tiempo**, el montaje puede ser:

- **Cronológico:** Según el paso del tiempo narrado. Avanza del pasado al presente y del presente al futuro. Es una de las formas más empleadas en el montaje.
- **Retrospectiva:** Va del presente al pasado. Se ofrece la situación actual y se van a buscar las causas en el pasado.
- **Prospectiva:** Del presente a un futuro hipotético. Situación de los hechos actuales y valoración de lo que puede provocar en el futuro. Pronósticos.
- **Paralelo:** Hechos o acciones que son presentados simultáneamente en un tiempo en forma paralela.

En el trabajo del *montaje* se buscan las transiciones fáciles de entender para no confundir al oyente. Si es necesario, se emplea un narrador para lograr la mayor claridad. Estos *montajes* generalmente se emplean en noticias dramatizadas, programas dramáticos o en documentales dramatizados.

El *montaje* que se organiza de acuerdo con la **acción dramática** puede ser:

- **Montaje lineal:** Presentación, desarrollo del conflicto y desenlace.
- **Montaje no lineal:**.
  a) Clímax-presentación-desarrollo del conflicto-desenlace.
  b) Desenlace-presentación-clímax-desarrollo del conflicto.
  c) Presentación-clímax-desarrollo del conflicto-desenlace.

- **Secuencia informativa.**
  La ley de *secuencia material informativa* plantea que cada escena muestra lo que la persona de la escena anterior realiza, trata de realizar

o debe realizar, o sea, las escenas anteriores condicionan las posteriores. Estas últimas son consecuencia de las primeras.

La *acción de la trama* determina el ritmo interno. Hay escenas que son necesarias en un lugar determinado y en otros no. Esto se debe al axioma radial sobre la necesidad de la claridad lógica del mensaje para mantener el *interés* del oyente.

- **Progresión dramática narrativa:**
  La ley de la *progresión dramática* plantea que toda escena tiene un elemento que provoca en el oyente una curiosidad. Cada escena debe satisfacer la curiosidad creada por la anterior, y además presentar nuevas interrogantes que se solucionarán en las escenas posteriores. Esto ofrece el desarrollo de la *línea dramática* del programa en busca de soluciones.

El montaje de acuerdo con el **conflicto** tiene presente:

- **Un conflicto.**
- **Fraccionamiento de más de un conflicto.** Escenas cortas con un montaje fraccionado paralelo. Se tienen en cuenta los momentos climáticos y anticlimáticos para organizar y codificar los subsistemas dentro de las escenas.

El montaje que se enfoca en el **ritmo**:

- **Por la forma:** Codificaciones elípticas que ofrecen omisión de elementos sonoros o uniones donde se emplean otros sonidos con diferentes connotaciones. Aparición de un elemento determinado en forma periódica en diferentes sintagmas del código radial.
- **Por el contenido:** El significado de una palabra, música, efecto sonoro que evocan en el oyente cualidades nuevas. Cada escena se relaciona con la que le sigue a través de elementos del contenido o significados, los cuales quedan sin resolver para solucionarlos en la próximas escenas. Si los planos se prolongan, surge el aburrimiento y se pierde la atención. Cada escena termina, antes que decaiga la atención. Se remplaza por otra para mantener al oyente atento. Las escenas cortas ofrecen un ritmo más rápido. Las escenas largas, un ritmo más lento.

Montaje con una relación de **causa-efecto**:

Se vincula con el problema y la solución. Puede aparecer la *causa* primero y después el efecto, o viceversa. En el montaje por un tópico determinado, todas las partes del programa se relacionan con el tema, objetivo o aspecto central. Se tienen en cuenta los aspectos centrales y secundarios, la jerarquización por importancia y sus consecuencias.

Además existe el montaje que tiene en cuenta las **asociaciones** a través de **semejanza:** Hechos que se relacionan y dan lugar a algún aspecto muevo por esa asociación; se producen, entre otras, por las **metáforas** y las **metonimias**.

La **metáfora** se basa en una identidad que radica en la imaginación del oyente. Se pasa el significado de uno de los subsistemas a otro por la semejanza. *Hombre torpe: sonido de un asno.* La **metonimia** se designa algo con el nombre de otra que presenta cierta relación. Puede ser por :

a) **causa-efecto:**

EFECTO: (MUCHAS PERSONAS HABLANDO).
JUAN: Estas reuniones me atormentan. La cabeza me va a estallar. Otra vez comienzo a sentir ese sonido.
EFECTO: (SONIDO QUE INDIQUE TENSION AGUDO. SUBE EN INTENSIDAD Y REVERBERACION)

b) **Significante a significado:**

EFECTO: (SONIDOS DE COPAS. MURMULLO DE PERSONAS) (RUIDO DE PERSONA QUE SE CAE).
HOMBRE1: José no aguantó este otro vaso de ron. Hay que buscarlo en el suelo.

c) **Lugar de procedencia:**

SENORA: ¿Dónde nació?
EFECTO: (MÚSICA DE FRANCIA)

d) **Material u objeto:**

MIGUEL: Era un hombre muy frágil. Las tensiones lo afectaban. Cuando murió su padre fue como . . .
EFECTO: (CRISTAL QUE SE ROMPE)

Muchos de estos *montajes* se emplean en los hechos noticiosos dramatizados, lo que no quiere decir que estas posibilidades no se utilicen creativamente en algunos géneros periodísticos y espacios informativos. Durante la selección del montaje, se tiene siempre presente que se trabaja para un solo sentido y que el oyente no puede volver atrás para preguntar sobre algún pasaje que no ha entendido.

3.5. Programación radiofónica.

Los programas llegan al público a una hora y en un día determinado. Delante y detrás de un programa existen otros que en su conjunto forman el producto total que se difunde en un día, una semana o un trimestre. La *programación radiofónica* es la organización de los programas que van a ser emitidos durante un tiempo determinado por una emisora de radio.

En una *programación,* un *programa* funciona mejor en una hora del día que en otra. En un día mejor que en otro. Un *programa* y una *programación* encajan en una emisora determinada, y en otra, son inadmisibles.

Para la organización de la *programación* se tiene presente la audiencia, objetivos, criterios, forma, hora.

La programación **(38)** se puede clasificar teniendo en cuenta:

- La *temporada*: habitual, de verano, ocasional.
- El *horario:* matinal, mediodía, vespertino, nocturno.
- El *contenido:* convencional o tradicional.
- Los *géneros:* informativo, musical, dramático.
- Los *destinatarios:* infantil, juvenil, adulto, femenino.
- La *frecuencia:* diaria, fin de semana, esporádica sin una fecha específica.
- La *estructura:* mosaico, bloque, desarrollo dramático.
- El *área de difusión:* nacional, provincial, municipal, internacional.

Confección de un programa de radio.

Los programas de radio **(39)**, en su generalidad, tienen un proceso que es:

- **Idea.**
- **Objetivo.**
- **Sinopsis general.**
- **Sinopsis Técnica.**
- **Guion radiofónico.**
- **Plan de trabajo.**
- **Grabación-montaje.**
- **Difusión.**
- **Archivo.**

La elaboración de un programa de radio comienza con la *idea y el objetivo*. La *idea* es el origen de todo programa radiofónico. Toda *idea* puede ser válida para la radio. La *idea* y los *objetivos* están presentes en las fases de la elaboración de un programa de radio. Los *objetivos* pueden ser, entre otros:

- Elevar el nivel informativo, cultural, educacional, artístico.
- Mover o mantener valores, creencias.
- Persuadir, convencer.
- Retener audiciencias.

Los medios masivos de difusión se orientan hacia la satisfacción de las necesidades e intereses de segmentos poblacionales específicos.

La **sinopsis general** es el desarrollo escrito de la *idea* y los *objetivos*. Presenta la historia y el contenido del programa radiofónico de manera breve y concisa. Se señalan los aspectos más importantes e imprescindibles. Esta se exige cuando se presenta un proyecto de programa. Se añaden las intenciones.

Si es una *sinopsis* de la dramatización de una noticia, documental histórico dramatizado, se presentan los *elementos narrativos tradicionales*: *planteamiento, nudo y desenlace*. En el *planteamiento* se exponen los hechos y los personajes. En el *nudo*, se enfoca el *interés* antes de llegar al *desenlace* y en este último, se resuelve la narración y aclaran los detalles finales para la comprensión global del programa.

La **sinopsis técnica** es la fase de elaboración del programa, o de un guion; se desarrollan las acciones o contenido en forma ordenada con las indicaciones del tiempo. Se esboza el montaje a emplear con algunas formas de *estructura narrativa*:

- *Estructura lineal:* La narración sigue el desarrollo cronológico de la historia.
- *Estrutura flash-back o retrospectiva:* La narración va al pasado
- *Estrutura de flash forward o prospectiva:* La narración va al futuro.
- *Estructura paralela:* La narración sigue dos acciones desarrolladas en paralelo simultáneamente, aunque presentadas una tras otra, para converger en un punto.

Las *sinopsis técnicas* tienen gran importancia en los espacios informativos dramatizados, documentales sonoros, revistas informativas, noticieros.

EMISORA: FECHA:
PROGRAMACION: *Revista ...*   HORA:
                                              DURACION:

Guion:

0'   *tema musical.*

1'   *Presentación y sumario.*

2'   *Canción (3'23")*

5'   *Entrevistas.*

10' *Preguntas de los oyentes (Teléfono).*

15' *Canción (3'43")*

19' *Continúa entrevista.*

24' *Preguntas de los oyentes (Teléfono)*

30' *Crónica (1'10")*

31' *Otro género periodístico.*

36' *Canción (2'43")*

39' *Programación de cine y televisión.*

40' *Reportaje.*

45' *Presentación efemérides.*

47' *Canción.*

50" *Temas de despedida y créditos.*

El **guion radiofónico** es la narración completa y ordenada de la historia o contenidos del programa. Lleva todas las *acotaciones* (anotaciones) necesarias que se emplean durante la grabación o emisión. Se hacen varias lecturas y varios ensayos; por consiguiente, las *acotaciones* se van modificando durante el proceso de trabajo hasta decidir cómo será el guion definitivo. Las *acotaciones* se escriben claramente. Se pasan las copias a cada persona que intervendrán en la grabación.

El *guion* se presenta a una sóla columna. Se separan las intervenciones del *técnico de control*, la de los *actores*, *narradores* o *locutores*. Las actividades del técnico de control se subrayan o se pone en mayúsculas. La entrada del locutor se pone en mayúscula: LOC., con número diferenciadores si son más de uno. Conviene dejar suficiente espacio de margen en el lado izquierdo para poder anotar detalles que han de tenerse en cuenta.

En el margen izquierdo, se señala las entradas de los sonidos y la música que se emplea. A la derecha, se escriben los textos. Es importante dejar un espacio en blanco entre las dos columnas para escribir cualquier anotación. La realización de los diálogos se describen con anotaciones en mayúsculas y entre paréntesis para que se interpreten los matices afectivos a tener en cuenta. El lenguaje es claro y lógico.

El **plan de trabajo** muestra la organización de las diferentes partes que intervendrán en el programa durante el **plan de grabación;** se determina cómo será la transmisión del programa:

- **Totalmente transmitido en directo (en vivo).**
- **En directo pero con partes grabadas previamente.**
- **Totalmente grabado.**

Los *programas transmitidos en directo* (en vivo) exigen una planificación y coordinación mayor. Cualquier error afecta la emisión total del programa, sin poder corregir y volver a repetirla. La *transmisión en directo con partes grabadas previamente*, presenta las mismas características que la primera.

Los *programas totalmente grabados* permiten subsanar cualquier deficiencia. Es determinante el tiempo con que se cuenta y el deseo de perfección de los que trabajan en el programa. Se labora por bloques, los cuales posteriormente se organizan para formar el programa.

La **grabación** permite recopilar y almacenar todo el contenido de un programa según el plan establecido. Intervienen los periodistas, locutores, narradores, actores, musicalizadores. Previamente a la grabación se realizan las pruebas técnicas y ensayos. Técnicamente suelen utilizarse en esta fase los micrófonos que sean necesarios.

- Cada bloque, secuencia o escena se separan entre sí por medios sonoros (música o efectos sonoros), salvo que se efectúen cortes directos.
- El narrador no describe hechos que pueden ser escenificados con la entonación, ritmo, matiz en los diálogos o presentarse con la música o los efectos sonoros.
- Buscar la atención, percepción, comprensión, lógica, procesos afectivos de los oyentes.
- Enfocar y determinar cómo se perciben los movimientos de los actores, los planos. El librero es para ser oído.
- Ubicar acertadamente los efectos de sonido, música, efectos con la voz para la correcta codificación sonora.
- Utilizar los diálogos para presentar y describir situaciones.
- Habilidad para medir el tiempo de la trama para ajustarla al tiempo del espacio radial.
- Escribir para que intervengan en los diálogos un mínimo de personajes.
- Buscar frases eufónicas y musicales (40).

La falta de coherencia entre el *ritmo* del *habla*, interpretación, efectos sonoros, música, hace que el oyente perciba un programa poco profesional en la factura final.

Durante el **montaje**, los bloques grabados se organizan y pasan a la grabación final, antes de la difusión. Ya aquí todos los sonidos que forman el programa quedan en el orden y calidad previstos. En esta fase final interviene el periodista como productor o director, el grabador, locutores o narradores, el musicalizador.

Los bloques con el orden que aparece en el *plan de trabajo* se graban. Esta grabación final se le denomina **matriz**. Es la que se **difunde** posteriormente. Se graba el título, fecha y hora de la emisión. Una vez terminado el montaje se identifica la grabación con los siguientes datos:

- Número.
- Título del programa.
- Guionista.
- Director.
- Estudio y técnico responsable.
- Fecha y hora de la grabación.
- Fecha y hora de la emisión.

Notas:

1. Mijail Minkov: *Radioperiodismo*, p. 20-21.

2. Armand Balsebre: *El lenguaje radiofónico*, p. 144.
   En nota al pie de página, explica Balsebre que la paradoja es explicada por Tardieu (*Grandeurs et faiblesses de la radio, Jean Tardieu, París*, UNESCO, 1969) a través del concepto "presencia del micrófono", que define uno de los llamados *misterios* de la comunicación radiofónica, que hace que una voz, pasando a través del micrófono, nos toca, nos persuade, nos emociona, convirtiéndose en un elemento tangible y presente, mientras una voz próxima y vecina nos parecerá lejana y nos dejará indiferentes.

3. Ivan de Armas: "Diseño sonoro" (s.p.i.)

4. Sherkovin: *Problemas Psicológicos de los procesos masivos de difusión.*, p. 16-35.

5. Carlos Alberto Montaner: "El Nuevo Herald", domingo 25 de octubre del 2009.

6. Armand Balsebre: *Op. Cit.*, p. 88.

7. *Ibid.*, p.72-83.

8. Alarcos Llorach: *Fonología Española*, p. 56.

9. Armand Balsebre: *Op. Cit.*, p.192-193.

10. *Vid.*, ICRT: "Entrenamiento para realizadores del medio radial". Cuba.

11. Vicente González: *Video*, p. 97.

12. Mijail Minkov: *Op. Cit.*, p.17-18.

13. *Vid.*, ICRT: "Seminarios sobre sicología para la producción de programas de radio". Cuba.

14. Igartua, Juan José y María Luisa Humanes: *Teoría e investigación en Comunicación Social*, p. 361.

15. *Ibid.*, p. 362.

16. Del Río, P. (1996) *Psicología de los Medios de Comunicación.* Madrid, Síntesis, *apud.*, Juan José Igartua y María Luisa Humanes: *Op. Cit.*, p. 367.

17. Mijail Minkov: *Op. Cit.*, p.18.

18. Juan José Igartua y María Luisa Humanes: *Teoría e investigación en Comunicación Social*, p. 367-370.

19. *Ibid.*, p. 370.

20. *Ibid.*, 370-371.

21. Potter, W. J. (1998) *Media Literacy.* Thousan Oaks, CA: Sage, en Igartua, Juan José y María Luisa Humanes: *Op. Cit.*, p. 371-373.

22. Juan José Igartua y María Luisa Humanes: *Op. Cit.* p. 372-373.

23. Graber, D.A. (1984). *Processing the News.* Nueva York: Lomgman, en Juan José Igartua y María Luisa Humanes: *Op. Cit.*, p. 373-375.

24. Juan José Igartua y María Luisa Humanes: *Op Cit.*, p.375.

25. Vicente González: *Op. Cit.*, p. 117-119.

26. *Ibid.*, p. 119.

27. Juan José Igartua y María Luisa Humanes: *Teoría e investigación en Comunicación Social*, p. 407.

28. Frijda, N. H. (1988) The laws of emotion. *American Psychologist*, 43 (5), 349-358/ (1989) Aesthetic emotion and reality. *American Psychologist*, 44 (12), 1546-1547, en Juan José Igartua y María Luisa Humanes: *Op. Cit.*, p. 408.

29. Zillmann, D.: "Empathy: affect from bearing witness to the emotion of others". En Juan José Igartua y María Luisa Humanes: *Op. Cit.*, p. 412-413.

30. Juan José Igartua y María Luisa Humanes: *Teoría e investigación en Comunicación Social*, p. 416.

—

31. C. Hoffner y J. Cantor (1991): Perceiving and responding to mass media characters. En Juan José Igartua y María Luisa Humanes: *Op. Cit.*, p. 416-417.

32. Juan José Igartua y María Luisa Humanes: *Op. Cit.*, p. 427-428.

33. Armand Balsebre: *Op. Cit.*, p.96-99.

34. *Ibid.*

35. *Vid.*, ICRT: "Seminarios de dramaturgia radial. Cuba.
ICRT: "Producción de programas radiales". Cuba.
ICRT: "Dirección de programas de radio".Cuba.

36. *Vid.*, ICRT: "Producción de programas radiales". Cuba.
ICRT: "Dirección de programas de radio".Cuba.
ICRT: "Curso de programación radial". Cuba.

37. *Vid.*, ICRT: "Curso para escritores de radio". Cuba.

38. *Ibid.*

39. *Vid.*, ICRT: "Producción de programas radiales". Cuba.
ICRT: "Dirección de programas de radio".Cuba.

40. Oscar Luis López: "El escritor radial", en revista RTV No. 1 Sept., 1972, p. 40-41.

4.

LA DINÁMICA EN EL RADIOPERIODISMO.

Cualquier tema es bueno para ser desarrollado en el teatro radiofónico (. . .) Debe tomarse prosa o verso: un discurso de Martí, un cuento de Hoffmann, una leyenda popular, un romance clásico, un relato infantil. Someter ese texto a un *recorte análogo* al que se hace para los argumentos de película. Destacar sus elementos dramáticos. Confiar las ideas básicas al recitante o *speaker*, hacer intervenir al coro, o elementos colectivos. Y crear la atmósfera adecuada, por medio de voces o de ruidos musicales. Ahí está la clave del verdadero teatro radiofónico.
Alejo Carpentier: *Crónicas*, p. 552.

Todo programa radial presenta un sistema de acciones, de cambios que dan lugar a la *progresión dramática*, la cual busca llegar a un *clímax* como momento cumbre en el *equilibrio* del programa. Los *elementos de dramaturgia*, no sólo están presentes en los espacios dramáticos, sino que se encuentran en cualquier programa radial con el objetivo de mover y captar la atención, percepción, emociones, sentimientos, intereses, motivaciones de los radioyentes. **Las noticias presentan la más fuerte e inimaginable dramaturgia social, imposible de ser diseñada por ningún talento creador.**

Los *espacios dramatizados* en el medio radial son los programas creativos que narran una acción en desarrollo por medio de personajes en un ambiente, escenario y en un tiempo apropiado. Los elementos dramatúrgicos generalmente provocan una movilización mayor de los procesos *cognoscitivos* y *afectivos* en los géneros, espacios y programas que los utilizan.

Raúl Ibarra, escritor de radio, explica:

> No es lo mismo un programa de quince minutos, que otro de veinte, treinta, cuarenta o una hora. En un sentido dramatúrgico, cada uno tiene su técnica, del mismo modo que en poesía, por ejemplo, un soneto, una lira, un romance, una oda sáfica, tienen sus características particulares.
>
> Lo que se busca al hacer estas diferenciaciones entre los espacios dramáticos, según su duración, es lograr mantener el **interés** del oyente a todo lo largo de la dramatización. Se entiende que un programa dramático de diez, quince o veinte minutos no debe tener mayores problemas para captar la atención del oyente, a causa de su brevedad, que obliga al escritor a una síntesis de la anécdota contada, que el oyente siempre aprecia. Es la lógica del cuento breve, cuyo desenlace se conoce al poco tiempo de planteados la historia y el conflicto.
>
> Por el contrario, se considera que un programa dramático de cincuenta minutos o una hora tiene que ser excelente en todos sus aspectos, desde su concepción anecdótica y estructural hasta los más pequeños detalles de su realización, pues por su extensión corre el riesgo de cansar al oyente, y que éste apague el radio o cambie de emisora. En los sondeos de opinión, es habitual que los radios teatros (que son los espacios dramáticos de mayor duración) sean los que tienen más bajo nivel de audiencia, lo que demuestra la realidad de este riesgo.
>
> En el caso de los programas dramáticos de mayor extensión, es útil emplear la promoción del espacio, o sea, anunciarlo con antelación, darle un valor de mayor trascendencia o importancia, de modo de ir despertando el interés del oyente y condicionar hasta donde se pueda su atención, preparándolo para escuchar una emisión de características distintas a las habituales (1).

La **dramatización radia**l es una composición donde se representan las relaciones de los hombres por medio de los diálogos de los personajes. Se trata de crear determinados estados de ánimo, emociones y/o razonamiento.

La concepción dramática aristotélica (2) se basa en:

- Tratar de purificar las emociones a través de la piedad o el terror.
- Presentar la obra con un principio, medio y fin. No comienza ni termina al azar.

- Usar las tres unidades: acción, tiempo y lugar.
- Emplear el efecto dramático que se deriva de lo probable y no de lo posible.
- Variar la acción por la secuencia de los acontecimientos. Según la ley de probabilidad, se crean cambios de buena o mala suerte o viceversa.
- Afectar la vida de los personajes a través de acontecimientos que aparecen repentinamente.
- Envolver al auditorio en la acción dramática.
- Utilizar una evolución sucesiva de tensiones y proponer cada escena en función de la otra.
- Implicar por medio de la sugerencia, sugestión, emociones, al oyente en la acción dramática.
- Crear una tensión con respecto al resultado final de la acción.

4.1. Leyes que mueven la acción en los programas radiales.

La *acción dramática* (3) se mueve por cinco leyes fundamentales:

a) **La síntesis.**
b) **La tensión.**
c) **Las contradicciones.**
d) **Las tendencias.**
e) **Las fuerzas en Pugna.**

La **síntesis** es la ley mediante la cual los elementos y las palabras armonizan en un tiempo limitado. La **tensión** es la confrontación entre los personajes, el dramatismo del programa y el oyente. Existen varias clases de *tensiones*, pero todas tiene su origen en un aspecto básico: la *tensión entre los personajes* y, entre ellos y los oyentes. El portador principal de la tensión es el actor en su relación con el oyente.

Las **contradicciones** se evidencian por la lucha antagónica entre dos partes fundamentales. Surgen como un fenómeno de lucha en *conflicto* que aceleran las *tensiones*, las cuales, a su vez, agudizan las *contradicciones*. El drama se crea a partir de un conflicto que surge por *contradicciones* antagónicas.

Las **tendencias** son las posiciones que asumen las partes en *contradicción*. Pueden ser generales o fundamentales. La lucha antagónica entre dos partes hace que cada una tenga su *tendencia*.

Las **fuerzas en pugnas** son las distintas fases que van teniendo lugar en la lucha de los elementos *contradictorios*. Existen diversos momentos en los cuales las *contradicciones* se transforman y desarrollan. Se representan con los personajes. Al enfrentarse esas fuerzas, surge lo que se denomina *motivación dramática*.

En los espacios radiales se destacan las siguientes características:

a) **La economía** es uno de los más importantes aspectos en la radio. En treinta minutos o menos se ofrece toda la acción de un programa.

b) **La acción dramática** es inevitable y se manifiesta constantemente. Los diálogos y otros sonidos sólo se emplean si contribuyen a la *acción* que está ocurriendo.

c) **La fácil comprensión** para el oyente. La acción mantiene al radioescucha atento hasta el final. Los *diálogos* son básicos y sirven al desarrollo de la acción principal. Otros elementos e informaciones que no pueden ser dialogados se ofrecen por el *narrador*. La situación presentada debe ser clara, al igual que los *clímax, anticlímax, conflictos* y *desarrollo de la acción*.

d) **Una fuerte línea argumental objetiva,** comprensible, sin complicaciones para evitar confusión. El espacio no debe perder en profundidad.

Raúl Ibarra, excelente escritor de radio, plantea:

> Es importante insistir en la necesidad de usar un lenguaje lo más claro, directo y sencillo que sea posible, a fin de conseguir una comunicación eficaz con el oyente. Nunca se puede olvidar que la radio es un medio masivo, dirigido a amplias capas de la población, y cualquier oscurecimiento del lenguaje literario en los libretos o de las acotaciones radiales en la realización del programa, sólo provocará el desinterés del oyente y, en consecuencia, la ineficacia del trabajo invertido en la confección del programa. Cualquier innovación dentro de la técnica radial, cualquier cambio en la sintaxis habitual del lenguaje radial tienen que estar plenamente justificados por la historia que se cuenta en el libreto, surgir como una necesidad expresiva de la obra, y no por simple capricho de sus creadores. Esto es de gran importancia. Esto es aplicable a todo programa radial, incluso al radioperiodismo **(4)**.

4.2. Elementos que ofrecen dinamismo al programa radial.

Todo programa radial tiene una **estructura externa** y otra **interna**. Dentro de la *externa* aparecen las **escenas**, la **secuencia**, los **capítulos**. La *escena* es la estructura básica. Cuando se produce un cambio de *escena* se utilizan las siglas de *transición* (TR). La *secuencia* es una unidad de acción con significación completa. El *capítulo* es el que agrupa las *escenas* y las *secuencias*. Siempre debe apuntar algo nuevo, a la vez que prepara las condiciones para lo que va a ocurrir en el próximo capítulo.

En la *estructura interna* (5) se encuentran:

1. **Las unidades lógicas:** *introducción, clímax y desenlace.*
2. **Los elementos de relación de las unidades lógicas:** *continuidad y la progresión.*
3. **Las unidades composicionales:** *asunto, argumento, tema, trama, situación dramática, motivos y motivaciones.*
4. **Los elementos de relación de las unidades composicionales:** *conflicto, acción dramática, unidad en función del clímax y aspectos contextuales.*
5. **La caracterización:** *externa o interna de los personajes.*
6. **El narrador:** *actitud narrativa.*
7. **Los monólogos y los diálogos:** *función en el desarrollo argumental y dramatúrgico.*
8. **El tiempo.**
9. **El espacio.**
10. **El ambiente o la atmósfera.**

La *unidad armónica* de todos estos elementos en el diseño del programa radial se logra por medio del *equilibrio* a través de la *continuidad, la progresión, el conflicto, la acción dramática, la unidad en función del clímax* y *el contexto*, en los espacios informativos.

4.2.1. Las unidades lógicas.

Las **unidades lógicas** (6) son las partes que conforman la estructura interna de un programa. Toda noticia presenta una célula dialéctica intrínseca con las *unidades lógicas*. Ellas son:

a) **Introducción, presentación o exposición.**
b) **Clímax o nudo.**
c) **Desenlace.**

Estas unidades varían en el orden de aparición. Se relacionan fundamentalmente por medio de la **continuidad** y la **progresión**.

La **introducción** (*presentación o exposición*) ofrece las circunstancias del estado o situación inicial de los personajes y sus relaciones. En noticias dramatizadas, la *presentación* se puede ofrecer por medio del narrador o a través de los diálogos de los personajes. Un *reportaje, comentario, crónica*, o un *documental informativo* pueden seguir estas mismas estructuras.

Un programa no tiene que comenzar forzosamente por la *presentación*, ya que puede *empezar* con una exposición directa de la acción, o con una exposición retardada. En este último caso, puede iniciar por el nudo o desenlace. Otra posibilidad para la *presentación* es cuando se utiliza el conocimiento o desconocimiento de información básica:—el radioyente sabe y los personajes no saben,—unos personajes saben y otros no,—el oyente y una parte de los personajes no saben,—nadie sabe, o—los personajes saben, mientras que el radioyente no.

Otras estructuras creativas en la *introducción*, intercalan diálogos, mientras que el narrador va ofreciendo los créditos, título, nombre del periodista, director, entre otros.

La *presentación* debe ofrecer la información necesaria con rapidez y claridad. Se evitan las explicaciones y se apelan a las dramatizaciones. Se hace comprender a los radioyentes quiénes son los personajes, dónde se encuentran, la época, qué motiva la historia de la relación presente y pasada. Los documentales informativos, noticias o hechos históricos dramatizados se presentan claramente en la exposición, se especifica el tiempo, el lugar, los personajes, sus posiciones y sus cargos.

Durante la *presentación* se busca captar la atención de los oyentes. Se introduce el grupo de individuos y sus problemas impuestos por las circunstancias dramáticas reales, las cuales cambian el equilibrio de las necesidades y objetivos de los personajes. Se enfocan las causas y condiciones de la situación en forma directa y real. Se deja saber la necesidad climática, ya que la unidad entre la *introducción* y el *clímax* es una unidad de **causa y efecto**.

El diálogo entre los personajes ofrece toda la información necesaria para ubicar al radioyente en la situación, el tiempo y el espacio. Los efectos que se manifiestan en el clímax deben tener su origen en la *introducción*. Este vínculo de *causa y efecto* es una *unidad de movimiento* dentro del programa radial.

La *introducción* es una causa. Es la preparación para el movimiento. En el desarrollo del espacio radial, cada parte es una acción, por lo que cada ciclo necesita material expositivo. Es imposible incluir todas las condiciones de la acción en las primeras escenas. La *introducción* de personas, incidentes u objetivos, pueden ser graduales o inesperados en el desarrollo del programa, los cuales se justifican al integrarse al movimiento que se orienta hacia el *clímax*.

El **clímax** (*nudo*) es el conjunto de *motivos* que violentan la aparente inmovilidad de la situación inicial para acelerar la acción. Cuanto más complejos son los conflictos que caracterizan la situación y más contradictorios los intereses de los personajes, más tensión aparecerá en el *clímax*.

El *clímax* es el punto de unificación del *movimiento dramático*. La tensión se mantiene hasta los momentos finales de la acción. El *clímax* es el momento más significativo y el de *máxima tensión*.

Todo *motivo* tiene una línea ascendente y contiene en sí mismo los gérmenes de su solución. En este punto de *máxima tensión* se crea un nuevo balance de fuerza. Un ejemplo de *clímax* de noticias dramatizadas se presenta cuando unos individuos atacan al personaje principal y casi lo matan o cuando suena la alarma de desastre de la mina y la madre se entera que su único hijo a muerto.

Si se continúa la acción más allá de los objetivos propuestos, se viola uno de los principios de la *acción dramática*. Entonces la solución es pasiva y explicativa. No tiene valor como acción. Si se ofrece una nueva relación de fuerzas contrarias, se incluyen *nuevos elementos de conflictos*. Entonces se ponen en juego nuevas fuerzas con un desarrollo propio y otro *clímax*.

El *clímax* como un elemento culminante de la acción debe estar firmemente estructurado y objetivamente definido. Puede ser un acontecimiento complejo que une varios hilos de acción, dividirse en varias escenas, ser abrupto o gradual.

El **desenlace** es el final de asunto. Se presenta como una situación donde el *conflicto* se suprime, los intereses se concilian o no. Es lo que el radioyente acepta como solución. El *interés sostenido* con el que el radioyente sigue la acción es una mezcla de expectación e incertidumbre hasta el punto decisivo hacia el cual la acción se dirige.

Los oyentes prevén la realización de las posibilidades, el choque, la solución. El periodista se esfuerza porque la acción parezca inevitable. Esto se logra cuando se despiertan emocionales que se alcanzan cuando los oyentes aceptan cada revelación como verdad, tal y como afectan a las personas.

Ningún género periodístico debe omitir el elevar al máximo la expectación del público. Esto requiere lograr la concentración para definir una actitud por parte de los radioyentes hacia los acontecimientos. El desenlace ofrece una descarga de la tensión.

El *desenlace* debe convencer al oyente de que la situación entre las fuerzas contrarias es inevitable y está enraizado en la actividad: con la cual se alcanza el resultado del conflicto. El nexo entre el *desenlace* y el *clímax* debe ser fuerte: si es débil o se rompe, las acciones de los personajes se enlentecen y con ello el movimiento de desarrollo.

4.2.2. Elementos de relación de las unidades lógicas: La *continuidad y la progresión.*

Los elementos de relación de **las unidades lógicas** (*introducción, nudo y desenlace*) **(7)** son la **continuidad** y la **progresión. Las informaciones noticiosas llevan y desarrollan en su seno estos elementos de relación.** La *continuidad* es importante porque determina, en la codificación sonora, el:

1. *Aumento de la tensión.*
2. *Tiempo de las escenas.*

3. *Tipo de transición (abrupta o gradual)*.
4. *Desarrollo causal: causa-efecto*.

Para lograr una fluidez en la *continuidad* es necesario tener presente que:

- La *presentación* (*exposición* o *introducción*) debe estar dramatizada por medio de las acciones.
- Se puede desarrollar una o dos líneas de causa-efecto que encuentren su solución en el tema.
- La *tensión* creciente se divide en diferentes escenas, ciclos. Cada paso es una acción y tiene la progresión característica de una acción: *introducción, ascenso, clímax* y *desenlace*.
- El *aumento de la tensión*, cuando cada escena se acerca a su clímax, se logra mediante el incremento de la carga emocional, por medio de enfatizar la importancia de lo que está sucediendo. Se subrayan el medio, el valor, la emoción, el sentimiento, la esperanza a través del periodista, narrador, diálogos, música, efectos sonoros, entonación, ritmo.
- El *tiempo* y el *ritmo* son importantes para mantener e incrementar la tensión.
- La *unión lógica interna* de las escenas se logra por contrastes o analogías.
- A medidas que los ciclos se acercan al clímax, el tiempo de las escenas disminuye y el ritmo se acelera.
- La probabilidad e interés depende de la incidencia de los elementos con el tema central, no con otras posibilidades de acciones aisladas.
- El programa no es una simple continuidad de causa y efecto, sino una interacción de fuerzas complejas. Pueden introducirse nuevas fuerzas sin preparación previa, siempre que su efecto en la acción principal sea manifiesto.

La *progresión* determina los cambios en el desarrollo en forma de *acción creciente*. El movimiento de la acción debe ser consecutivo. Depende de las acciones subordinadas. Cualquier acción consiste en:

- La toma de conciencia de un personaje y la posibilidad de lograr un cambio.
- La lucha de contrarios.
- El movimiento hacia un desenlace, después de una lucha ardua, de un esfuerzo por evadir o superar las dificultades. El enfrentamiento al éxito o al fracaso.
- El movimiento de máximo esfuerzo y realización: *clímax*.

Los personajes están continuamente comprendiendo las diferencias que existen entre lo que intentaron y lo que realmente está sucediendo. Ellos se ven obligados a aumentar el esfuerzo, lo que produce un movimiento. El cambio entre las fuerzas contrarias produce el *clímax*, que es el momento de mayor dramatismo de cualquier situación.

Los *contrastes* menores y, rupturas entre causa y efecto, se enfatizan para mantener el movimiento y la tensión de la obra. La acción está tejida, unificada a la *acción central* del espacio radial. Pueden existir hechos que conduzcan a un *clímax* subordinado, el cual depende de la acción central. Cada incidente está unificado en función del *clímax*. La acción creciente es compleja.

Para mantener el interés del oyente se utiliza la *progresión* y la *sorpresa*. Ésta última se logra al hacer avanzar la acción. La *sorpresa* que se crea sin el reconocimiento de su causa, se utiliza de dos maneras:

1. **Choque directo.**
2. **Suspenso por encubrimiento.**

El **choque directo** es la interrupción de la acción cuando es inminente un momento de conflicto y se deja que el oyente imagine la crisis que el periodista ha interrumpido. Entonces, se presenta otra escena para dejar la anterior en suspenso.

El **suspenso por encubrimiento** es cuando el periodista hace preparativos que conducen a algo inesperado. El oyente es engañado hacia una conclusión lógica falsa (*motivo ciego*) por los datos e información que le aportó el periodista. Ejemplos se observan en algunos documentales informativos y en dramas detectivescos.

4.2.3. Unidades composicionales.

Son los elementos internos (8) que pueden conformar: *la noticia dramatizada, el documental sonoro informativo*. Estos son:

- **Asunto.**
- **Argumento.**
- **Tema.**
- **Trama.**
- **Situación dramática.**
- **Motivos y motivaciones.**

El **asunto** es la materia prima. Es el elemento de la vida social de orden objetivo o subjetivo que sirve de punto de partida para la creación del programa:

noticia, acontecimiento histórico, vivencia del autor. Se determina por *los personajes, el hecho, el lugar, y el tiempo* (*quién, qué, dónde y cuándo*).

El **argumento** es el conjunto de acontecimientos que ocurren en la obra (*qué, cómo, por qué, cuándo, dónde*). Se expresa con la descripción de los hechos y las acciones relevantes que mueven el relato. Se ponen de relieve las relaciones y contactos entre los personajes.

El *argumento* no sólo está compuesto por los mismos acontecimientos de la **trama**, sino también por otros aparentemente menos importantes que se denominan *auxiliares*. El elemento distintivo para diferenciar el *argumento* de la *trama* es que el *argumento* lo determina el ***orden convencional temporal que establece el relato***, mientras que la *trama* el ***orden real cronológico del hecho***.

El **tema** es el problema central de la noticia (*qué*), alrededor del cual gira toda la obra. Generalmente se define con una palabra: *el amor, los celos, el odio, ambición, dinero*... en un programa pueden aparecer varios *temas*, pero siempre hay uno que es el principal.

La **situación dramática** ofrece las *relaciones y conflictos* de los personajes (*qué, cómo, por qué*). Pueden ser *centrales o secundarios, simples o complejos*. Existe un amplio rango de *situaciones dramáticas*, entre otras: *liberación, crimen seguido por venganza, rebeldía, secuestro, autosacrificio por un ideal, abuso de poder o autoridad, ambición, obstáculo de amor, juicio erróneo, remordimiento, pérdida de seres queridos*.

Los **motivos** son las unidades mínimas de significación. Pueden ser:

- **Objetivos o subjetivos.**
- **Libres o asociados.**
- **Dinámicos o estáticos.**
- **Retardadores o aceleradores de la acción.**
- **Motivos ciegos.**
- **Motivos centrales y subordinados.**
- **Motivos centrales que se repiten:** *leitmotiv*.

Representan la información básica sobre la que se compone la *narración*. Los *motivos* son *objetivos o subjetivos, libres* o *asociados*. Se encuentran integrados a la narración como elementos necesarios e imprescindibles a través de *parlamento de una persona, un ambiente musical, un efecto sonoro determinante*. O no tienen ninguna función importante: son los *libres* que se pueden obviar sin romper la sucesión de la *narración* ni disminuir la *tensión dramática*. En cambio, los *dinámicos* o *estáticos* son los que cambian el desarrollo argumental o no, y finalmente lo que *retardan* o *aceleran* la acción.

Kayser en *Conceptos elementales del contenido* escribe que el *motivo* (. . .) no está definido de una manera exacta. Sólo lo captamos cuando prescindimos de cualquier fijación; lo que queda después como *motivo* tiene una firmeza estructural notable. Es una situación típica que se puede repetir (. . .) Un *asunto* puede albergar y albergará en sí muchos *motivos* (9).

Los *motivos* están estructurados de una manera motriz. Existen los *motivos ciegos*, los cuales crean una tensión que no se resuelve en el transcurso de la acción. Despierta el interés deliberadamente hacia una conclusión falsa.

Existen los *motivos centrales* y los *motivos subordinados*. Los *centrales* se unen a la línea argumental. Sin embargo, los *subordinados* no tienen una relación directa. Los *motivos centrales* que se repiten en una obra dramática se denominan *leitmotiv*. Pueden utilizarse con la música, efectos sonoros, modo de hablar, los cuales se reiteran en momentos específicos a través del programa.

Los *motivos* se integran en el espacio radial de dos formas fundamentales:

- **Principio de causalidad (causa-efecto).**
- **Principio de yuxtaposición.**

Los *motivos* combinados entre sí constituyen el sostén temático del programa. Boris Tomachevski en "Temática", plantea: "(. . .) el asunto se presenta como el conjunto de *motivos* en su sucesión cronológica de causa y efecto; el *argumento* se presenta como el conjunto de esos mismos motivos, pero según la sucesión que toma la obra (10).

El *desarrollo de la acción* está determinado por el conjunto de los *motivos* que lo engendran. Es sinónimo de intriga. Los intereses contradictorios y la lucha entre personajes se acompañan del reagrupamiento de éstos últimos y de la táctica de organización de cada grupo.

La introducción de todo *motivo* debe ser congruente y justificada por una motivación, las cuales son:

- **Motivación composicional**: Consiste en la economía y utilidad de los *motivos*. Justifican los objetivos situados en el espacio radial, ambiente, las acciones y caracterizaciones de los personajes. Música romántica para una escena amorosa, efecto de tormenta para una tempestad.
- **Motivación realista**: Sentimiento de verosimilitud. Cada *motivo* se introduce como un elemento probable en una situación determinada: forma de hablar de un individuo de una determinada clase social.
- **Motivación estética**: Se conjuga la ilusión realista y las exigencias estéticas.

Un esquema simple que utilizan algunos periodistas radiales **para** organizar estos elementos composicionales consiste en:

- **Explicar la situación.**
- **Introducir el conflicto.**
- **Desarrollar la acción.**
- **Resolver el conflicto.**

Las escenas bien logradas en una noticia o historia es cuando los oyentes quieren saber *qué sucederá después, qué pasará* ... En la radio las escenas deben ser cortas para mantener a los oyentes informados del lugar, el tiempo y la acción de los personajes. La habilidad para mover los elementos de las escenas y éstas dentro del programa, le añaden la variedad y el interés necesario al espacio radial.

A medida que se acerca el *clímax*, las *escenas* y los *cortes* son más ágiles, con menos tiempo. Esto aumenta la excitación y expectación de los oyentes.

El periodista busca los *contrastes* para ofrecer variedad, movimiento y agilidad a la *acción dramática*. Pueden ser:

- **Cambio de ritmo:** rápido/lento, escenas largas/cortas, ruidosas/con poco ruido.
- **Cambio de modo:** atmósfera tensa/relajada, alegría/tristeza, elementos trágicos/cómicos.
- **Cambio de lugar:** en el interior de la casa/ afuera, muchedumbre/ individuo.

4.2.4. Elementos de relación.

Entre los *elementos de relación* (11) de las *unidades composicionales* se encuentran:

- El **conflicto**.
- La **acción dramática**.
- La **unidad en función del clímax.**
- El **contexto**.

El **conflicto** se produce entre los hombres y su medio, entre ellos mismos o entre ellos y sus pensamientos; ejemplo de una noticia, un funcionario del ayuntamiento es atacado en varias ocasiones por unos perros de un vecino. El conflicto se agudiza con los efectos sonoros de ladridos, gemidos, pasos que echan a correr, habla con un ritmo rápido y entonaciones exclamativas e imperativas. La dramatización de la noticia puede ser:

FUNCIONARIO: (GRITOS) ¡A correr! ¡Sálvese quien pueda! ¡Aaaay!

EFECTO:	(GRITOS Y LADRIDOS SE PIERDEN EN LA DISTANCIA).
MÚSICA:	PAUSA MUSICAL. SE VA EN *FADE OUT* LENTO.
SONIDO:	(RUIDOS NOCTURNOS, GRILLITOS, LECHUZAS . . . TODOS A FONDO).

El carácter esencial del *movimiento dramático* presente en las noticias es el *conflicto*, en el cual la voluntad consciente del personaje es suficientemente fuerte para llevar el conflicto a un punto de crisis. Ejemplo de una noticia dramatizada puede ser cuando la voluntad consciente aparece en unos hombres que no les importa exponer sus vidas por la necesidad que tienen de alimentar a sus familias. Una mujer que va a buscar comida, ya que su esposo minero se ha roto una pierna en la mina, donde han enviado a su único hijo, el *conflicto* llega a un punto de *crisis* cuando se escucha la sirena de la mina por causa de un derrumbe.

La **acción dramática** es la línea principal que conduce al *conflicto*. Pueden aparecer otras líneas dramáticas subordinadas en el programa. El *movimiento dramático* sigue con una serie de cambios. Cualquier cambio en el equilibrio constituye una *acción y movimiento*.

En la noticia dramatizada donde los perros atacan a un funcionario estatal aparecen una serie de cambios que van ofreciendo la línea dramática hasta el clímax, que es cuando los perros lo atacan.

Un programa tiene un sistema de cambios menores y mayores que afectan el equilibrio. El *clímax* es la máxima alteración en el equilibrio que tiene lugar bajo determinadas condiciones. Con la *acción dramática* se ofrece la *progresión* y el *desarrollo de las acciones*. Los cambios que rompen el equilibrio deben afectar a la psiquis de los personajes. Se codifica el mensaje sonoro para lograr una expectación en el oyente por el cambio y el intento de realizarlo. Cada escena incluye la expectación de los cambios:

MÚSICA:	(QUITA MÚSICA).
SONIDO:	(ESCÁNDALO INFERNAL DE LADRIDOS FEROCES).
EFECTOS:	(JUNTO A LOS LADRIDOS. PASOS QUE CORREN).
JOSÉ:	(GRITANDO ESPANTADO). ¡Socorroooo! . . . ¡Me matan! . . . ¡Aaaay!
EFECTO:	(DETIENE PASOS. SONIDO DE HOJAS DE UN ÁRBOL AL SER AGITADAS).
SONIDO:	(MAS CERCA) (LADRIDOS Y GRUÑIDOS AMENAZADORES).

173

JOSÉ:	(GRITANDO) ¡Don Matías! . . . ¡Don Matíaaaas!
SONIDO:	(LOS LADRIDOS SE AGITAN).
EFECTO:	(RUIDO DE HOJAS).
JOSÉ:	¡Socorro! ¡Don Matías!
EFECTO:	(ENTRE LOS LADRIDOS Y GRUÑIDOS EN UN SEGUNDO PLANO PUERTA QUE SE ABRE Y PASOS).

Se pueden encontrar hechos y acciones que intensifiquen y agudicen el conflicto a través de los personajes. Cuando se logra romper el equilibrio con el *tono, timbre, intensidad, duración*, se logra una mayor *tensión, intensidad y angustia*.

La *acción dramática* en cada escena tiene un antecedente y prepara la escena consecuente. Los cambios en las escenas anteriores implican cambios en las posteriores. En la noticia sobre la venganza del funcionario hacia los perros que lo atacaron, se ofrecen cambios de equilibrio, que provoca un desarrollo en la *línea dramática*:

- José pasa por la casa de don Matías. Lo atacan los perros de este último.
- José presenta una moción para envenenar a los perros.
- Comienzan los envenenamientos infructuosos de los perros.
- Ataques de éstos.
- Mueren más animales de corral que perros.
- Solución y venganza de José.

Esta *línea dramática* se complica aún más si muere una persona envenenada. En las escenas se deben lograr cambios en el equilibrio en relación con las escenas previas. Si las escenas no producen cambios, no se logra el movimiento ni los momentos de tensión, por lo que la acción pierde su *intensidad dramática*. El movimiento lo determina la maestría de los diálogos y de los parlamentos del narrador.

La **unidad en función del clímax** exige que la *unidad de acción* no se puede separar de la *unidad del tema*. Se tiene que preparar la situación para el *clímax*. La tensión sostenida y creciente cohesiona las escenas dramáticas. Es necesario crear, mantener, suspender, aumentar y resolver los estados de tensión. La *unidad dramática* se deriva de la dirección, sin desviaciones, hacia el fin para la *solución del conflicto*.

El *tema* mantiene la unidad de la *noticia dramatizada*. El oyente quiere saber cómo resuelve el protagonista esa situación que alcanza su máxima tensión en el clímax. En la noticia sobre el derrumbe de la mina, tiene como *tema* el interés inescrupuloso de enriquecimiento a toda costa. Van apareciendo los casos que van acentuando el tinte dramático de estos hombres explotados y su lucha por subsistir en un medio tan hostil. Se presenta en su mayor dramatismo con la madre que ha perdido a toda su familia en esa mina y, finalmente, cómo ella se suicida.

Al escribir las escenas, el periodista debe visualizar cómo será el *diseño sonoro* y cómo será recibido por el oyente. Cada escena apoya y sirve al *clímax*. El periodista con cada escena mueve la *acción* del programa hacia el resultado final.

El *clímax* es el punto de más alta tensión. Aquí se resuelve el conflicto y ocurre el cambio hacia el *equilibrio*, el cual crea un nuevo *balance de fuerzas*. Las escenas en su composición le deben crear las siguientes interrogantes al oyente: *¿Qué sucederá? ¿Cuál será el planteamiento final?* El periodista se va preguntando si conduce cada escena a ese planteamiento final; si algún acontecimiento es superfluo en las escenas, lo desechará.

El *clímax* debe ser claro y vigoroso para mantener unida las partes del programa. El final puede ser concluyente o no. Si no es concluyente, indicará claramente qué quiere decir ese final, qué sugiere.

Las leyes del movimiento avanzan en una relación de *causa-efecto*. Es necesario tener presente qué es lo *probable* y qué lo *obligatorio*. El desarrollo se orienta entre lo *probable* y lo *necesario*.

Las escenas y los hechos exigen un **proceso de selección**. Se escogen y organizan a fin de aumentar la *tensión dramatúrgica*, establecer la relación causal entre escenas y provocar el proceso de continuidad. El periodista debe saber seleccionar los hechos más importantes de los secundarios, vincular y distribuir los elementos sorpresivos.

Toda acción tiene lugar en un contexto mayor, por lo que se determina la mejor forma para ofrecer la información. Se eliminan los procesos lentos, graduales y los hechos que se separan de la *línea dramática*.

Se tiene el *objetivo* definido y se van presentando las *causas y efectos* que conducen a las *situaciones significativas* o a los *clímax* que se van escogiendo. Es necesario tener cuidado en la selección y ordenamiento, ya que éstos pueden variar el movimiento racional y el significado final de la obra.

Los hechos improbables se desechan de las escenas. No se dramatiza un acontecimiento por su importancia aislada, un hecho aislado carece de importancia. Todos los elementos están sujetos a las leyes generales de la dramaturgia, la narración y la estética.

El **contexto** permite recrear con verosimilitud la realidad que se presenta para buscar la aceptación del oyente. La dramatización debe estar justificada por los elementos contextuales que demuestren que ese acontecimiento es vital. Se presentan artísticamente la situación social, cultural, económica, clase social a que pertenecen los personajes. El *contexto* presenta acontecimiento que son menos dramáticos.

Está muy bien expuesto el elemento *contextual* en la noticia dramatizada del derrumbe de la mina. Aparece acertadamente descrita la situación social, las características de la mina, la situación económica, el hambre, lo cual justifica plenamente todo el comportamiento de las diferentes personas.

Los elementos sonoros (música y efecto de sonido) proporcionan credibilidad al programa, a la *acción* y a la *línea dramática* cuando han sido bien escogidos.

4.2.5. Caracterización.

Los personajes son los portadores fundamentales de la *acción* y del *conflicto* que se desarrollan en un *espacio* y en un *tiempo*. *Caracterizar* (12) a un personaje es presentar sus rasgos, sus contradicciones, sus luchas internas. Es importante presentar a personajes creíbles, seres de carne y hueso, con los elementos positivos y negativos que han moldeado sus caracteres. Los actores deben evitar los tonos engolados, solemnes, declamatorios, que muestren sobreactuación o maniqueísmo.

La *caracterización*, de acuerdo con el *grado de complejidad*, puede ser:

1. **Plana.**
2. **Estática.**
3. **Dinámica.**

Por **su importancia** en el programa:

1. **Fundamentales** (protagonistas, coprotagonistas, antagonistas, héroe, antihéroe)
2. **Secundarios** (episódicos, incidentales, referidos)

Las *formas de caracterización* pueden ser por descripción directa o indirecta. En la radio se ofrece la *caracterización* de una persona casi en su totalidad por *lo que dice la persona, la forma en que lo dice, el timbre que posee.*

El *personaje* se escoge por su *timbre*, el cual debe diferenciarse de los otros timbres para identificar al personaje. Tomachevski (13) afirma que el personaje desempeña el hilo conductor que permite orientarse en el amontonamiento de motivos. Los personajes *activos o pasivos* desempeñan en la dramatización el papel fundamental en el desarrollo argumental. Ligan las distintas partes en su totalidad.

En las *noticias dramatizadas, documentales informativos* se destaca la importancia de los personajes por la incidencia directa que tienen en la acción argumental, por la cantidad de parlamentos y réplicas (14) que poseen y en el plano en que aparecen.

Los *personajes principales* acaparan el interés de los oyentes. Los *laterales* se encuentran estrechamente ligados a los *centrales* y desempeñan un papel considerablemente menor. La influencia de los *personajes secundarios* no es decisiva en el desarrollo de los sucesos presentados. Son componentes del fondo del programa radial, ya que introducen riqueza a los elementos del medio con las costumbres y el colorido histórico.

El *protagonista* es el personaje dominante, el que aparece en el mayor número de secuencias. El *antagonista* también aparece en un gran número de secuencias, pero no es el dominante en la historia. Muchas veces representa la moral opuesta del protagonista.

El *protagonista* tiene tres características que lo definen:

1. Se desenvuelve en toda la trama.
2. Tiene trayectoria hacia una meta.
3. Sufre cambios externos e internos.

La categoría de **héroe** corresponde a la del *protagonista* el cual se destaca por sus acciones, valores, creencias. El **antihéroe** es la imagen negativa. Durante la *caracterización* para ofrecer ***sensaciones sonoras descriptivas***, el periodista las puede definir con palabras, las cuales se refuerzan con efectos sonoros y música. Se escogen las palabras más evocativas con la mejor posibilidad semántica dentro del contexto del programa radial.

Caracterizar a un personaje es el procedimiento que permite reconocerlo e integrarlo a la trama. La *caracterización de un personaje* está dada por la descripción de su aspecto exterior así como interior.

El *proceso de caracterización* se realiza por dos vías:

a) **Caracterización externa.**
b) **Caracterización interna.**

La *caracterización externa* comprende los elementos:

1. **Estáticos:** El rostro y la figura, la postura habitual, la expresión facial habitual, la vestimenta o indumentaria.
2. **Dinámicos:** Modo de andar, gesto que pudiera realizar, expresiones faciales cambiantes y características del habla.
3. **Ambientales:** Nombre del personaje, marco o escenario en que vive o se mueve, la profesión, el sector o clase social a la que pertenece, la etapa histórica y las costumbres del grupo.

La *caracterización interna o externa* se ofrece por dos vías: *Directa o indirecta*. En la directa el *narrador* expresa los elementos de la *caracterización* de los personajes o del personaje. En la *indirecta*, se da por medio de lo que dice, hace o piensa el *personaje*.

Hay que recordar que los *personajes* en la radio tienen *timbres* suficientemente diferenciados para que el oyente pueda identificarlos sin confundirse. La *caracterización* se refuerza con el *ambiente*, el *contexto social*, ya que cuando el oyente comprende el *medio*, acepta con más facilidad determinada *caracterización* de un *personaje*.

Durante la *caracterización de los personajes*, el periodista se pregunta *¿Qué haría yo? ¿Qué haría otra gente? ¿Qué haría este personaje de acuerdo con sus características? ¿Cómo se creó esta situación? ¿Qué impulsó a este personaje a actuar así?* La respuesta y solución debe ser clara y afectivamente deseada.

En la *caracterización* de los personajes se tiene presente cómo gasta y gana su dinero, cuáles son sus diversiones y experiencias, cuáles sus normas morales, valores, creencias. Cada individuo tiene una compleja relación *bio-sico-social* que conforma su *personalidad*. Se determina cuál será la *voluntad consciente* de los *personajes*, y cómo estructurar un sistema de causas que fundamenten sus actos y decisiones. En la radio, cuando el *personaje* está bien delineado y el *diálogo* es bueno, no hace falta poner en boca del narrador muchos *elementos de caracterización*.

El empleo de *personajes secundarios* se justifica porque realizan un papel esencial en la acción. Depende en la medida en que sirvan a la *acción* y a la *línea argumental principal*. Su existencia está entretejida y justificada en el desarrollo de una escena.

4.2.6. El narrador: su actitud narrativa.

La *narración* (15) es la presentación de los hechos por medio de un **narrador**, quien es un actor más, dentro de los acontecimientos que ocurren en el programa. El *timbre* del narrador debe ser sugerente. El es un factor convencional importante en la dinámica del programa, ya que:

1. **Introduce el ambiente, al igual que los efectos sonoros y la música.**
2. **Conduce e hilvana los diálogos y el desarrollo de la acción.**
3. **Da continuidad a la dramatización.**
4. **Describe escenas.**
5. **Impulsa el avance de la acción.**
6. **Caracteriza a los personajes.**
7. **Ofrece información sobre el antes y el después con respecto a las situaciones que acontecen.**

La **actitud narrativa** puede ser en:

- **Tercera persona:** El narrador está fuera de los acontecimientos narrados. Se refiere a los hechos como si fuera un espectador sin ninguna alusión a sí mismo.
- **Primera persona:** Participa en los acontecimientos narrados. Puede asumir un papel protagónico, un papel secundario o de testigo presencial de los hechos. Se identifica con un personaje.

El *narrador* aporta información y es el eje del relato. En la radio actual se tiende a emplear lo menos posible, ya que en muchos casos suele detener el ritmo de la acción dramática. El narrador se sustituye con el diálogo de los personajes (16).

La **visión del narrador** determina la perspectiva de la obra y la relación de él con los personajes. Esta relación del narrador con los personajes puede ser:

- **Omnisciente:** El narrador posee mayor conocimiento que el de los personajes.
- **Equisciente:** El narrador posee los conocimientos igual al de los personajes.
- **Deficiente:** El narrador posee menos información que los personajes.

La posibilidad de penetrar en el interior psicológico de los personajes se ofrece con el **punto de vista,** el cual puede ser:

- **Omnisciente:** Todo lo sabe, todo lo descubre. Penetra en las sensaciones, sentimientos, motivaciones de los diferentes personajes. Posee ubicuidad temporal y espacial.
- **Subjetivo único:** Presenta el mundo sólo a través de la sicología de un personaje. La narración gana en calor humano y en realismo.
- **Objetivo:** Es un narrador con información deficiente. No penetra en la psicología interior de ninguno de los personajes.

Convencionalmente la *tercera persona* se vincula con el **punto de vista** *omnisciente, subjetivo único u objetivo.* La *primera persona,* con el *subjetivo único,* ya que sólo puede sentir, razonar y ver las cosas desde la percepción de un individuo.

4.2.7. Monólogos y diálogos.

El monólogo (17) es la exposición del pensamiento de un personaje. Se realiza de dos formas **a)** se presentan los pensamientos en un orden lógico, o **b)** se recrea fielmente la corriente desordenada de la conciencia.

—

Alejo Carpentier explica que:

> El monólogo constituye la forma más indicada para el artista que se expresa ante el micrófono, ya que el oyente está apto para posesionarse de él, haciéndolo suyo. Pero el monólogo debe ser construido *en colaboración con otras voces,* sobre un fondo sonoro integrado por música o por ruidos musicales. (. . .) el monólogo radiofónico (. . .) puede ser tratado, además, de mil maneras distintas. El recitador principal puede ser interpelado, interrumpido, desalojado por los artistas secundarios. Estos últimos intervienen en el monólogo, lo comentan, lo discuten, dando la *sensación de un diálogo que no existe* y creando, de este modo, una nueva fórmula teatral, adaptada a las exigencias psicológicas y materiales de la emisión **(18)**.

El personaje principal puede comenzar con un monólogo y evocar determinados recuerdos que posteriormente incorpora a otros personajes:

NARRADOR: Miguel se incorpora. Se calza y va hasta la ventana.

EFECTO: (ABRIR VENTANA).

NARRADOR: (SOBRE EL EFECTO) La abre y se asoma. Toma con avidez una gran bocanada de aire puro. Todo está absolutamente oscuro.

MIGUEL: (PARA SI) Jamás en mi vida había visto las calles así tan solitarias y tristes.

NARRADOR: La habitación está ubicada en el quinto piso, por lo que desde la ventana, se puede ver un pedazo de cielo a través de una neblina grisácea.

MIGUEL: (PARA SI) No me siento en mi tierra, ni siquiera en la vida real, sino como un criminal cercado.

NARRADOR: Cierra los ojos buscando el sueño que lo lleve a la cama, pero lo que halla son los **recuerdos**.

SONIDO: (SUBE AMBIENTE DE RECUERDO. AUMENTO DE INTENSIDAD DE DISPAROS AISLADOS. EXPLOSIONES EN PLANOS DISTANTES Y ESPORÁDICAS).

NARRADOR: Y es el 11 de septiembre del dos mil(. . .). Son las primeras horas de la mañana.

SONIDO: (RÁFAGA DE AMETRALLADORA EN PRIMER PLANO).

MIGUEL:	(SOBRE LAS RÁFAGAS) Un sargento ha disparado sobre mi cabeza una ráfaga de ametralladora. Y apuntándome con el cañón humeante me dice . . .
SARGENTO:	(AMENAZANTE) (CON RR) Incorpórese al grupo de prisioneros.
MIGUEL:	Y nos fueron arreando hacia el edificio, donde yo trabajaba.
SARGENTO:	(RR) Vamos, vamos, o los dejamos tendidos aquí mismo. Total, ¿para qué perder tanto tiempo?
MIGUEL:	(EVOCANDO) La ciudad entera se estremecía con las cargas de dinamitas, los disparos de armas largas, los vuelos rasantes de los aviones de guerra (TR). Pero lo insólito para mi en aquel momento fue que el mismo sargento que nos quería fusilar nos preguntara . . .

Existen *documentales sonoros, noticias* o *hechos históricos dramatizados* que pueden emplear *monólogos* enriquecidos con música y/o efectos sonoros. Incluso con actores secundarios que se incorporan a la línea de desarrollo del *monólogo*.

Los *diálogos* (19) no son independientes, se insertan en el *contexto* de la narración para utilizar el fondo necesario. Cuando interviene un narrador en el transcurso del diálogo, puede presentar a los interlocutores discretamente. El escritor cubano Alejo Carpentier precisa que a partir de dos personajes se necesitan voces con timbres bien diferenciados en diferentes planos para hacer perceptible que son más de una persona las que hablan (20). Los *diálogos* son siempre coloquiales y naturales. Deben ofrecer lingüísticamente las características de la edad, sexo, ocupación laboral, grupo o clase social del personaje.

El *narrador*, a veces, presenta la conversación y da plena libertad a los personajes que dialogan, limitándose a indicar, cuando lo exige la trama, quién toma la palabra; puede comentar la actitud de los personajes que hablan, ofrecer datos sicológicos y dar opiniones sobre los anteriores o futuros acontecimientos.

NARRADOR:	(. . .) y maldijo a sus vecino.
ALBERTO:	(Parlamento del personaje).
NARRADOR:	(. . .) presentó una moción.
ALBERTO:	(Parlamento del personaje).
NARRADOR:	(. . .) pidió la palabra.

A través de los *diálogos* y *monólogos* se caracterizan a los personajes. Es necesario que cada uno al expresarse ofrezca rasgos característicos de ellos. El *diálogo* debe mover hacia delante la acción, justificar la acción dramática o identificar hechos, sucesos y otras acciones. Los *diálogos* apoyan la:

1. **Acción dramática externa**: sucesión de hechos y sucesos.
2. **Acción interna**: procesos psicológicos afectivos que presentan las emociones, sentimientos y estados de ánimo.

Los *diálogos* tienen mayor intensidad y tensión cuando se emplean contrastes súbitos a través de cambios, interrupciones, pausas en la velocidad, ritmo, entonación, dicción.

Mijail Minkov explica:

> Un significado especial debe atribuirse a la función emotiva dramática de la palabra hablada en toda emisión radiofónica de tipo informativa. Merced a la individualidad, dinamismo y emotividad de la voz humana, se alcanza cierta **tensión dramática** que puede constituir una garantía de la debida eficiencia no sólo en una sofisticada obra de ficción, sino incluso en una emisión documental o un noticiero.
>
> Al hablar de los efectos de la palabra hablada como medio de expresión del radioperiodismo, cabe mencionar una propiedad más de la palabra, a saber, su función sico-emocional **(21)**.

En los *diálogos* es importante el empleo de los nombres de los que conversan. Durante el desarrollo, se van mencionando en forma estética, mesurada y con imaginación para que no se pierda la identificación de los personajes que hablan. El *diálogo* responde a la *unidad de acción* y a la *progresión* de la línea argumental de cada escena. El radioperiodismo ofrece con los diálogos acciones, movimientos para lograr la progresión y la unidad del programa.

JOSÉ: (CERCA) Te veré el sábado, recuerda traer el libro.
ELSA: (ALEJÁNDOSE) No te preocupes estaré allí.
EFECTOS: (PASOS DE MUJER QUE SE ALEJA).
JOSÉ: (CERCA) Te esperaré a las ocho, recuerda no llegar
                  tarde.

La intervención del *narrador* puede ser para sugerir el sentido que puede tener determinado parlamento de uno u otro personaje. Las voces de los actores y su expresión son los elementos que tienen los oyentes para imaginarse una *acción* que no puede ver. Generalmente, las voces bellas y eufónicas se identifican con los personajes protagónicos con nobles ideales, y los timbres más duros o dramáticos, con los que presentan escalas de valores negativos. Los actores se escogen de acuerdo con sus voces, timbres, nivel de interpretación, para que representen a los diferentes personajes.

.Estructura del diálogo: El parlamento *versus* la réplica.

La única forma de presentar la acción y progresión, como se ha mencionado, en la radio es a través del *diálogo*. El texto dramático se forma por niveles. El nivel elemental es el **diálogo** que se compone de **parlamentos** en oposición a las **réplicas** (22). Un *parlamento* (*bocadillo*), en el medio radial, es lo que dice un personaje sin ser interrumpido por otro. Cuando el personaje es interrumpido y obtiene una respuesta, aparece lo que se denomina *réplica*. La mayor o menor fuerza que tenga un *bocadillo* determina la mayor o menor fuerza de tensión que tendrá la *réplica*. Ambos son los que llevan la *acción* y *desarrollan* el argumento en un tiempo y en un espacio específico.

La *carga de tensión* del *parlamento* y la *réplica* está determinada por el nivel de tensión que exige el *argumento* en un momento específico del programa. Cuando se relacionan una cadena de *parlamentos* y *réplicas*, surge el **diálogo dramático,** el cual es el *portador de la acción*. Hay varias clases de *diálogos*. En unos, la tensión se crea a partir de las *réplicas* cercanas, inmediatas. En otros, se dice algo donde la respuesta se dilata mucho más y la respuesta contraria se sugiere sin expresarse verbalmente.

SONIDO:	(LADRIDOS Y GRUÑIDOS AMENAZADORES. CERCA).
JOSÉ:	(GRITANDO) ¡Señor Matías! ¡Señor Matías!
SONIDO:	(LOS LADRIDOS SE AGITAN. MÁS CERCA).
EFECTO:	(RUMOR DE HOJAS EN UN SEGUNDO PLANO).
JOSÉ:	¡Socorro! ¡Don Matías!
EFECTO:	(ENTRE LOS LADRIDOS Y GRUÑIDOS, PUERTA QUE SE ABRE). (SEGUNDO PLANO PASOS)
MATÍAS:	¿Qué es esto? ¿Qué pasa aquí? (LLAMANDO A LOS PERROS) ¡Tigre! . . . ¡León!
JOSÉ:	(IRRITADO) ¡Saque a esas dos fieras de aquí!
MATÍAS:	(EXTRAÑADO) ¿Qué? ¿Quién me habla . . . ?
JOSÉ:	Aquí arriba.
EFECTO:	(HOJAS DE UN ÁRBOL QUE SE MUEVEN).

—

MATÍAS:	¿Eh . . . ? (ENTONACIÓN DE QUE ES UNA AGRADABLE SORPRESA) ¡Caramba, don José! ¡Cuánto gusto verlo!
JOSÉ:	¡Dudo mucho que pueda decir lo mismo!
MATÍAS:	(RISA) Oiga, pero. ¿Qué hace encaramado en ese árbol de mango?
JOSÉ:	¿Cómo que qué hago? ¿No ve esas fieras suyas que quieren devorarme?
MATÍAS:	¿Los perros? (RISA BREVE) ¡Vamos hombre! ¡Si son dos animales mansitos!
JOSÉ:	¡Oh, si como no!, ¡No me hagas reír compadre! ¡Si no me subo aquí, a estas horas no lo estaría contando!
MATÍAS:	No exagere, Señor José. Usted se alarma por gusto. Mis perros no le hacen daño a nadie.
JOSÉ:	¡Acabe de encerrarlos para poder abajarme de aquí!
MATÍAS:	Le aseguro que son inofensivos . . .
JOSÉ:	(EXASPERADO) ¡Basta de chácharas! ¡Enciérrelos, que me tengo que bajar!
MATÍAS:	Está bien, está bien . . . (LLAMANDO) ¡Vamos, Tigre, León! (LES SILVA A LOS PERROS MIENTRAS SE ALEJA).
EFECTO:	(PASOS DE MATÍAS SE ALEJA)

En algunos *diálogos*, es más importante lo que se calla el personaje que lo expresado. La verdad que adivina el oyente es más valiosa que la expresión oral de algunos de los actores.

SONIDO:	(PRESENTACIÓN).
ESTELA:	Papá . . . (MUY BAJITO) . . . papá . . . ¿Quieres que te cante . . . una décima?
EVARISTO:	(TOCANDO) Estela, hija, yo . . . Ven aquí, anda . . .
EFECTO:	(ACÉRCALA).
ESTELA:	¿No quieres?
EVARISTO:	Si, quiero, hija, anda, cántame la décima. (CON VOZ FUERTE). A ver, guajiros, toquen esas guitarras, que mi hija más pequeña nos va a cantar una décima.
CONJUNTO:	(GUITARRAS Y ANIMACIÓN DEL PUBLICO).

EVARISTO:	Vamos, atiende acá, que Estela va a cantar por primera vez en su vida ante tanta gente. (TR) Dedica la décima hija.
ESTELA:	(SE DIRIGE A UN GRAN PUBLICO) La dedico . . . La dedico . . . Bueno, qué caramba, la dedico a mi padre, a Evaristo Hernández.
CONJUNTO:	(GUITARRAS SONANDO).
PUBLICO:	(APLAUSOS Y VOCES DE): ¡Arriba Estela, métele a la décima! . . .
ESTELA:	Ahí andaba la razón cuando Evaristo decía que en su casa él tenía, tres flores y un corazón.
TODOS:	(APLAUSOS Y VOCES A ESTELA Y EVARISTO).

Es el *parlamento* el que provoca y lleva la *réplica*. Esta última entra en lucha con el primero y viceversa. Forman una unidad dialéctica, ya que el *parlamento* participa de la *réplica* y ésta del *parlamento*.

El valor fundamental de las **réplicas** se manifiesta en la concreción de la *unidad* de *acción* del *diálogo dramático*. Los *parlamentos* y las *réplicas* aisladas no tienen un valor trascendente. Ese valor se adquiere cuando se convierte en **diálogo dramático** el cual da paso a la acción.

La *acción dramática* en realidad está hecha de *diálogos* que presentan contradicción y tensión. Todos los *diálogos* no son dramáticos, para que lo sean deben llevar *acción*, o sea, *conflicto*.

SONIDO:	(ALARMA DE DESASTRE DE LA MINA)
MARIA:	¡Dios mío, qué es eso! ¡De nuevo una desgracia en la mina!
EFECTOS:	(UNA MUJER QUE ECHA A CORRER DESPAVORIDA. ABRE Y CIERRA PUERTA).
NARRADOR:	Y no atina a tomar la cesta, la angustia le pone alas en sus piernas cansadas por el peso de los años, y corre en dirección de la mina.
SONIDO:	(CORTINA MUSICAL DE TRAGEDIA BAJA A AMBIENTE DE MINA).
ESTUDIO:	(MURMULLOS TRÁGICOS DE MUJERES).
NARRADOR:	María, como las demás madres, hermanas, hijas y esposas de los mineros, han llegado hasta la recia barrera de maderos que limitan la entrada al primer

pozo de la mina. Hay ansiedad y desesperación en todos los semblantes.

ESTUDIO:	(SUBEN MURMULLOS).
JUANA:	(ANGUSTIADA) Díganos, ¿Qué pasó?
CAPATAZ:	Ha habido un derrumbe; pero no se preocupen, no ha sido tan grave como en otras ocasiones.
MARIA:	¿Pero dónde . . . dónde?
CAPATAZ:	En la mina del Este, señora. ¡Cálmese que ya están al traer los muertos! Han sido solamente tres.
NARRADOR:	Al oír las palabras del capataz, María cierra los ojos y respira profundo como para expulsar el temor acumulado.
MARIA:	(ANIMÁNDOSE. CON VOZ TRÉMULA) No es la veta en que está mi hijo.
SONIDO:	(ASCENSOR RUSTICO QUE VIENE SUBIENDO).
JUANA:	¡Ya están izando! (TR) (CON DOLOR) ¿Quiénes serán las víctimas?
SONIDO:	(ASCENSOR SE DETIENE. SUBE MURMULLO DE CONSTERNACIÓN DE LA MUCHEDUMBRE).

La **estructura dramática** en un programa radial se compone de: el *diálogo*, la *acción*, el *conflicto* y la *caracterización* de los personajes. Cada uno de estos elementos constituye una unidad dialéctica en relación con el otro. Si no hay *personajes* no hay *conflicto* ni *acción*; si no hay *conflicto*, no hay *personajes dramáticos*. Si no hay *diálogos*, no hay *acción*.

La **tensión** primaria se encuentra en la unidad de los *parlamentos* y las *réplicas*; en un nivel más complejo, en el *diálogo*. Cuando se mueven las tensiones entre los *parlamentos* y las *réplicas*, aparece el *conflicto*, y del *conflicto*, la *acción*.

El *diálogo* es el intercambio verbal entre los personajes. Es el encuentro de los *bocadillos* y las *réplicas*. Es la acción hablada que se combina, sobre todo en la radio, con la acción sonora y la acción verbal.

Existe distinción entre el *diálogo radiofónico* y el *literario*, pero a la vez se diferencian ambos del *diálogo* que utilizamos en la vida práctica. En ocasiones, existen equivocaciones, porque se cree que la naturalidad del diálogo está en decir lo cotidiano, pero es precisamente que lo cotidiano no tiene dramaturgia. Para ello debe llevar una elaboración artística y adaptarlas a las características de la radio. La diferencia entre

—

el *diálogo literario* y el *radiofónico* está determinada en que éste último debe elaborarse con la concepción de ser *dicho* y a la vez *escuchado*. Las características esenciales del diálogo radiofónico son:

- Evitar ser literario.
- Imprimir un movimiento y tensión coloquial a través de la oposición entre los parlamentos y las réplicas.
- Limitar la extensión.
- Repetir aquello que sea necesario solamente.
- Tener consistencia: *que diga algo, que aporte algo, que transmita algo*.
- Representar una específica forma de expresión para cada personaje **(23)**.

Existen diferentes **tipos de parlamentos (24)**. Estos pueden ser de dos formas:

1. **Históricos.**
2. **Informativos.**

El *parlamento histórico* es el que utiliza un personaje para recordar vivencias de otro personaje. Ambos deben tener las mismas experiencias. Cuando un personaje emplea este tipo de *bocadillo* se adentra en los antecedentes. Cuando dos hablan de un mismo hecho pasado, están haciendo un recuento de algún suceso en que ambos han participado y han tenido una experiencia común. Este *parlamento* es importante para la justificación y desarrollo de las situaciones desde el punto de vista sicológico.

NARRADOR:	Y es que ella, madre e hija de mineros, tiene presente, muy presente, la muerte en la mina de sus dos hijos y su esposo, ocurrida a consecuencias de un derrumbe.
MARIA:	(ANGUSTIADA) Sólo me queda él en esta vida. ¡Si le ocurriera una desgracia . . . !
EFECTOS:	(PASOS DE UN JOVEN QUE ENTRA).
HIJO:	¿Qué pasa, mamá?
MARIA:	¡Ay, hijo, cómo has tardado . . . ! (TR) Ya te tengo el agua lista para el baño y la comida está preparada.
SONIDO:	(CORTINA MUSICAL BAJA A FONDO. SUBE AMBIENTE DE COMEDOR EN LA CASA).
EFECTOS:	(ALGUIEN QUE COME. TOMA SOPA).

MARIA:	¿Está buena la sopa?
HIJO:	(COMIENDO) Sí, muy buena.
NARRADOR:	El joven come. La madre lo mira con ternura con una actitud solícita.
MARIA:	Hijo, no me has dicho por qué llegaste hoy más tarde.
HIJO:	Nada, mamá, que terminamos más tarde.
MARIA:	¿Te cambiaron de lugar en la mina para otra veta?
SONIDO:	(FILTRA. TERMINA INCISIVO)
NARRADOR	El joven niega con la cabeza sin dejar de comer. La madre queda absorta contemplándolo. Y es que no se atreve a decirle a su madre que en la mañana de hoy fue dejado cesante de la mina del Norte y obligado a bajar de barretero en la más peligrosa . . . la denominada del Este.
MARIA:	Tú dirás que soy curiosa, pero yo sé por qué te pregunto.
	Como ahí no quiere trabajar nadie, la compañía presiona sobre los más nuevos para obligarlos. ¡Y por nada del mundo, hijo. Antes de trabajar en la mina del Este, prefiero . . .
EFECTO:	(TOQUE EN LA PUERTA).
MARIA:	¡Adelante!
EFECTO:	(PASOS DE MUJER JOVEN QUE ENTRA).
NARRADOR:	La recién llegada es una mujer joven, morena, de semblante demacrado. En su mano trae una escudilla.
EFECTO:	(SE DETIENEN LOS PASOS).
JUANA:	Buenas noches.
HIJO:	Buenas, Juana.
MARIA:	¡Qué, Juana! ¿Cómo está el enfermo?
JUANA:	¡Ay, María, igual! (TR) Los médicos dicen que el hueso de la pierna no ha soldado todavía y que debe guardar cama sin moverse.
MARIA:	Dame la escudilla.
EFECTO:	(SONIDO DE UNA VASIJA DE BARRO. LE ECHA SOPA).
NARRADOR:	María toma la escudilla que trae la muchacha y le echa un poco de sopa caliente.
MARIA:	(SOBRE EL EFECTO) ¿Y no hablaste con los jefes?
	¿No te han dado ningún socorro?

NARRADOR: Juana mira con desaliento a María.

JUANA: Sí, estuve allá. Me dijeron que él no tenía derecho a nada. Que bastante hacían con darnos el cuarto . . . Que si él moría, fuera a buscar una orden para que en el despacho me entregaran cuatro velas y una mortaja.

MARIA: (EXCLAMA) ¡Qué barbaridad!

Los *parlamentos* **informativos** puede ser de tres tipos:

1. **Objetivación.**
2. **Información al otro personaje.**
3. **Información al público.**

El *informativo de objetivación* es cuando un personaje a partir de sus propias vivencias, dice algo al otro personaje para explicarle una experiencia. Este parlamento desarrolla acción:

NARRADOR: Una mañana que corre hacia el mediodía, la madre llamó a su hijo minero muy temprano para que fuera al trabajo.
Ahora le prepara café y algo de comer para llevárselo en una cesta a la mina.

SONIDO: (ALARMA DE DESASTRE EN LA MINA).

MARIA: ¡Dios mío, qué es esto! ¡De nuevo una desgracia en la mina!

EFECTO: (UNA MUJER ECHA A CORRER DESPAVORIDA. ABRE Y CIERRA PUERTA). (. . .)

ESTUDIO: (SUBEN MURMULLOS)

JUANA: (ANGUSTIADA) Díganos, ¿Qué ha pasado?

CAPATAZ: Ha habido un derrumbe, pero no se preocupen, no ha sido tan grave como en otras ocasiones.

MARIA: ¿Pero dónde . . . dónde?

CAPATAZ: En la mina del Este, señora. ¡Cálmese que ya están al izar los muertos! ¡Han sido solamente tres!

El *bocadillo informativo a otros personajes* se ofrece cuando un personaje le dice algo a otro con el fin de que realice una acción. Hace que el otro personaje descubra algo de lo que no tenía conocimiento. No parte de motivaciones, sino de sucesos que desconoce el otro personaje.

NARRADOR:	María mira alejarse a su vecina. Se acrecienta en sus labios un gesto de lástima.
MARIA:	(CON PENA) ¡Pobre Juana! (SUSPIRA) Pronto hará un mes que sacaron a su marido de la mina con la pierna rota.
HIJO:	¿Qué hacía él?
MARIA:	Era barretero en la mina del Este.
SONIDO:	(FILTRA TEMA DE SORPRESA).
NARRADOR:	La cuchara con la sopa queda a medio camino de la boca, quien ahora comprende que él está sustituyendo al marido de Juana.
HIJO:	¿Ah, sí?
MARIA:	(ATERRORIZADA) ¡Dicen que los que trabajan ahí, tienen la vida vendida!
HIJO:	(DÁNDOLE ANIMO A LA MADRE) No tanto, madre.
MARIA:	¡Cómo que no! ¿Acaso no sabes que la compañía, con tal de ahorrarse gastos, no le da seguridad al lugar?

El *informativo al público* es cuando un personaje dice algo a otro, no con el fin de desarrollar acción, sino para que el oyente conozca eso que sucede o sucedió anteriormente. Este parlamento es un recurso empleado para sustituir al *narrador*. No hay que confundirlo con el **llamado aparte** que es cuando un personaje se dirige abiertamente al público.

ESTUDIO:	(MUJERES HABLANDO).
ELOISA:	Ahí viene mamá con Ita.
ESTELA:	Mira, Eloísa, Ita y la otra señora se sientan a la mesa.
EMELINA:	(COMENTA) Parece que ya va a empezar la reunión.
ELOISA:	Vamos a hacer silencio.
ASUNCIÓN:	Cállense, muchachas.
ITA:	(MUY A FONDO POR LAS VOCES) ¡Hermanas! ¡Hermanas de la iglesia!
ESTUDIO:	(VOCES SE SIGUEN OYENDO. OTRAS MANDAN A CALLAR, OTRAS HACEN SSSSHH PARA TRATA DE CALLAR)
ASUNCIÓN:	(FUERTE) ¡Vamos a callarnos que la hermana Ita tiene algo importante que decir!
ESTUDIO:	(SE VA HACIENDO SILENCIO).

ITA: Hermanas . . . (SILENCIO ABSOLUTO)
              Ha ocurrido algo muy grave en nuestra
              congregación . . .

Los *parlamentos históricos* e *informativos* muchas veces se interrelacionan.

.Las pausas en los diálogos.

La *pausa* es la ausencia de sonido. Ella cumple las siguientes funciones:

1. **Fisiológicas:** Necesidad respiratoria.
2. **Lingüística o fónica:** Permite la comprensión del enunciado a través de los signos de puntuación.
3. **Dramáticas:** crear matices significativos y emocionales en el oyente.

Las *pausas lingüísticas* (25) en el diálogo se utilizan para la comprensión lógica del mensaje por medio de los signos de puntuación. Estos son:

- **Punto, punto y coma:** Indican una **pausa final**, con una **curva melódica descendente**. Dan la noción que una idea y una oración han terminado. El punto final indican una cadencia y una pausa final mayor que la del punto y coma. El punto y coma se emplea en la serie de palabras y frases, entre oraciones coordinadas y yuxtapuestas.
- **Coma:** Indica una **pausa breve**, por lo que la atención queda pendiente de lo que va a seguir, con una **curva melódica descendente**. Son las pausas enumerativas, explicativas. La *coma* además se emplea para palabras o frases delante del sujeto, en los elementos intercalados, en los vocativos, en las series de palabras, en la elipsis del verbo, en la aposición de los sustantivos.
- **Signos de interrogación:** Generalmente tienen un **final ascendente** con **una pequeña pausa**, para dejar al oyente en una espera de algo. Existen algunas interrogaciones que dan diferentes matices, como la ironía y la aseveración. En estas oraciones algunas vocales del interior de la frase suben de tono y tienen un mayor **alargamiento temporal** para ofrecer la entonación requerida.
- **Puntos suspensivos:** Indica que se quiere dejar el sentido de la frase con cierta vaguedad, **imprecisión** o en **suspenso**. La voz es menos enérgica que la empleada para terminar con un punto y coma. La **pausa final** es **breve**.
- **Dos puntos:** Indica un **aumento del tono final**, con un alargamiento que denota la concatenación de ésta con los elementos que se relacionan

a continuación. Se emplean antes de las enumeraciones, entre dos proposiciones, ante una cita textual.

- **Signos que indican elevación del tono y mayor consumo de aire: Signos de admiración:** Expresan un estado de ánimo apasionado, vehemente, por lo que se necesita de la **elevación del tono**. Las vocales finales de la frase tienen un mayor alargamiento que las primeras. Hay una **pausa breve. Subrayado y comillas:** Estos son para llamar la atención sobre alguna parte del texto, por lo que se **eleva** ligeramente el **tono**, recalcando las sílabas, dándole una **mayor duración**.
- **Signos que indican descenso del tono: Paréntesis:** Una frase entre paréntesis indica que tiene un valor secundario en relación con el resto del texto. El **tono** de la voz del periodista o locutor **desciende ligeramente**, no recalca las sílabas y le da **poca duración**. La pausa final es muy breve. **Guiones:** Tiene el carácter del paréntesis, pero es menos señalado en el **tono de descenso** durante la lectura.

Vilardell en su libro *Micro voz* **(26)** presenta el siguiente modelo de realización entre los signos de puntuación y su relación con las *pausas*.

Signo de puntuación	Pausa	Respiración	Transición	Inflexión
-*Punto y aparte*	*Amplia*	*Completa*	*Completa muy* acentuada	*Baja*
-*Punto y seguido*	*Amplia*	*Completa*	*Completa* menos acentuada	*Baja*
-*Punto y coma*	*Breve*	*Media*	—	*Media* Final
-*Coma*	*Pausita*	*Media*	—	*Alta* Final
-*Puntos suspensivos*	*Breve*	*Completa*	—	*Alta* Final
-*Admiración e Interrogación*	*Breve*	*Media*	*Completa*	*Alta* final

Este esquema comparativo no es rígido ni esquemático en cuanto a las *pausas, transiciones e inflexiones*, sirve como referencia para posibles múltiples realizaciones.

Las **pausas dramáticas** poseen las propiedades de:

1. **Valorar** los sonidos antecedentes y consecuentes.
2. **Impartir fuerza** a la expresión.
3. **Concentrar la atención** del oyente.
4. **Crear** fuerza emotiva.

La *pausa* se emplea cuidadosamente. Se utiliza con un sentido subjetivo para crear expectación, contraste, tensión. Como **elemento descriptivo** con la *música* o *efecto sonoro* participa en la elaboración de ambientes, para sugerir matices sobre los personajes dentro del programa. Con el *habla*, puede indicar cambio de sentimientos, transiciones anímicas, progresión emocional.

Las *pausas* con **matices dramáticos** se relacionan en el contexto con el *ritmo* (rápido o lento) para crear una mayor o menor expectación, con el *tono* (agudo o grave) para provocar mayor o menor excitabilidad, con el *timbre* y la *intensidad* (mayor riquezas de armónicos, mayor o menor potencia) para incentivar las sensaciones de *actividad/ inactividad, confianza/ inferioridad, masculinidad/ feminidad, tranquilidad/ nerviosismo, alegría/depresión, agresividad/amabilidad, tolerancia/ intolerancia.* Se relacionan también con la *dicción, articulación, entonación* para mover en el oyente diversos estados anímicos, entre otros, *atracción, aceptación, rechazo, tranquilidad, nerviosismo, alegría, duda, suspenso, incertidumbre, excitación y tensión.*

Las *pausas* con **sentido dramático** no pueden permanecer por mucho tiempo, ya que hace pensar al oyente que la emisión ha tenido dificultad o ha habido una interferencia. Debe tener un tiempo intencional limitado para provocar los efectos buscados en el oyente. Si el narrador explica que un criminal entra a la casa con una pistola en mano y al encontrarse con alguien le dice "¡Cállate!". Se escucha un disparo. Una pausa a continuación suple cualquier sonido.

Produce expectación e impacto emotivo, una *pausa* cuando se espera en el desarrollo dramático un ruido. Igualmente, un ruido repentino e inesperado, en el contexto de un silencio, crea una súbita tensión. *Se lleva a un grupo de personas para fusilarlas. Se oye el sonido de la carga de los fusiles. Murmullos y gritos por parte de los familiares. Uno del grupo grita: "Moriré de frente". Disparos de fusiles.* **Pausa.** *Lentamente sube un acorde musical que ofrece el momento de tensión y dolor.*

4.2.8. El tiempo.

El **tiempo** y el **espacio** (27) radiofónico no se corresponden con el *tiempo* y el *espacio* de la realidad. Incluso un programa en vivo (directo), puede corresponderse con el *tiempo*, pero no con el *espacio real*. El *tiempo* y el *espacio* son ilimitados. El *espacio* es tridimensional. Expresa el orden en que se encuentran dispuestos simultáneamente los objetos que coexisten. El *tiempo* es unidimensional. Presenta la sucesión en que van existiendo los fenómenos que se sustituyen unos a otros. El *tiempo* es irreversible; se desarrolla en una dirección: del pasado al futuro. El *movimiento* constituye la esencia del *tiempo* y del *espacio*. La materia, el movimiento, el tiempo y el espacio son inseparables.

En el medio radial, el **tiempo** es la posición temporal del narrador. El *tiempo* de la narración en la radiodifusión es, generalmente, el presente. Raúl Ibarra, escritor radial, explica:

> En cuba (no sé si también en otros países) la práctica generalizada es que el **tiempo** de la narración dramática sea el presente. Esto es muy importante. Con este recurso se trata de darle una inmediatez a la acción que se está desarrollando, crear mayor interés en el oyente y, de cierto modo, involucrarlo en los sucesos, hechos y pensamientos que se le están ofreciendo mediante la dramatización. Esto responde a la práctica actual de convertir la programación radial en algo muy cercano al oyente, algo casi individual o personal. Por supuesto, el darle a la narración un tiempo pasado puede constituir también un recurso dramático, si lo que quieren los creadores de la dramatización es precisamente distanciar al oyente para lograr de él una mayor objetividad, para hacerle reflexionar intelectivamente (28).

El *tiempo* en la radiodifusión es el movimiento de la narración determinado por la relación entre el *tiempo estético* (*tiempo* de lo narrado=duración del espacio o programa), y el *tiempo histórico* (de la narración=el que representa la obra), que puede ser unos minutos, unas horas, una vida, una época histórica. Esto se indica explícita o implícitamente por el narrador. El *tiempo* que representa la obra es una **convención**. Se da en unos minutos lo que puede haber sucedido en una vida completa, en años o siglos.

El manejo del *tiempo* en radio se realiza fundamentalmente con el **montaje**. El *tiempo dramático* ofrece la ilusión del desarrollo normal de los hechos en un momento determinado. Con las pausas, silencios, transiciones musicales o con los efectos sonoros se ofrece al oyente el transcurso del *tiempo*.

En la radio, se manipula el *tiempo* de las siguientes formas:

- **Se reduce \se dilata:** Una vida se ofrece en pocos minutos. Un tiempo resumido con unos acordes musicales. Unos segundos de pensamiento o recuerdos que se dilatan en un mayor tiempo.
- **Se emplea más de un tiempo en forma paralela (facultad de ubicuidad):** La facultad de presentar en un mismo tiempo acontecimientos simultáneos ocurridos en diferentes momentos o lugares, determinado por la subjetividad de la primera persona, independiente del tiempo objetivo.
- **Se enlentece** cuando se refiere al tiempo sicológico de un personaje. Se acompaña con un ritmo adecuado, una música o efecto sonoro especial.
- **Se acelera:** Una vida dada en pocos minutos. Un lapso resumido con unos acordes musicales ofrecido en forma vertiginosa o con la modulación de la intensidad del sonido en *fade out* o fade in.
- **Se inmoviliza:** Para intercalar algún comentario del narrador, un corte musical o un efecto sonoro.
- **Se elide:** Donde se obvian determinados momentos poco importantes. Se puede hacer con cortes musicales o efectos sonoros en el montaje.
- **Se ofrece una continuidad:** Mediante efectos de *metrónomos*, *leitmotiv*, que se repiten en varias escenas.
- **Se emplea el tiempo en forma imprecisa:** Se hace impreciso el tiempo que dura la acción. No se da el orden cronológico de los episodios.
- **Se va del pasado al presente:** Tiempo cronológico.
- **Se mueve del presente al pasado:** Flash back.
- **Se utiliza del presente al futuro:** Flash forward.

La ubicuidad imaginaria, utilizada con talento, crea intensidad, interés dramático, ofrece elementos emocionales o de suspenso. Puede hacerse un montaje del pasado al presente, del presente al pasado, del presente al futuro.

El *flash-back* rompe con el desarrollo cronológico y se hace una incursión en el pasado, que puede ser como una evocación interna de un personaje (subjetiva), como un viaje fantástico, o para ampliar una información sobre algo presente. Puede ser el *narrador* el que hace la retrospectiva: "Hace unos años . . ." o uno de los actores. Existe la retrospectiva de segundo grado, que son las retrospectivas dentro de otras.

4.2.9. El espacio o escenario: Los planos sonoros.

El *espacio radiofónico* **(29)** es un *espacio* de pura *convención* susceptible de modificarse de diferentes formas. Los *planos* sonoros son también planos psicológicos.

El *escenario* es el marco concreto donde ocurre la acción. Se ofrece por medio del narrador, el cual describe el lugar, si el personaje camina, entra o sale. También se presenta a través de los diálogos de los personajes, con los cambios en los *planos sonoros* y con algunos recursos acústicos, tales como la reverberación, la intensidad y el tiempo.

Con los *planos sonoros*, se produce una perspectiva acústica en profundidad. Consiste en la sensación que se ofrece de cercanía o lejanía (*actor-música-efecto sonoro*). Estos planos pueden utilizarse por medio de **diferencia de intensidad** entre: *micrófono-actores, actor-actor, actor-efecto sonoro, efecto sonoro-música, música-actor, actor-música y actor-actor-efecto sonoro.*

La **distancia** que se presenta es aparente, ya que no siempre un sonido que se difunde a una determinada distancia se encuentra realmente próximo o alejado. Micrófonos especiales pueden tomar un sonido lejano como si estuviera muy cerca. Locutores y actores muy cerca del micrófono pueden aparecer muy distantes si se baja la salida del volumen en la mesa de mezcla de sonido.

En los estudios, generalmente, se utilizan dos micrófonos para establecer una relación espacial; a uno se le da más volumen y al otro no.

Raúl Ibarra, escritor de radio, explica que:

> El escritor o director del programa situará al oyente en un punto determinado del espacio, sea inmóvil o en movimiento, y de acuerdo con ese punto se definirán los planos en que se encuentren todos los sonidos. Por ejemplo: dos personajes dialogan en primer plano, que es el punto donde quiere centrar o situar la atención del oyente. A fondo, coloca los murmullos de una multitud, o bien más cerca, en tercer plano, hace que los personajes dialoguen casi a gritos, para dar a entender que el vocerío de la muchedumbre próximo a ellos, apenas les permite escucharse. En otro caso, los personajes van acercándose poco a poco a primer plano, para dar a entender al oyente que se acercan al punto del espacio donde él se encuentra. En términos generales, se coloca al oyente en el lugar donde él puede escuchar de la forma más conveniente y clara lo que deseamos decirle, que, por supuesto, debe ser el primer plano. Todos los demás sonidos se colocan en relación con ese punto del espacio (30).

Los **planos sonoros** en la radio se pueden clasificar en:

- **Plano íntimo (PI):** Es cuando la fuente sonora está prácticamente pegada al micrófono. Se percibe como lo más cercano. Los micrófonos deben estar protegidos para evitar que algún sonido produzca el llamado *efecto de proximidad* (chasquido o explosiones al llegar el viento de determinados sonidos, especialmente los sonidos oclusivos sordos: p, t, k*)*. Un locutor o actor habla muy suave, sin alzar la voz, casi en susurro, ya que puede producir una distorsión del sonido. Algunos teóricos denominan a este plano *íntimo* o *primerísimo plano.*

- **Plano normal o primer plano (PP):** En relación con otros planos es el que se recibe como un sonido normal cerca del oyente. Es la referencia que permite relacionar los otros planos: un *primerísimo plano* (muy cerca), un *segundo plano*, un *tercer plano* o *plano de fondo.* En este *primer plano* o *plano normal*, el que habla aparece como si estuviera a dos metros de quien escucha. El micrófono suele estar a unos 20 centímetros de quien habla.
- **Plano de fondo** o **segundo plano.** La fuente sonora es recogida por debajo del *primer plano* o *plano normal.* Puede estar ubicada dentro de un ambiente, con presencia apreciable del sonido reflejado. La fuente sonora aparece como alejada del micrófono, y por lo tanto, de quien escucha.
- **Plano general, plano alejado** o **lejano.** Se utiliza para los ambientes. Es un acompañamiento que complementa el sonido más importante para reforzar y crear verosimilitud en lo que se difunde.

Estos planos producen la sensación de movimiento, tan importante en los programas dramatizados. La radio trata el *espacio* de dos formas distintas: se limita a reproducirlo con el movimiento de los actores entre dos micrófonos o bien, se crea al ofrecer un espacio que se percibe como único por el oyente, pero compuesto por la unión y sucesión de efectos sonoros y música.

Los **movimientos** y las **distancias** se presentan por medio:

- **Acústico:** Lejanía-cercanía. Movimiento de alejamiento o acercamiento. Se ofrece con la mayor o menor *intensidad* de los sonidos.
- **Técnico:** Efecto sonoro de puerta lejana, pasos que se alejan.
- **Diálogo:** Uno de los personajes indica el movimiento a través de lo que dice.
- **Narrador:** El narrador ofrece esta información.

Los actores, al moverse sólo un metro hacia el lado *muerto* (que no recibe señal) del micrófono, crean en el oyente la sensación de que se han retirado por lo menos cinco metros. Es importante que estos movimientos se realicen durante el diálogo, porque de lo contrario parece que el actor ha saltado de una posición cercana a otra lejana. La separación del micrófono, que aumenta la proporción del sonido reflejado con respecto al sonido directo, ofrece la idea de distancia en una *escena interior.*

Las escenas exteriores se logran con el efecto de distancia—ya que no hay sonido reflejado—mediante la combinación de una sonoridad más allá de la voz por parte del actor, y una absorción o reducción de la reflexión de las ondas sonoras a través de la consola de audio.

Los espacios abiertos o cerrados, estrechos o largos de una habitación, catedral, montaña o llano, se ofrecen por la calidad del *timbre* del sonido. La *reverberación, armónicos, ecos y efectos sonoros* pueden hacer pensar que se habla de una sala amplia. La imagen sonora de *diferentes locales* y sus características se ofrecen a través de los elementos acústicos: *reverberación, absorción* y *duración*:

- **Fuera de la casa:** sin reverberación, con la completa absorción de las ondas en el estudio.
- **Biblioteca, cuarto grande bien amueblado:** Débil reverberación durante un largo tiempo.
- **Cuarto pequeño, baño:** Fuerte reverberación durante un largo tiempo.
- **Cueva, sala de concierto:** Fuerte reverberación durante largo tiempo. Eco artificial añadido a un estudio normal.

Con la codificación sonora se busca llegar a los sentimientos y emociones a través de la mezcla de diferentes sensaciones:

- Pasos en primer plano baja a un segundo plano. Ruido de puerta en un primer plano. NARRADOR: Entran en una taberna; se escucha la dulce voz de la cantante. Voces de dos individuos en un primer plano, hablan del calor del local. Ruido de la taberna en un segundo plano. Plano alejado: choque de autos, gritos . . . La canción se distorsiona a un sonido psicodélico.
- Un hombre que camina por las calles. Primer plano pasos, baja a fondo. Sube a primer plano monólogo. Siguen en el segundo plano los pasos y otros ruidos de auto. Se ofrece al oyente la sensación de seguir al personaje por la calle, sentir los latidos del corazón y conocer del sabor amargo de su boca.

4.2.10. El ambiente y la atmósfera.

Tan importante como los diálogos de los personajes son el *ambiente* y la *atmósfera* (31), los cuales se logran gracias al montaje creativo de los efectos sonoros y la música. El *ambiente* se aplica a un cuadro real. Es la realidad, el medio o capa social donde se mueven los personajes. Pueden ser: *Ambiente* de un patio, de una granja, estación de trenes, fábrica, campo, montaña, mar, una hora del día, una estación del año.

La *atmósfera* es la tonalidad psicológica, la situación de la conciencia, la cual es sugerida, fundamentalmente, a través de la música. Ofrece la alegría, tristeza, serenidad, ira. Ciertos tipos de música provocan no sólo una *atmósfera*, sino también un ambiente.

El *ambiente* y la *atmósfera* ofrecen una ilusión dramática para crear credibilidad en el oyente, el cual percibe una imagen real convencional. Hay que evitar la incoherencia en un *ambiente* radiofónico en el que no se puedan ofrecer los desplazamiento de un primer plano a un segundo plano. El empleo de varios micrófonos recrea un ambiente más real: uno en *primer plano*; otro, en un segundo y un tercero, en un plano lejano.

Los elementos acuáticos sirven para ofrecer valores convencionales sicológicos:

- **Ambiente idílico de paz:** Canto de pájaros, murmullo de personas, ruido de viento, grillos. Estos efectos bajan a fondo. Sube a un primer plano las voces de una pareja de enamorados.
- **Proximidad moral, intimidad afectiva:** Voz confidencial muy cerca del micrófono en un *primerísimo plano*.
- **Narración angustiosa:** Con el tono y el timbre adecuado hablar en un primer plano, muy cerca del micrófono.

4.3. Montaje dramático.

Existen cuatro tipos de *montaje dramático* **(32)** para ordenar u organizar los espacios o programas radioperiodísticos:

1. **Temático.**
2. **Anecdótico.**
3. **Formal.**
4. **Lógico.**

La *concepción temática* es cuando un elemento emocional o sentimental es el que se escoge como aspecto fundamental para organizar todo el programa.

La *concepción anecdótica* le da más importancia a los sucesos que ocurren. Se producen diferentes sucesos y situaciones en forma de anécdota que son circunstancias determinantes e inevitables. Esta cadena de sucesos y anécdotas puede ser:

- Se **expone un defecto moral para provocar una crítica constructiva.** Se cuenta la historia a través de una cadena de situaciones.
- **Se proyecta la realidad hacia el absurdo para lograr en el oyente una posición empática crítica.** Se cuenta la historia a través de

sucesos o situaciones de fondo. Se da un viraje hacia lo ideal para que el oyente se interese y se disponga a valoraciones de paradigmas y creencias.

Los personajes se manifiestan por acciones, por lo que el material se organiza a partir de una concepción *anecdótica*:

- **Real-absurdo-real.**
- **Real-absurdo-absurdo.**
- **Absurdo-absurdo-absurdo.**
- **Absurdo-absurdo-real.**

El personaje tiene una meta determinada y se enfrenta con obstáculos que se oponen a esa meta. Cuando la meta es positiva, los obstáculos son negativos y viceversa. El orden de las escenas está determinado por el tipo de *anécdota*, la cual rige la trayectoria del personaje.

La *concepción formal* requiere de cambios externos, tales como: **a.** *situación*, **b.** *crisis*, **c.** *solución*. La *situación* ofrece el cambio interno de los personajes por las circunstancias. La *crisis* agudiza el conflicto, y finalmente, viene la *solución*, donde se resuelve el conflicto.

La *concepción lógica* se ofrece a través de un juicio que se convierte en una crítica, la cual es una acción para el oyente. Tiene un propósito didáctico. En esta concepción se piensa más en los hechos que en los personajes. El razonamiento está por encima de lo emocional. El resultado que se busca es que el oyente piense, enjuicie y sienta. Es necesaria una anécdota que cree un primer juicio, un segundo y de ellos vaya a una solución.

4.4. Composición del programa.

Para la **composición** adecuada del programa dramatizado radioperiodístico se determinan las *unidades significativas* fundamentales (**presentación-nudo-desenlace**), la *línea de acción*, los *personajes principales* y los *secundarios*, el *punto de vista*, la relación del *tiempo*, las *motivaciones*, la *acción*, el *ambiente* y la *atmósfera*.

Se analizan las **secuencias narrativas**. Se tienen en cuenta los elementos que intervienen y las relaciones que mejor funcionan en el programa: los **elementos temáticos**, las *caracterizaciones*, los **motivos ambientales**, la **unidad en función del clímax**, la **progresión**, entre otros. Se definen:

- Los *bloques narrativos*: Unidades espaciales-temporales con sentido completo:
  -Narración-descripción-diálogos.
  -Relación de escenas.

-Elementos lineales y yuxtapuestos.
-Los planos sonoros.

- Los *episodios*: Cómo se relacionan entre sí:
-Son monotemáticos o politemáticos.
-Son primarios o secundarios.
-Son centrales o intercalados.

- Los *personajes*: Características de los *personajes*:
-Principales o secundarios.
-Forma de caracterización. El empleo de los *diálogos dramáticos*.
-Narrador en primera o tercera persona.
-Punto de vista omnisciente, subjetivo único, objetivo.

- El *tiempo* y el *espacio*:
-Se manipulan para lograr mejores resultados dramatúrgicos.
-Se estudia cómo presentar la escena, el ambiente y la atmósfera.

- *Estados afectivos*
-Emociones y sentimientos.
-Entonación.
-El ritmo.
-Metáforas y símbolos.

Hay que saber escoger un *tema* interesante para captar la atención y sostener el interés. Apelar a los **procesos afectivos** permite mantener al radioescucha en la sintonía del programa. Los personajes tienen que proyectar emociones y sentimientos para llegar a los del oyente.

.Factores Humanos.

En un programa radial periodístico con dramatizaciones participan los siguientes especialistas: El *periodista, asesor, productor o director, actores, narrador, musicalizador, operador de audio.*

El *periodista radial* elabora el material con el cual se realiza el programa. El *asesor* realiza un análisis del nivel de información, calidad dramática. El *productor* ajusta técnicamente el material al lenguaje radial. El *director* organiza un programa agradable con un mensaje lleno de imágenes auditivas, guía a los actores y sus interpretaciones. Los *actores* interpretan y ofrecen la línea de acción narrativa a través de los diálogos. El *narrador* lleva el hilo conductor del desarrollo dramático. El *musicalizador* ofrece la música, ambiente, atmósfera y caracterización de los personajes. El *operador de audio* graba el programa.

El *periodista radial* se reúne con el *asesor* y analizan los objetivos de la obra, sus tramas, conflictos. El *asesor* se documenta sobre la obra, autor, época en que transcurre la acción y se realiza el desmonte. Se define el tema central, se selecciona la historia, se divide el libreto en escena, se marcan las entradas o salidas de los personajes y las unidades motivacionales que reflejen los cambios en el desarrollo de la situación dramática.

El *periodista radial* escribe la historia, y el hilo conductor. Imprime el movimiento dramático al programa, caracteriza, determina la línea de progresión, delimita las unidades principales y las secundarias, elimina lo accesorio e inútil, organiza el material, cambia de lugar las escenas que lo requieran, modifica o agrega diálogos. Posteriormente, continúa el trabajo de mesa con los *actores, asesores, director, productor, narrador*.

. La dinámica dramática en el radioperiodismo.

El *libreto periodístico* con elementos de dramaturgia permite desarrollar la trama, argumento, historia, momentos progresivos, tensiones, música, efectos sonoros, planos, efectos electrónicos; con su codificación acertada, se factura un programa radial de mayor calidad y penetración en el segmento de población al que va dirigido el programa.

El periodista radial pone las **acotaciones** (33) que requiere el libreto. Plasma la *acción dramática* y busca los elementos que desarrollan y van agrupando las unidades y los bloques para darle movimiento y dramatismo al programa.

Es básico el *movimiento progresivo*, el cual implica una trayectoria de los sucesos en una cadena de tensiones que se van acumulando para posteriormente ofrecer una solución. Es el rejuego de acumular y romper tensiones. Cuando se resuelven las primeras tensiones, se crean otras nuevas. En el texto se insertan con talento la música y los efectos sonoros.

Durante la preparación del *libreto*, se determina a quién va dirigida la obra. Si es un programa aislado, o es una parte de un serial, el horario de transmisión, hábitos de vida y costumbres del público al que debe llegar el mensaje.

El *libreto* refleja por medio de los hechos una nueva realidad a través de la imagen sonora. El radioyente no se percata de las *reglas convencionales* del juego dramático, ya que el librero dramático está compuesto de pequeñas piezas que se conjugan sutil e intencionalmente para dar una **imagen sonora verosímil**.

Moncy Crespo, analista de programas de radio, en la *Dramaturgia radial,* (34) explica que se considera un buen libreto si:

- cumple con la política trazaba por la radiodifusión.
- observa el objetivo y contenido del espacio.
- se ajusta a la sinopsis argumental o esquemática de trabajo elaborada.
- tiene la estructura dramática adecuada para que no decaiga la acción.
- el tema central no se diluye en las subtramas.
- los conflictos y las contradicciones se concatenan produciendo los saltos climáticos para mover la cadena de sucesos, manteniendo así el movimiento progresivo de la acción de cada libreto y en toda la serie.
- no se desvirtúan escenas, diálogos, personajes o algún otro elemento.
- en caso de la adaptación, la conversión radiofónica no la aleja del estilo original.
- los diálogos no están excesivamente picados, ni excesivamente largos, y existe un adecuado balance entre ellos.
- los diálogos son radiofónicos, no son vacíos, caracterizan personajes y aportan y/o provocan algo.
- existe el balance adecuado entre las escenas.
- aparece una historia con la extensión adecuada y los conflictos requeridos.
- hay conflictos bien presentados y bien desarrollados.
- se utiliza debidamente el narrador y éste:—no interrumpe la acción,—no sustituye la escenificación,—no se utiliza para repetir lo ya dicho,—si tiene un lenguaje acorde con el estilo de la obra,—si aparece únicamente cuando es necesario,—si hay un buen planteamiento de la utilización de los recursos técnico-artísticos,—si los personajes responden a la caracterización con la que fueron delineados,—si los nombres de los personajes no tienen similitud en su fonética,—si no existen errores prosódicos,—si cada capítulo termina arriba.

NOTA

1. Raúl Ibarra: "Notas críticas". (s.p.i.).

2. ICRT: "Conferencias sobre dramaturgia" (s.p.i.)

3. *Ibid.*

4. Raúl Ibarra: *Op. Cit.*

5. Los elementos de dramaturgia han sido resumidos y se han seleccionados por su importancia y por su aplicación al medio radial de las siguientes obras:
   - John Howard Lawson: *Teoría y técnica de la dramaturgia*, p. 267-455.
   - ICRT: "Conferencias de dramaturgia". (s.p.i.).
   - George Polti: *Las 36 situaciones dramáticas.*
   - Herrero Beatón: "Curso de dramaturgia en radio". (s.p.i.).
   - Carlos Padrón: "Curso de dramaturgia". (s.p.i.).
   - Odilia Romero González: "Curso de dirección artística". ICRT. (s.p.i.).
   - Peter Karvas: *Cuestiones de dramaturgia.* La Habana, Instituto Cubano del libro, 1968.

6. *Vid.*, Herrero Beatón: *Op. Cit.*

7. *Ibid.*

8. Carlos Padrón: *Op. Cit.*

9. *Metodología de la Investigación literaria:* I/II, p. 438.

10. *Ibid.*, p.562-563.

11. *Ibid.*

12. ICRT: "Conferencias sobre dramaturgia" (s.p.i.).

13. *Metodología de la Investigación literaria:* I/II.

14. ICRT: "Conferencias sobre dramaturgia" (s.p.i.).

15. *Ibid.*

16. Raúl Ibarra: *Op. Cit.*

17. *Vid.* Carlos Padrón: *Op. Cit.*

18. Alejo Carpentier*: Crónicas,* 550-551.

19. *Vid.* Carlos Padrón: *Op. Cit.*

20. *Metodología de la Investigación literaria.* P. 439.

21. Mijail Minkov: *Radioperiodismo*, p. 14.

22. ICRT: "Conferencias sobre dramaturgia" (s.p.i.).

23. Moncy Crespo: "La dramaturgia radial", p. 6-7.

24. *Ibid.*

25. *Ibid.*

26. Vilardell: *Micro voz*, p.204.

27. Odilia Romero González: "Curso de dirección artística". ICRT.

28. Raúl Ibarra: "Notas críticas". (s.p.i.).

29. *Ibid.*

30. *Ibid.*

31. Odilia Romero González: *Op. Cit.*

32. *Ibid.*

33. Acotaciones: Son las notas que se escriben fuera de los diálogos entre paréntesis y en mayúsculas. Constituyen los apuntes y observaciones que deben tener presente los actores, operadores de audio, director, periodista.

34. Moncy Crespo: *Op. Cit.* p. 7-8.

5.

LA REALIZACIÓN EN EL RADIOPERIODISMO.

Desfile híbrido de pieza de salón, recitaciones, canciones melosas, noticias de última hora, escenas de teatro, entrecortadas por el consabido: "Acaban ustedes de oír" . . . "escucharán ahora", u otra fórmula por el estilo. Audiciones rutinarias que se niegan a toda posibilidad de perfeccionamiento, y cuyos organizadores no han pensado jamás en crear un género nuevo . . . Y sin embargo, la experiencia personal me ha enseñado que con los elementos más pobres, con la interpretación inteligente del más simple texto publicitario, se pueden hacer maravillas por radio. Pero claro está que urge crear un "arte radiofónico" una preceptiva del radio, del mismo modo que existe un "arte poética" y una preceptiva literaria. Las posibilidades de la radio son ilimitadas. Mil géneros inéditos pueden nacer a su amparo. Basta enfocarlo con un poco de imaginación y de iniciativa.
Alejo Carpentier: *Crónicas*, p. 548.

5.1. Las noticias y las normas mecanográficas para el medio radial.

La *noticia* es un hecho de actualidad con importancia social que requiere que el público la conozca. El contenido de la *noticia* debe responder a las preguntas: *¿A quién le sucedió?, ¿Qué le sucedió?, ¿Cuándo le sucedió?, ¿Dónde le sucedió?, ¿Por qué le sucedió?, ¿Cómo le sucedió?* El orden en que se responden estas preguntas

---

depende de las características del hecho relatado, del periodista y de la guía de estilo del medio radial.

Las principales características (1) de las noticias son:

- **Veracidad:** Los hechos deben ser verdaderos y verificables.
- **Objetividad:** No deben aparecer criterios personales. Es un reflejo de la realidad.
- **Claridad:** Exposición lógica y ordenada.
- **Brevedad:** Se presenta la noticia en síntesis, sin datos necesarios.
- **Generalidad:** Ofrece algo de interés social.
- **Actualidad:** Los hechos son recientes.
- **Novedad:** La información debe ser nueva y original.
- **Interés humano:** Crear una respuesta afectiva o emocional en los radioyentes.
- **Proximidad:** Cuanto más cercanía, más interés.
- **Prominencia:** Más interés si las personas involucradas son importantes o conocidas.
- **Consecuencia:** Las hechos provocan resultados que afectan a las personas o ayudan a tomar decisiones. Se mantiene el interés de los radioyentes cuando se esperan soluciones o resultados.

El periodista, durante la redacción de la *noticia*, no debe pretender ser el más original, sino el más *objetivo* y *preciso*.

Para facilitar el trabajo del locutor, el periodista radial escribe a dos espacios, con amplios márgenes a cada lado para reducir el campo visual y hacer más fácil la lectura. Cada renglón tendrá como máximo 60 espacios tipográficos. Las entradas de los locutores se identifican claramente con un guion u otra señal.

No se llena con guiones ornamentales el final de la línea. Es innecesario y entorpece la lectura. Cada minuto de texto tiene de 15 a 16 renglones. Se escribe con letras convencionales de 12 puntos.

La redacción radial responde a las necesidades planteadas por la especificidad del medio. Está en función de sus ventajas y desventajas.

La mayor audiencia que disfruta la radio y su carácter heterogéneo, imponen un lenguaje sencillo y claro, comprensible al instante para oyentes de edades diversas y grados de escolaridad diferentes. El periodista radial no puede utilizar palabras rebuscadas, giros complicados, vericuetos estilísticos o expresiones poco conocidas. La construcción debe ser directa, sin adornos innecesarios que entorpezcan la captación de la idea, ni mezcolanza de proposiciones que desemboquen en expresiones anfibológicas. Oraciones cortas y párrafos breves se imponen como regla de redacción radial, donde aquéllas incluyan entre diez y quince palabras y los párrafos comprendan sólo dos o tres oraciones, a veces una solamente, como ocurre con frecuencia . . .

La actualidad radial, su acaecer inmediato, exige tiempos verbales adecuados y matices que confieren frescura a la información. El presente es recomendable y el ayer proscrito. El redactor radial debe adquirir la costumbre de oír para sí sus propios trabajos. Palabras bien empleadas en un escrito suenan a veces mal en la locución. La cacofonía y la repetición de vocales son vicios execrables en textos destinados al micrófono **(2)**.

La limpieza es un elemento básico. Se subraya o escribe con mayúscula la palabra NO, para prevenir lamentables interpretaciones que pueden cambiar por completo el sentido de una oración. Igual tratamiento se aconseja para vocablos de difícil pronunciación. Está prohibido el dividir la palabra al final del renglón u oración, y al final de la página, ya que crea pausas y errores en la lectura **(3)**.

El redactor sitúa en la parte superior izquierda de la página la identificación del espacio, la hora de la emisión y sus iniciales, así como el número de la página. En el margen derecho de la hoja, la fecha.

Noticiero provincial   -12-   AC/1   *enero 10, 20*

Se comienza a escribir cinco renglones por debajo de esta línea de identificación. Si continúa la información o nota en otra página, se señala con una palabra guía, que indique la continuación, el número siguiente del orden de la página y las iniciales del periodista:

Fallecimiento de . . . -2   *A.C.*

¿Cómo medir el tiempo?

Tener en cuenta el tiempo es imprescindible en el medio radial. El periodista trabaja pensando en el tiempo disponible. La emisión radiofónica tiene una vida efímera que sólo dura el momento fugaz de la transmisión.

La rapidez de la lectura en silencio es de cinco a seis palabras por segundo a una velocidad ordinaria. La lectura oral, que permita la comprensión por parte del oyente, es de unas cuatro palabras por segundo a una velocidad normal y de cinco a mayor velocidad. Cada cinco segundos, equivalen a unas doce palabras. Esto permite presentar el siguiente esquema:

Segundos	palabras	párrafo
5	12	
10	24	
15	60	Un párrafo de cinco líneas.
30	120	Dos párrafos de cinco líneas cada uno.
60 = 1 min.	200-240	Cuatro párrafos de cinco líneas cada uno.

Cuando se redacta la *noticia*, se escribe para ser escuchado. Se seleccionan las palabras desde el punto de vista del contenido-sonido, y no por su apariencia escrita. Se tiene siempre presente que la noticia que se redacte debe ser comprensible para el mayor número de persona, no sólo por la calidad de la forma del texto, sino también por su contenido, para facilitarle al radioyente la comprensión y análisis de los datos. Se escribe para un público en el que existen diferentes niveles de escolaridad.

Un oyente de radio escucha y comprende un promedio de 160 a 200 palabras por minuto. Un lector de periódico lee en silencio un promedio de 250 a 350 palabras por minuto, además de poder volver a leer lo que no ha entendido. Es necesario que la información llegue lo más clara posible para lograr una correcta comprensión. Hay que tener en cuenta que el radioescucha no puede volver atrás, ni pedirle al locutor que le repita.

José Proveyer Carracedo, en su libro *Radioperiodismo* (4), ofrece la siguiente comparación entre la *programación informativa, el tiempo* y *los renglones escritos*:

Programación informativa	Duración		Renglones a máquina
	Min.	Máx.	
-Ultima hora	15 s.	30 s.	3 a 7
-Boletín	1 min.	5 min.	15 a 72
-Noticiero	10 min.	60 min.	Más de 150
-Programa informativo Especial	5 min.	60 min.	Más de 75

Algunos principios estilísticos en la redacción de noticias.

Un requisito de primer orden es la sencillez. Se coloca una oración después de otra y no se abusan de las oraciones incidentales. Se evitan las oraciones largas, tediosas o incomprensibles. La información se concreta a los hechos fundamentales, los cuales se expresan con exactitud. La regla es: *oraciones cortas y vocablos precisos.*

Debe existir una conexión directa entre el sujeto y la acción verbal. No mezclar ideas. Erradicar proposiciones o incidentales que desvíen la atención del oyente y provoquen confusión (5).

La noticia es esencialmente sustantiva, por lo que se evita el exceso de adjetivos que debilitan la información. Los párrafos generalmente no deben exceder de cuatro renglones. El periodista huye de las palabras largas y de los términos que no sean usuales. Si es imposible evitar el empleo de una palabra poco conocida, se explicará en otra parte de la oración su significado. Esto ayuda a una mejor comprensión de la noticia para aquéllos que la escuchan. Las palabras extensas y poco usuales se dividen en sílabas para facilitar la pronunciación: *o-to-rri-no-la-rin-go-lo-gí-a.*

Cuando en una oración estén involucrados dos hechos o personas—uno subordinado al otro—es preciso establecer claramente su relación con los correspondientes predicados (6).

En la redacción no puede existir anfibología, ya que puede dar lugar a lamentables confusiones. La relación entre el sujeto-predicado debe quedar establecida de tal forma que no haya equívoco posible.

Durante el trabajo de redacción, el periodista radial lee varias veces las informaciones, para evitar la inadecuada selección de un vocablo o construcción sintáctica que conlleve a la pérdida de la acertada comunicación. En diferentes lugares de la noticia, repite los elementos de identificación para evitar la dificultad en la interpretación.

Hay que tener cuidado con las oraciones subordinadas relativas. Es preciso colocarlas en función inmediata de su antecedente. Se evitan la cacofonía y la repetición de palabras. El adjetivo sólo se emplea para resaltar una idea (7).

El estilo pródigo en adjetivos, eufemismos y metáforas, que a veces resulta admisible en la prensa escrita, no lo es para el radioperiodismo. Si es necesario adjetivar, hágase después que la noticia haya llegado claramente al oyente.

Mauro Rodríguez explica que:

> El manejo de los demostrativos requiere también sumo cuidado. Los despachos de agencias noticiosas expresan con frecuencia: "en esta ciudad", "en este país", o "en esta capital", al referirse a la localidad donde está fechado el cable. Muchos redactores emplean la misma expresión al confeccionar sus textos, sin percatarse que confunden

al oyente. Para el corresponsal que emite la noticia es perfectamente válido el uso del término, ya que su ubicación en el lugar justifica el empleo del adjetivo *este*. Pero cuando el radioescucha capta el vocablo en nuestro país, puede interpretar, con razón, que se refiere a la localidad donde se origina la transmisión, por la extraordinaria característica de proximidad que denota la palabra en cuestión. En consecuencia, en los casos contemplados se recomienda usar como adjetivo a *esa*. Caben los mismos argumentos respecto al pronombre demostrativo *aquí*, utilizado también por corresponsales de agencias de noticias para no repetir el lugar de ubicación de un suceso o designar el lugar donde se encuentra (8).

El radioperiodismo es una profesión donde es esencial la actualidad. Un periodista no escribe para el noticiero de la mañana, del medio día o de la tarde: "Esta noche hablará . . .", lo correcto sería: "En la noche de hoy . . .". Se suprime la fecha o la especificación del tiempo cuando la noticia que se ofrece no es reciente. De no aportar la fecha una proximidad notable, se omite. Se eliminan las iniciales y abreviaturas, ya que ambas confunden al oyente. Incluso hay casos en que resulta irrisoria la combinación fonosintáctica: *Juan V. A. García*, sería fonéticamente ante el micrófono: *Juan ve a García*, o *Juan V. Bedor*, sería *Juan bebedor*.

Sólo se emplean las *siglas* de general conocimiento y de fácil pronunciación: ONU, UNESCO. Es aconsejable no abusar de las *siglas* en una misma noticia, ya que puede crear la impresión de un mensaje en clave con una insoportable cacofonía.

Los números exigen especial tratamiento en la redacción radioperiodística. Se escriben con palabras, no con números, para evitar equivocaciones en la lectura y permitir que ocupen en la cuartilla el tiempo equivalente para su pronunciación. El periodista completa las cantidades hasta cerrarlas, sobre todo cuando existen números decimales o el número requiere considerable extensión en las páginas. Una información cargada de cifras resulta tediosa y desagradable. El periodista radial evalúa el conjunto y selecciona aquellas que tengan importancia y significación (9).

Los dígitos se escriben con letras y en mayúsculas. Las centenas pueden describirse con sus guarismos. La cantidad de varios miles o millones se consignan con números y letras para facilitar la pronunciación y comprensión: *125 mil 520 personas*.

Con las cifras decimales, en vez de *cero coma cuatro caballerías*, es preferible: *cuatro décimas de caballería*. Cuando se trata de medidas de longitud, es mejor decir: *diez centímetro de longitud* que *cero coma cero diez metros*. Igualmente se procede con las coordenadas, temperatura atmosférica; es preferible: *65 grados 3 décimas oeste*, en lugar de *65 coma 3 grados oeste*.

—

Los por cientos (10) se redondean y no se emplean los números romanos en la redacción radioperiodística. Se escribe: *Décimo aniversario*, nunca *X Aniversario*. Los números quebrados se evitan en la redacción y, en caso de utilizarse, se expresan con números y palabras combinadas: *tres cuartos, tres quintos*. Para las medidas cuadradas o cúbicas, se usan las palabras correspondientes: *pies cuadrado, metro cúbico*.

Las muletillas, locuciones adverbiales superfluas se omiten. Los matices que se les quiera dar a determinados pasajes de las noticias no se hacen con comillas, sino con los vocablos entre paréntesis que identifiquen esos matices: *supuestamente, con la pretensión*. Esto no quiere decir que no se empleen las comillas cuando la redacción la exija.

Los nombres extranjeros requieren sumo cuidado al escribirlo, ya que no se pronuncian con la fonética del español. Los nombres conocidos se pueden poner en su forma original. En otros casos, se escribe la pronunciación de esos nombres, incluso separados por sílabas y rayuelas para facilitar su lectura (11).

La acentuación y la puntuación tienen una gran importancia. No es lo mismo: *Juan, acaba de entrar en el salón*, que *Juan acaba de entrar en el salón*, o *La mujer dijo: Inés es la enfermera del hospital*, en contraste con *La mujer, dijo Inés, es la enfermera del hospital*. También las diferentes acentuaciones en distintas sílabas de una misma palabra varía el significado: *Cántara, cantara, cantará*; *célebre, celebre, celebré*; *término, termino, terminó*.

Algunos periodistas cometen el error de redactar las noticias en primera persona del plural, quitándole así objetividad y dándole una técnica propia de *editoriales, comentarios* o de *revista informativa*.

En las noticias predomina la objetividad. Cuanto mayor sea, el impacto en el oyente aumenta. La reiteración es un recurso de gran importancia en el mensaje radial. Se logra por medio de la repetición, con diferentes palabras, de un concepto para fijar el mensaje.

En todas las noticias de importancia, se mencionan los nombres y cargos de las personas relacionadas y más destacadas. Se colocan los nombres y cargos por orden de jerarquía. El periodista consulta las fuentes autorizadas para verificar los cargos, ya que en oportunidades se cometen errores.

Se utilizan palabras con un contenido específico y se evitan las que tienen una significación vaga y general. Es mejor utilizar la palabra *cedro* que *árbol*. Preferentemente seleccionar los adjetivos descriptivos, mejor que los de significación amplia y relativa. Los verbos deben poseer acciones definidas y completas. Se evitan los estereotipos y las frases de poca o escasa significación.

Como plantea Slavej y Jaroslav en *Introducción al trabajo de las agencias de noticias* (12), "evite en lo posible palabras generales, imprecisas al principio de la entrada. Escoja expresiones definidas, precisas, que lleven el máximo de significación en el mínimo espacio". Por consiguiente, se debe evitar comenzar con:

a) **Frases**: "en una reunión . . .", "en un discurso . . .", "de acuerdo con . . .", "en la opinión de . . .", "en un artículo . . ."
b) **Referencia de tiempo**: anoche, ayer, recientemente, el lunes, el martes.
c) **Expresiones vagas**: hay, era, han sido.

Es esencial identificar y definir en las noticias (13):

1. Las **personas**: Las *figuras públicas y oficiales* generalmente son identificadas por el cargo que ocupen. Los *científicos*, por su especialidad o la institución a la que responden. Los *deportistas*, por el tipo de deporte, nacionalidad y su edad. Las *personas comunes*, por la residencia, trabajo, edad. Las que son *celebridades*, por sus hazañas o hechos que lo destacan.
2. Los **lugares**: Se identifican por el país, región. Referencia geográfica con la distancia a una capital conocida.
3. Las **instituciones** u **organismos**: Se definen por su tipo—políticas, científicas, de negocios—o comparándolas con otras similares.
4. Los **términos técnicos, históricos, científicos**: Requieren definición y explicación para que se comprendan.
5. Las **cifras**: Se relacionan con otras cifras. Se comparan con datos conocidos.

Hay que mencionar la fuente que produjo la información ya que da objetividad y seriedad. Los criterios de una autoridad dan mayor fuerza y confiabilidad; actualizan la noticia y producen más interés.

5.2. Los esquemas de grabación.

En los programas radiales se emplean diferentes **esquemas de grabación** para la guía y orientación al director, los locutores, narradores, actores, operadores, grabadores, musicalizadores durante la confección del programa. Consta de dos partes fundamentales: una *técnica* y otra *artística*; ambas se integran en un solo cuerpo para formar el *guion o libreto radial*. En algunas emisoras, los periodistas elaboran el producto sonoro informativo y dejan los elementos técnicos en manos del director o productor para que confeccionen la guía, estructura y el orden para la realización.

—

Los *esquemas de grabación* pueden ser:

- **Originales**: Es una obra o programa creado para el medio.
- **Adaptados**: Se reelaboran noticias de otros medios de difusión para adaptarlas a la radio.

De acuerdo con su complejidad el *esquema de grabación* se puede clasificar en:

1. **Guion técnico.**
2. **Guion simple.**
3. **Guion complejo.**
4. **Libreto.**

El **guion técnico** es la expresión literal de la estructura y formato de un programa. Contiene los elementos que lo componen, el orden y tiempo de sus partes. Se precisa, por medio de acotaciones, cómo debe ser el trabajo de operadores, técnicos de cabina, estudios o exteriores.

Aunque se denomina **guion simple**, no excluye los factores técnicos. Ordena y relaciona todos los elementos sonoros. Los periodistas hacen un aporte creativo a este conjunto por medio de la composición, el balance adecuado y la correspondencia de los elementos seleccionados que cumplen con el objetivo del programa.

El **guion complejo** presenta variedad de temas, expresiones diferentes, y en ocasiones, un *desarrollo progresivo dramático*. Se emplea en programas de opinión y variedades.

a) Los asuntos y variedades se mueven en torno a un **tema central** que es el objetivo del programa.
b) Presenta un aporte creativo mayor a través de las codificaciones sonoras artísticas.

Los *guiones* recogen los aspectos necesarios que sirven para conducir el programa. Los **reportajes, crónicas, comentarios** y **entrevistas** necesitan de **guiones radiales**. Para crear buenos guiones radiales es necesario el dominio de la técnica y del arte, ya que requiere del conocimiento de los elementos técnicos del medio, de dirección y de sensibilidad artística.

Mijail Minkov en *Radioperiodismo* explica:

> En el trabajo del radioperiodismo existen aparte del significado del tema tratado y del contenido de la información, otros rasgos distintivos

que se derivan del hecho de que la información radiofónica es "el drama de la realidad" y de la naturaleza específica de la comunicación radiofónica que sólo puede lograr el debido grado de eficiencia si tiene en cuenta estas características. La capacidad de invención y de movilización de recursos son dos propiedades indispensables de todo autor de un "guion" radiofónico (14).

Los guiones (15) se estructuran en cinco partes:

1. **Presentación.**
2. **Introducción.**
3. **Cuerpo: argumentos, sucesos o escenas.**
4. **Conclusión o parte final.**
5. **Despedida.**

Con la **presentación,** se informa al oyente sobre el tipo de transmisión que va a escuchar. Se identifica el espacio radial con un tema musical que siempre debe ser el mismo. En el *guion* son muy importantes la *introducción* y las *conclusiones*: ambas tienen que acaparar la *atención* e impactar al oyente.

La *presentación* en la radio dura unos segundos. Se ofrecen los títulos al inicio, los cuales se pueden también repetir al final del espacio informativo. La *presentación* cumple dos objetivos fundamentales:

a) Hacer conocer al oyente de las noticias más importantes que se ofrecerán.
b) Atraer y retener la *atención* del oyente.

En el *cuerpo*, se desarrollan los hechos, sucesos, argumentos, presentados en forma artística e interesante. La *conclusión* ofrece las valoraciones finales y argumentos generales de lo expuesto. La *despedida* tiene similares características a la *presentación*: el mismo tema musical. En la *despedida*, se ofrecen los nombres de las personas que intervienen en el programa.

El elemento distintivo del **libreto** radica en la unidad de un conjunto en desarrollo dramático creativo. No es un guion de asuntos diversos como el *guion simple*, ni un conjunto de elementos variados dependiendo de un tema central como el *guion complejo*, sino un todo en sí mismo de alto valor literario y técnico con una estructura compleja. El *libreto* se utiliza siempre en programas dramáticos o con dramatizaciones. Es más complejo que los guiones.

Los **esquemas de grabación** presentan lo que se quiere decir, del modo en que se ha de hacer y en el momento en que hay que hacerlo: **qué, cómo,** y **cuándo.** Debe ser fácil de interpretar al ofrecer:

—

- **Rápida localización**: Indicaciones en mayúsculas para agilizar la comprensión y lectura.
- **Claridad, concisión:** Con el menor número de palabras y conceptos precisos, se ofrecen las informaciones: *¿Qué se quiere? ¿Cómo? y ¿Cuándo?*
- **Limpieza y márgenes:** Indicaciones separadas y claras de lo que debe hacer el Control y las interpretaciones de los narradores y locutores. Espacios amplios que permitan la rápida interpretación del guion y las acotaciones.
- **Orden:** Poner las indicaciones siempre antes de que el hecho suceda.

Los **esquemas de grabación** presentan dos o tres columnas verticales. En el margen izquierdo aparece la referencia de los que intervendrán: CONTROL, OPERADOR, NARRADOR, LOCUTOR, ACTOR, PERIODISTA, siempre en mayúscula. Seguidamente aparecen las INSTRUCCIONES AL CONTROL, en las que se utilizan letras mayúsculas o indistintamente, mayúsculas y minúsculas entre barras / /, paréntesis ( ) o guiones—. Se pone una sola indicación por línea. Cada nueva indicación anula la anterior.

En el siguiente bloque o columna, se dan los *parlamentos*, las *réplicas*. Las instrucciones a los locutores se presentan en mayúsculas y entre paréntesis. En el *guion* aparecen las acotaciones, que son las indicaciones deseadas que el autor pone fuera de los diálogos, para indicar la interpretación, la música, efectos sonoros, matices sentimentales o emocionales, inflexiones de la voz. Los parlamentos se escriben de acuerdo con las normas generales de la ortografía.

OPERADOR: (SUBE MÚSICA A PRIMER PLANO—4 seg.-BAJA A FONDO).

NARRADOR: (RESONANCIA) Estaban cerca de los objetivos propuestos. (CON INTENSIDAD) Pero no se esperaban la macabra sorpresa . . .

Se deja doble espacio entre las instrucciones al CONTROL y las instrucciones y parlamentos de los narradores y locutores. Las indicaciones para el CONTROL se ofrecen en el orden en que se requieren. Responden a las preguntas: *¿Qué es lo que debe hacer? ¿Desde dónde? ¿De qué manera ha de integrarse el elemento sonoro?*

Existen diferentes tipos de acotaciones:

- Las **abreviaturas,** que indican la entrada de cada uno de los locutores o de las personas que intervienen en el programa. Se escriben en mayúsculas en el margen izquierdo.

- **Instrucciones sobre la música, los efectos sonoros y electrónicos.** Se ponen en mayúsculas y entre paréntesis. Comienzan desde el margen izquierdo. Se indican los planos, disolvencias, *cross fade, fade in, fade out, resonancia, eco,* entre otros efectos.
- **Instrucciones sobre el ritmo, tiempo, intensidad, emoción, sentimiento, inflexión en los diálogos.** Entre paréntesis y en mayúsculas.

Se escribe el texto a una distancia de unos 10 a 15 espacios tipográficos del margen izquierdo de donde se comienza a escribir. Se puede registrar el tiempo de la música o de los efectos entre dos guiones. Se indica cómo comienza y termina el efecto:

(CORTE MUSICAL—4 seg.—DISUELVE).

¿Cómo escribir para ser oído?

Hay que oír lo que se escribe para lograr una exposición fluida. Se precisa:

- Cómo se quiere decir.
- Organizar los elementos sonoros en un orden lógico.
- Comenzar con algo informativo e interesante,
- Utilizar un estilo coloquial que ofrezca la idea de que se habla con el oyente.

Al escribir se emplea un lenguaje conversacional. El oyente debe sentir que se está hablando con él, no que se está leyendo para él. La relación con el oyente es de igual a igual, no de superioridad o inferioridad. Debe percibirse la sinceridad y la fraternidad.

Mijail Minkov expone:

Al analizar la esencia de la labor periodística en la radio, podemos afirmar que el radioperiodismo es una combinación de la actividad del periodista, el artista, el técnico, quienes juntos se valen de determinados métodos acústicos para reflejar la realidad objeto de la información, y se sirve para tales fines, ante todo, de:

- Las posibilidades que ofrece la voz humana y el habla en el campo del género específico de la información radial.

- La cobertura acústica de un determinado acontecimiento o fenómeno, el testimonio de una acción o evento, en el cual les ayuda el papel que puede desempeñar el ruido natural que acompaña el evento descrito.

- La ilusión de participación lograda por medio de la técnica radiofónica conjugada con la de la técnica radioperiodística, y el efecto sicológico que tal ilusión tiene sobre el oyente.

- El impacto emocional y la tensión sicológica lograda mediante una amplia gama de oportunidades de expresión que ofrece el habla, la capacidad imitativa del sonido, los efectos acústicos y la técnica del montaje artístico (16).

5.3. Los géneros periodísticos.

Los programas informativos se enriquecen al emplear diferentes géneros periodísticos los cuales permiten ofrecer una gran variedad en la realización y contenido del programa. Existen diferentes denominaciones de los géneros periodísticos (17). Los principales son: *información, entrevista, crónica, comentario y reportaje*. El periodista dedicado a la radio tiene muchas posibilidades de creación y dispone de un amplio arsenal para su realización: el *universo sonoro*. Con los géneros, si conjuga con sabiduría y gusto las palabras, música y efectos sonoros, forma una película mental en la imaginación del oyente. Mijail Minkov explica:

> Un análisis más amplio de todas las subespecies típicas de los géneros del radioperiodismo, desde la simple información noticiosa hasta las obras de composición compleja y de carácter documental, nos revelarán que todos estos géneros comprenden un **elemento dramático.**
>
> A cada paso detectaremos puntos de contacto o incluso de *fusión entre el radioperiodismo y el drama.* Los descubriremos ya en la existencia de una máxima individualidad del habla radiofónica, en el comentario, en la entrevista, en el reportaje, la cobertura en vivo de un acontecimiento, o en cualquier otra esfera de la labor noticiosa radiofónica. Este entrelazamiento es precisamente, **la esencia del moderno radiorreportaje,** en el que se funden las más rigurosas reglas de la información y el arte de producir un *impacto dramático* en el público (18).

5.3.1. La información.

La estructura de la *información* en la radio no es la misma que la empleada en los medios impresos. La clásica pirámide invertida, que va desde el punto de mayor interés al de menor importancia, no es la estructura que necesita el medio radial. Una *información* radial no debe exceder, aproximadamente, de las 20 líneas, o sea, cuatro párrafos.

El oyente de nuestro tiempo aprecia la rapidez de la información. Asimismo, pide una información interesante, de actualidad y de carácter radiofónico. Antes de difundir una noticia o un programa noticioso, el radioperiodista se planteará:

- ¿Se vincula esta información con alguna necesidad del público?
- ¿Se corresponde con los intereses sociales? ¿Tiene valor? ¿Ayuda a orientar la actividad y actitudes del público de cara a la realidad circundante?
- ¿Contiene algo nuevo? ¿Arroja una nueva luz sobre los eventos?
- ¿Está el contenido de la noticia y la manera de su presentación en armonía con las posibilidades de asimilación de que dispone el público?
- ¿Se aprovecha en esta información, en un grado suficiente, toda la gama de posibilidades lingüísticas y estilísticas que ofrece el radioperiodismo? ¿Es la información lo suficientemente clara y comprensible?
  Una respuesta negativa a cualquiera de estas preguntas significa que nuestra noticia no es apta para su difusión por la radio **(19)**.

Una de las características de la radio es que el oyente se puede incorporar a la audición del espacio en cualquier momento, aun cuando la información lleve varios segundos en el aire. Si se emplea la pirámide invertida se corre el riesgo de que se escuche la información cuando ya se ha dicho lo más importante, y el oyente la reciba incompleta. Por otra parte, el radioescucha está inmerso en un mundo de sonidos que claman por su atención. La noticia en la radio necesita una estructura diferente a la de la pirámide invertida. Puede estar dividida en **introducción, cuerpo, cierre**.

En la **introducción,** se responde a dos o tres de las preguntas clásicas (*quién-qué, qué-quién*). Debe ser lo más breve posible para captar la atención del oyente. En el periodismo impreso, la técnica de la introducción (*lead*) tiene capital importancia para el ordenamiento de los valores de la noticia y por la variedad que permite dar al primer párrafo de las noticias. En la redacción informativa para la radio, la *introducción* es fundamental (no excederá de 25 a 30 palabras), con el objetivo de:

- Presentar el hecho.
- Interesar a los oyentes.
- Abreviar y condensar lo esencial.
- Ordenar completa y adecuadamente una noticia.

- Permitir la valoración y decisión inmediata sobre la importancia de la noticia.

Actualmente, las noticias para la radio tienden a no contestar las cinco clásicas preguntas: *Quién, qué, cuándo, dónde* y *por qué,* sino que utilizan algunas de ellas, de dos a cuatro. La valoración de la entrada depende de la correcta selección del hecho y de sus aspectos de mayor importancia.

Las combinaciones *qué-quién* o *quién-qué-cuándo* y *dónde-qué* o *dónde-qué-quién* son las más utilizadas en la introducción de las noticias radiales. La *estructura fundamental* que adopta la *entrada* de la noticia radial responde a la acción de *qué,* incorporándole a éste los elementos básicos de la persona: *quién* y el lugar *dónde.* Se puede adicionar el *cuándo,* para reforzar el valor de actualidad al ponerlo de manifiesto.

El *qué* es la esencia del hecho noticioso. Expone la acción principal del suceso. La entrada con *qué* se emplea preferentemente cuando:

a) Es fundamental un hecho, sus consecuencias y repercusiones.
b) Es básico un suceso, proyecto o plan.
c) Es importante una cita de una declaración o determinados acontecimientos.

Aparecen gran cantidad de entradas con *quién.* Es particularmente importante, pues son las personas quienes hacen las noticias. Esta *introducción* de la información se emplea si la importancia de la noticia se encuentra en:

a) Alguien muy conocido.
b) Actividades o declaraciones de personas muy prominentes.
c) Cantidad de personas implicadas en un suceso o situación.
d) Colectivo, organización que provoca el hecho noticioso.

Las oraciones aseverativas de *quién* más *qué* ofrecen un fácil patrón gramatical para la comprensión del oyente. El *cuándo* garantiza la actualidad de la noticia y el *dónde* orienta geográficamente al radioyente. El *por qué* se responde en la *introducción* de la noticia cuando es el motivo del hecho noticioso. Generalmente, en el cuerpo de la noticia se desarrolla el *por qué* y el *cómo.*

Para evitar el esquematismo, el periodista radial busca constantemente nuevas entradas. Con las interrogantes que sirven para la organización del primer párrafo de la noticia, se buscan fórmulas interesantes, variadas y originales, con el objetivo de imprimirle novedad a los sucesos que se ofrecen y servir de gancho para captar la atención del oyente.

En veintisiete minutos, un noticiero de radio ofrece brevemente al radioescucha la mayoría de las informaciones o las de más importancia que han llegado a la redacción. En algunos noticieros se escriben en papeles de 8 ½ por 5 pulgadas. Se redacta un párrafo de unas cuatro líneas aproximadamente. La lectura de cuatro de estos párrafos se ofrece en un minuto de duración.

El **cuerpo** de la noticia explica con mayor profundidad los datos ofrecidos en la *introducción*, y en especial responde al *cómo* y al *por qué* de la noticia con un lenguaje ameno y directo.

En el **cierre**, se reiteran los hechos o los elementos fundamentales, relacionándolos con otros importantes que no se habían divulgado. En el párrafo final se recogen los aspectos principales que se han ofrecido en la *introducción* y en el cuerpo de la información. Si el oyente sintoniza la emisora durante el transcurso de la noticia, puede captar el mensaje completo y correcto.

El *programa informativo* se organiza para que haya coherencia y distribución de los momentos de importancia, ya que se reiteran los aspectos determinantes que aparecen brevemente en la *introducción (lead)*. La reiteración da cohesión y unidad a la información en la radio. La *noticia* debe tener una unidad en sí misma, poseer un ritmo y un balance en todos sus párrafos.

Los hechos esenciales se dan en un corto tiempo, lo cual permite ofrecer la mayor cantidad de información posible para que el oyente tenga una visión general del acontecer nacional e internacional. Se logra con las denominadas *cápsulas informativas*, que son las noticias que se ofrecen en una o dos oraciones.

Existe en las emisoras radiales equipos móviles que permiten buscar nuevas noticias en las calles de la ciudad para transmitirlas en el espacio noticioso. Son informaciones que se ofrecen en "vivo". El escritor cubano Alejo Carpentier explica la preparación de una información con efectos sonoros:

> Este sistema se puede hacer extensivo a una simple noticia periodística. Quiero explicarlo mediante un ejemplo concreto. Tomo al azar, en la tercera plana de *Le Journal* de 29 de julio pasado, este cable: "New York, 28 de julio. El hombre más rico de los Estados Unidos es Mr. Andrés W. Mellon, es Ministro de Hacienda, cuya fortuna se cifra en 2 492 millones, y cuyos ingresos anuales ascienden a más de 60 millones".
>
> He aquí cómo puede desarrollarse radiofónicamente esta noticia simple y escueta:
> Argumento:
>
> 1. Tema de jazz.
> 2. El recitante con voz monótona: "New York, 28 de julio".
> 3. El recitante prosigue separando las sílabas: "se nos anuncia que el

hombre más rico de los Estados Unidos es Mr. Andrés Mellon".
"Mr. Andrés Mellon es Ministro de Hacienda (calla Jazz).

4.   (CON VOZ FUERTE): "Su fortuna se cifra en 2 mil 492 millones". (PLATILLAZO).

5.   Prosigue: "Sus ingresos anuales ascienden a más de . . ."

6.   Música. Se oye el primer compás.

7.   " . . . ¡60 millones . . . !

8.   (PLATILLAZO) Acorde final seco (20).

La *información* con efecto sonoro es una adaptación para los espacios noticiosos radiales de algunos programas. Con la adecuada combinación de los subsistemas (*habla, música y efectos sonoros*) del lenguaje radial, se logran realizaciones inimaginables con la información.

Una información acompañada de efectos sonoros es, en principio, una descripción del evento o su cobertura ilustrada por grabaciones documentales del trasfondo audible y, en la mayoría de los casos, acompañadas por un comentario o una evaluación. Para poder valerse de este método de información, el radioperiodista debe ser capaz de escoger lo más significativo de entre los diversos hechos que conforman el evento; su reacción valorativa al suceso descrito debe ser rápida y acertada, pero también debe dominar a la perfección la técnica del registro, o sea, la grabación . . . , o tener a su disposición grabaciones relativas al evento sobre el que desea informar (21).

Ejemplos de informaciones:

LOC.:   -Geólogos estadounidenses descubrieron extensos yacimientos de minerales en Afganistán que podrían valer hasta un billón de dólares, informó el lunes el vocero del presidente Afgano.

-La prensa norteamericana considera que es suficiente para transformar el empobrecido país en uno de los centros mineros más lucrativos del mundo.

-El diario *The New York Times* reportó la cifra de un billón de dólares y cito a importantes funcionarios estadounidenses que dijeron que los depósitos del mineral en Afganistán tienen más que cualquier reserva conocida con anterioridad.

LOC.: -Los estadounidenses reciben excesiva radiación a través de los escáneres en los aeropuertos, los cables de alta tensión, los teléfonos móviles, los hornos de microondas, pero (TR) la mayor fuente de radiación son los exámenes médicos.

Los estadounidenses reciben la mayor cantidad de radiación con fines médicos en comparación con el resto del mundo, mucho más que otros países desarrollados.

El exceso de radiación incrementa el riesgo de padecer de cáncer. Ese riesgo ha aumentado por el excesivo uso de estudios médicos donde se utilizan las radiaciones.

Las **informaciones de discursos** requieren de un gran poder de síntesis y generalización por parte del periodista. Es difícil resumir en una hoja de papel un *discurso* o una conferencia. Si es un trabajo arduo para el periodista de los medios impresos, mucho más para los del medio radial. Las formas de redactar la *información de los discursos* para la radio son:

a) Una versión escrita resumida en dos o tres minutos por medio de paráfrasis.
b) Citas directas grabadas de los fragmentos más significativos.
c) Se alternan párrafos leídos por el periodista en los cuales se sintetizan partes del discurso con los fragmentos grabados. Este montaje rompe con la monotonía de una sola voz.

Las *informaciones de los discursos* ofrecen un resumen de las ideas más importantes. No se emplean ni el orden cronológico ni la pirámide invertida. Para la valoración de los aspectos de mayor importancia se tiene en cuenta:

- La ocasión (Oportunidad en que el discurso se pronuncia).
- Tema y objetivo (Propósito del discurso).
- Puntos de importancia, argumentación.
- Acontecimientos inesperados.
- Conclusiones.

El periodista agrupa los temas y aspectos comunes. Escoge los de más relevancia y los organiza en una forma lógica y jerárquica. La *introducción* de la información del discurso destaca algo sustancial de lo dicho por el orador.

Algunas reglas de redacción de los discursos en el medio radial son:

a) Usar sinónimos de la palabra *discurso*.
b) No emplear comienzos con poco impacto, aunque estén formalmente correctos.
c) Evitar la palabra *dijo*.
d) Tener presente la prominencia del orador.
e) Destacar el dominio o autoridad acerca del tema tratado y los aspectos abordados en el discurso.
f) Observar la actualidad de las declaraciones formuladas en lo que concierne al marco de la vida social; la trascendencia que se deriva del discurso y cómo afecta o beneficia a determinado grupo de personas.

El periodista trabaja con el operador de audio de la emisora para seleccionar de la grabación los fragmentos de mayor relevancia, los cuales son editados y grabados aparte en el orden en que se emplearán. Después, redacta los textos que serán leídos. Confecciona un *guion* para la *edición final* de la información.

Las ventajas de las citas indirectas son:

a) Los párrafos muy largos y complicados pueden ser condensados y sintetizados.
b) El periodista puede dar más informaciones con menos espacio.

Hay que repetir el nombre del orador en diferentes momentos de la información. Para lograrlo, el periodista recurre a distintas alternativas, tales como, mencionar el nombre del orador o sus cargos. En la inserción de las citas directas, emplea diferentes sinónimos: *añadió, destacó, argumentó*.

Ejemplo información de una conferencia:

OPERADOR: (TEMA MUSICAL—4 seg.-BAJA A FONDO).

PERIODISTA: -(RR) Reacción del cerebro a la comida influye en la obesidad.

OPERADOR (SUBE TEMA—3 seg.—BAJA A FONDO).

PERIODISTA: -El Doctor Eric Stice, Científico del Instituto de Oregón en su Conferencia sobre el Cerebro y la Insuficiente Gratificación, explicó que las personas puede comer en exceso para compensarlo. Al respecto destacó:

OPERADOR:	(ENTRA GRABACIÓN EN: " . . . Mientras más lenta sea la respuesta al sabor, hay mas probabilidades . . ."
TERMINA:	" . . . los que tienen un gen que hace que el factor de goce del cerebro sea más lento".
PERIODISTA:	-El Doctor Eric añadió que una dieta saludable y el ejercicio son los principales factores que impiden el sobrepeso, pero que los científicos saben que la genética también es importante y una pieza clave del proceso puede ser la **dopamina**, un compuesto químico que determina la respuesta del placer.
OPERADOR:	(ENTRA GRABACIÓN: " . . . El comer puede elevar momentáneamente los niveles de **dopamina**, estudios han demostrado que los obesos . . ." TERMINA GRABACIÓN: . . . está relacionada con un bajo número de receptores".
PERIODISTA:	-El Científico del Instituto de Oregón argumentó que la lectura de las ondas cerebrales demuestra que una región clave, el **estratio** dorsal, centro de placer rico en **dopamina**, entraba en actividad cuando se ingiere algo deseado como muy placentero. -Finalmente, precisó que esa región era menos activa en los obesos que en las personas delgadas. El cerebro que no siente la gratificación con los alimentos, propicia que las personas coman en exceso.
OPERADOR:	(TEMA MUSICAL Y BAJA A FONDO).

5.3.2. La entrevista.

Uno de los géneros más empleado en el periodismo radial es la **entrevista**. En el medio radial, la *entrevista* es diferente a la que se realiza para la prensa escrita. Con ella, el noticiero radial tiene uno de los mejores géneros para ofrecer, en la voz de los protagonistas de la noticia, una información de primera mano.

Con la *entrevista*, se persigue informar al público sobre lo que dice de sí misma la persona entrevistada o lo que puede expresar por su autoridad o conocimientos sobre un hecho o un suceso. Se crea la impresión de que el entrevistado dialoga con el público. Las funciones son obtener e intercambiar información, establecer una idea o un criterio, dar un testimonio sobre cualquier aspecto de la realidad, aclarar y/o profundizar en un asunto.

Mauro Rodríguez **clasifica las entrevistas** en:—*Individual: informativa, biográfica o de personalidad,*—*Colectiva: conferencias, simposios y encuestas* (22). En las *entrevistas colectivas* también se incluyen las *mesas redondas, debates, sondeos y coloquios*. La *entrevista colectiva* es la opinión de grupos de personas que añaden una nueva dimensión sobre lo que se cuestiona.

Para las *entrevistas colectivas* se emplean grabadoras portátiles. El reportero en la calle hace una o dos preguntas específicas de un aspecto de actualidad. Las opiniones y los argumentos se editan posteriormente. El objetivo principal es presentar la opinión pública del grupo de personas seleccionadas como una muestra. Con ella no se agota el tema, tampoco representa una encuesta estadística.

Este tipo de trabajo puede realizarse para una revista informativa. Se escoge el sitio adecuado donde se puede grabar en forma inteligible, por lo que se evitan los lugares ruidosos por el número de público, tráfico, trenes, música.

Las *entrevistas con equipos móviles* añaden variedad y agilidad a la programación de los espacios informativos. Se hace en la calle, fábrica, centro de trabajo. Se realizan dos o tres preguntas de actualidad a diferentes personas relacionadas por un aspecto común: estudiantes, trabajadores, o relacionados por la profesión, edad, sexo, afición común o a un grupo heterogéneo.

José Antonio Benítez en su libro *Técnica Periodística* (23) explica que la *entrevista* para la radio tiene las siguientes ventajas:

- La simultaneidad con el hecho.
- El tono, la intensidad, el matiz vocal, los cuales provocan interés y comunican las ideas con más fuerza persuasiva.
- Los efectos de sonido que proporcionan un recurso de gran valor ambiental.

Las *entrevistas* dependen de factores tan diversos como el motivo del diálogo, el programa, las condiciones del personaje, el tiempo de duración, las circunstancias técnicas y ambientales; además de la habilidad y preparación profesional del periodista. Mijail Minkov expone que la *entrevista radiofónica* se emplea con frecuencia para:

a) Llamar la atención de los oyentes a un tema (. . .) de actualidad o esclarecer algunos de sus aspectos.
b) Proporcionar información auténtica obtenida de una fuente competente.
c) Acercar al oyente una personalidad popular.
d) Ofrecer información sobre un acontecimiento por medio de personas que han participado o que están detrás de ese acontecimiento.

e) Proporcionar al público un comentario acerca de un acontecimiento reciente, un documento que acaba de ser publicado, por medio de preguntas pertinentes a una persona competente o a un experto en la materia (24).

El **procedimiento para la entrevista** es:

El reportero tiene que efectuar una **preparación previa** antes de realizar una entrevista. **Determina** la noticia deseada. **Se documenta** por medio de la *bibliografía activa y pasiva,* las *fuentes vivas*: personas con experiencias o información sobre el tema. **Selecciona a la persona** que va a entrevistar. **Busca información sobre su biografía**, posición política, social, económica, gustos, familia, amistades. **Establece el contacto. Acuerda y fija la fecha** de la entrevista.

El periodista confecciona una **guía** o **cuestionario** donde plasma los aspectos más importantes, objetivos de la entrevista y las preguntas cuyas respuestas satisfagan la necesidad pública de información. Las preguntas son breves, concretas y se corresponden con el nivel cultural del entrevistado.

El *cuestionario* se puede entregar con antelación al que va a ser entrevistado. Esto es aconsejable, fundamentalmente, para personas que ocupan altos cargos en el gobierno o en la economía, ya que sus respuestas van a ser publicadas y deben ser cuidadosamente analizadas (25). Una vez en posesión de la *guía* o *cuestionario*, con el objetivo claro, el periodista provisto de una grabadora procede a ejecutar.

Durante la grabación, el periodista llega puntualmente al lugar convenido con su grabadora preparada. De antemano, conoce el nombre y el apellido del entrevistado, su posición social, política y económica. Cuando llega se presenta, le dice cómo se llama y la emisora para la cual trabaja.

Al comenzar a grabar, hace una breve presentación, identifica al entrevistado y menciona el objetivo de la entrevista. Comienza la entrevista con preguntas y respuestas en forma de conversación y trata de que ésta siga un curso lógico para que gane en interés informativo.

El entrevistador debe **conducirse** con paciencia y modestia. Crea un ambiente afectuoso para que el entrevistado se sienta bien y en disposición de brindar la más amplia información posible. Graba las voces y los sonidos de fondo para que ambienten la entrevista. Trata de motivar y de vencer ciertas limitaciones psicológicas de tiempo o lugar con una actitud correcta y respetuosa. El periodista enfatiza en los objetivos de la entrevista.

(. . .) un reportero que es capaz de hacer con éxito una entrevista debe poseer las siguientes características básicas: a) conocimiento del campo abarcado por la entrevista; b) amplia educación general; c) conocimiento previo del entrevistado; d) buena manera de abordar el tema con tacto; e) respeto hacia el entrevistado e interés de escucharle; f) abstenerse de moralizar; g) impersonalidad . . . **(26)**.

El periodista evita en todo momento adoptar una posición de experto en el tema, de psicólogo o filósofo. Cumple su función que es la de escuchar y grabar la mayor cantidad de información. Sólo interrumpe o interviene para guiar la conversación de acuerdo con los objetivos, o para motivar nuevas respuestas de interés. El reportero tiene siempre presente que es un nexo activo entre el entrevistado y el público. Evita hablar más de lo necesario.

Si en la declaración del entrevistado surge un aspecto de interés general, le pide que abunde sobre él o que exprese sus conceptos en forma más clara. Observa y anota cómo se expresa, sus gestos característicos, ya que pueden servir para crear una percepción más completa al ofrecer algunos de estos detalles al oyente.

Existen casos de personas a las cuales hay que guiar hacia el objetivo central de la entrevista porque son muy profusas en sus palabras e ideas, por lo que se pierden del tema central. Con otras ocurre lo contrario, son las que ofrecen monosílabos como respuestas o las que responden con las mismas palabras del periodista. En ambos casos, se pone a prueba la capacidad técnica del periodista en el arte de interrogar.

En el primer caso, se conduce con tacto al entrevistado hacia el objetivo planeado. En el segundo, antes de efectuar la grabación, se sostiene una breve conversación para que el entrevistado adquiera seguridad y pueda relacionar y organizar sus ideas.

El periodista sabe que la construcción de algunas de sus preguntas lleva a respuestas monosilábicas de *si* o *no*. Las preguntas que exigen respuestas más extensas con argumentación, generalmente se introducen con los pronombres *¿por qué?*, *¿cómo?*, *¿cuál?*, *¿qué?*, *¿quién?*

Durante la grabación, la calidad sonora puede ser de pobre a regular si el micrófono se sitúa a la altura de la cintura. Al nivel del hombro, la calidad de recepción será de regular a buena. Moviendo el micrófono de una persona a otra, acercándolo de 10 a 20 centímetros de la boca, ofrecerá la mejor calidad para la grabación. Un micrófono omnidireccional necesita estar cerca de la boca, ya que a la altura de la cintura ofrece una grabación pobre.

El periodista mantiene una misma distancia entre la boca del entrevistado y la de él con respecto al micrófono. Identifica la grabación y hace las preguntas: *¿Cuál es su trabajo?*, y después: *¿Qué opinión tiene sobre . . . ?*

En la **emisora**, de las 10 ó 20 grabaciones que se han hecho, edita unos cinco a ocho minutos. Desecha las partes donde se encuentran balbuceos, contradicciones, elementos de escaso valor informativo. Selecciona las opiniones mejor expresadas y las agrupa por temas para posteriormente hacer el **montaje.** Elimina las imprecisiones, el exceso de palabras; selecciona las mejores ideas y las organiza en un orden adecuado para mantener el interés. Busca la espontaneidad, la variedad y la amenidad. Alterna las voces de hombres con las de las mujeres o los de una edad más avanzada con otras de menos edad. Corta las repeticiones. Busca un buen comienzo y un buen final.

Algunos periodistas recomiendan comenzar la entrevista por la parte más importante, o dejar esta para el final. Es mejor ubicar un aspecto de impacto al inicio para que sirva de atracción de la atención, y terminar con otras partes también de importancia. Así se mantiene el interés y se equilibra el nivel de atención en el transcurso del programa.

Los datos físicos del entrevistado no son imprescindibles, aunque en ocasiones ayudan, le dan belleza al mensaje y logran una mayor visualización por parte del oyente. La sinceridad del entrevistado le infunde vida a lo que habla. Si es una autoridad en el tema, ofrece mayor fuerza y credibilidad lo que dice. La buena distribución del contenido en el transcurso de la entrevista la hace agradable e interesante. Es crucial la búsqueda de otros datos complementarios mediante los cuales se logre un conocimiento más profundo del tema y permita una mejor redacción.

Antes del *montaje* **de la entrevista,** el periodista determina cómo será la **introducción, el cuerpo** y el **cierre**. Distribuye los elementos psicológicos para mantener el interés del oyente. Redacta y organiza los datos de acuerdo con la mayor o menor importancia.

La *introducción* de la **entrevista** debe ser atractiva para captar la atención; Pueden ser:

- Sumaria o un resumen.
- De cita directa.
- Afirmaciones, opiniones.

El **montaje** es un momento culminante en el cuerpo de la entrevista. Con todo el material acumulado, se procede a su organización. Hay que elaborar un borrador, al que se le suprimen o adicionan elementos. Los *montaje*s más empleados son:

1. Lineal o cronológico.
2. Dramatúrgico.

El *lineal* tiene el orden lógico de la conversación sostenida en forma cronológica como ha ido sucediendo, sin alteraciones en el tiempo (*retrospectivas*). Este *montaje* es muy utilizado y la fuerza de expresión recae en los elementos estilísticos empleados en la propia conversación, la cual debe ser amena para poder mantener el interés desde la *introducción* hasta el final.

El *montaje dramatúrgico* no es lineal. Se altera el marco temporal de la acción, sin que pierda coherencia la narración. Se organiza de acuerdo con la importancia de los parlamentos. Este tipo de montaje ofrece aspectos episódicos relacionados con la idea central para enriquecer la información al ofrecer retrospectivas o anticipar noticias. Se emplean matices de *progresión dramática* a través de la curiosidad y expectativa, creadas en el oyente, por conocer lo que se dirá a continuación. Se tiene en cuenta el *ritmo*.

La organización de las partes más importantes de la entrevista grabadas y de las partes que introduce el periodista, requieren de una concepción informativo-estética para que sea llamativa y el interés no se pierda. El acabado estético que se le puede dar, con los efectos sonoros y la música, deben mover los procesos afectivos del oyente. Los *títulos* son el gancho que capta inicialmente la atención, por lo tanto, deben ser novedosos, creativos, informativos, de cita directa, entre otros. El *cierre* debe ser atractivo y novedoso, al igual que la *introducción*.

Entrevista no. 1.

ENRIQUE L.:   -Bueno, uno se siente muy orgulloso, desde luego, ser el mejor en su profesión. Uno de los mejores trabajadores de la empresa, es un orgullo para cualquiera.

OPERADOR: (TEMA MUSICAL Y BAJA A FONDO).

NARRADOR: (RR) Gente como tú.

OPERADOR: (SUBE TEMA MUSICAL Y SE PIERDE).

NARRADOR: -La provincia Guantánamo es la mayor productora de café de Cuba . . . Maisí, uno de sus municipios, es el que más cantidad recoge . . . Sin embargo, el de Yateras, es el que más contribuye a la exportación . . . Precisamente allí trabaja el mejor recogedor del país, Enrique Lago.

OPERADOR: (MÚSICA ALEGRE AGRADABLE).

NARRADOR: (RR) El hombre de los cafetales.

OPERADOR: (SUBE BREVEMENTE Y SE MANTIENE A FONDO).

NARRADOR: -Fue un día de julio, cayendo la noche, que me encontré con Enrique Lago . . . El venía de hacer un recorrido por las montañas, para cerciorarse de cómo estaban las condiciones de los cafetales para el comienza de la zafra . . . El encuentro fue al lado del río Guayabal y cerca de la carretera que va para Palenque, lugar donde nació y vive Enrique Lago . . . Cuando lo abordé se sorprendió, pero se mostró colaborador a pesar de su timidez.

OPERADOR: (MÚSICA SE PIERDE EN FADE OUT).

—

PERIODISTA: -¿Cuántas horas trabaja usted al día? . . .

ENRIQUE L.:   -Bueno, yo trabajo el día entero . . . Empiezo a las cinco de la mañana y luego suelto a las cuatro o las cinco de la tarde. El día entero yo trabajo.

PERIODISTA   -O sea, que trabaja doce horas . . .

ENRIQUE L.:   -Si, si, doce horas . . .

PERIODISTA: -Usted me dice que va a las cinco de la mañana y regresa a las cinco de la tarde . . . A las cinco de la mañana todavía está oscuro, ¿puede recoger café así a oscuras? . . .

ENRIQUE L.:   -No, luego está oscurito y esperamos un ratico hasta que se vea el primer grano . . . Cuando vemos el primer grano le echamos la zarpa encima.

OPERADOR: (EFECTO DE CAMPO. ENTRA PRIMER PLANO Y BAJA A FONDO).

ENTRA GRABACIÓN DE ENRIQUE L.: "Lo primero que hacemos . . ."

TERMINA EN: " . . . espero que este año sea mejor".

OPERADOR: (SUBE EFECTO DE CAMPO Y BAJA A FONDO).

PERIODISTA: Nos despedimos con un estrechón de manos. Miré cómo se alejaba y entraba en el cafetal para iniciar su faena.

OPERADOR: (MÚSICA A PRIMER PLANO Y DISUELVE.)

Entrevista (27) No. 2.

OPERADOR: (MÚSICA QUE DE IDEA DE VIAJE EN EL TIEMPO. BAJA A FONDO)

LOC.:   -(RR) Entrevista histórica: Diógenes y la revolución.

OPERADOR: (SUBE MÚSICA Y BAJA A FONDO).

LOC.:   -Escrito por, Luis Aguilar León, uno de los más brillantes intelectuales cubanos. Adaptada para el medio radial.

OPERADOR: (SUBE MÚSICA Y SE PIERDE).

LOC.:   -Cuentan que un día Diógenes, aquel filósofo griego, cuyo amor a la verdad hizo que los hipócritas lo llamaran *El Cínico*, fue interrumpido en sus meditaciones por dos policías del tirano Pisístrato, quien en aquella época tiranizaba a Atenas.

OPERADOR: (MURMULLO DE PERSONAS. BAJA A FONDO).

LOC.:   -Uno de los policías de Atenas le ordenó que limpiara la calle frente a su famoso tonel.

Diógenes expresó:

DIÓGENES: -(RR) No lo haré. La suciedad de las calles son un reflejo de la tiranía que impera en Atenas.

OPERADOR: (CORTE MUSICAL. IRÓNICO.DISUELVE).

LOC.: -Fue arrestado por revolucionario y proimperialista. Días más tarde, un levantamiento derribó al gobernante Pisístrato. Diógenes fue liberado. El nuevo líder Aristarco que encabezaba ahora el gobierno planteaba que iba a resolver todos los problemas del pueblo. Aristarco lo mandó a buscar. Frente a Aristarco, Diógenes preguntó:

DIÓGENES: -¿Cuáles son tus méritos para llegar al poder?

LOC.: -Aristarco respondió:

ARISTARCO: -Ser un verdadero revolucionario.

DIÓGENES: -(RR) Bien vago es el título para tamaña empresa. Pero no me sorprende. Siempre me he percatado que los ciudadanos no les permiten a nadie construir casas, si no es un arquitecto o curar, si no es un médico; sin embargo, a los que van a decidir los asuntos del estado, a los políticos, no se les exige preparación alguna. (CON INTENSIDAD) Así que la política es siempre improvisación.

OPERADOR: (CORTE MUSICAL PARA LLAMAR LA ATENCIÓN)

LOC.: -Aristarco le ofreció una alta posición en el nuevo gobierno. Pero Diógenes no la aceptó, expresó que a él sólo le interesaba la verdad. Aristarco argumentó:

ARISTARCO: -Pero tu eres un revolucionario. Tú te opusiste a Pisístrato el anterior gobernante y estuviste en prisión.

DIÓGENES: -Yo no me opuse a Pisístrato, me opuse y me opongo a la **tiranía** cualquiera que sea su nombre.

LOC.: -Para conocer las características del nuevo gobierno. Diógenes preguntó:

DIÓGENES (RESONANCIA) ¿Vas a permitir que la parte noble del pueblo o cualquier grupo de ciudadanos te critique cuando te equivoques?

ARISTARCO: -(VOZ NERVIOSA) . . . Hasta cierto punto . . . Hay muchos enemigos del pueblo y . . .
(TONO AUTORITARIO) no se puede permitir que con mentiras engañen y confundan al pueblo. En esencia, **todo con la revolución y nada contra la revolución**.

DIÓGENES: -Ya veo, (CON SARCASMO) para ti el pueblo es la parte del pueblo que piensa como tú.

LOC.: -Aristarco, con actitud autoritaria y enojo, se levantó y dio por terminada la entrevista.

OPERADOR: (PASOS APRESURADOS CON IRA. ALGO QUE CAE AL SUELO. MÚSICA TRANSICIÓN. AHORA PASOS PAUSADOS QUE SE ALEJAN).

LOC.: -Camino a su tonel. Diógenes vio que los soldados tenían ropas de diferente color, pero portaban las mismas armas. Observó que los SIMPATIZANTES de Aristarco ocupaban las casas de los partidarios del antiguo gobierno derrocado y otros saqueaban en nombre del nuevo gobierno y del pueblo.

OPERADOR: (MÚSICA QUE DE IDEA DE PASO DEL TIEMPO. PASOS FIRMES DE SOLDADO QUE SE ACERCAN)

LOC.: -Días más tarde, dos guardias fueron a visitar a Diógenes.

OPERADOR: (PASOS. MURMULLO DE PERSONAS. BAJA A FONDO).

GUARDIA: -Diógenes, tienes que participar en el trabajo voluntario.

DIÓGENES: -Si es voluntario, es mi voluntad ir o no. ¿Por qué me lo exige la autoridad?

¿Qué pasa si mi voluntad es no ir?

OPERADOR: (SONIDO ELECTRIZANTE).

LOC.: -Los guardias respondieron:

GUARDIA: -(TONO AUTORITARIO) La orden viene de Aristarco, líder del pueblo. Si no obedeces te llevamos preso ahora mismo.

OPERADOR: (MURMULLO DE PERSONAS ASCIENDE EN INTENSIDAD) (SE OYEN ALGUNAS VOCES).

PERSONA.1: -Abusadores no se lo lleven.

PERSONA 2: -Si es voluntario, es su voluntad no ir.

OPERADOR: (SUBE MURMULLO Y CROSS FADE. MEZCLA CON MÚSICA A PRIMER PLANO Y BAJA A FONDO).

LOC.: -Pobre de los pueblos, cuando los tiranos controlan el poder.

OPERADOR: (MÚSICA SUBE A PRIMER PLANO—4 seg.—DISUELVE).

LOC.:
Diógenes: . . .
Aristarco: . . .
Pueblo 1: . . .
Pueblo 2: . . .
Operador: . . .

Locutor: . . .

Entrevista (28) **no. 3.**

OPERADOR:	(TEMA MUSICAL DE PRESENTACIÓN)
PERIODISTA:	-Académico, escritor, amante de la belleza y defensor de la inteligencia, Luis Aguilar León, es uno de los más brillantes intelectuales cubanos de hoy. ¿Cuál es tu mayor miedo?
AGUILAR:	-La guerra apocalíptica hacia adonde vamos.
PERIODISTA:	-¿Cuál es tu viaje favorito?
AGUILAR:	-Poder ir a Grecia y a Turquía.
PERIODISTA:	-¿En qué ocasiones mientes?
AGUILAR:	-Cuando la verdad es dolorosa.
PERIODISTA:	-Rodeado de libros en su casa de Key Biscayne, este profesor emérito de la Universidad de Georgetown, vive a la sombra del legado clásico de Grecia y Roma con la misma intensidad con que participa del acontecer diario. ¿Cuál ha sido tu mayor logro?
AGUILAR:	-Venir a los Estados Unidos sin saber inglés y terminar en las Universidades de Columbia y Georgetown.
PERIODISTA:	¿Cuál es tu más preciada posesión?
AGUILAR:	-Mis cuadros, mis libros, mi música.
PERIODISTA:	-¿Dónde te gustaría vivir?
AGUILAR:	-En Santiago de Cuba.
PERIODISTA:	-¿Cuál es la cualidad que más admiras en el hombre?
AGUILAR:	-La honestidad; en una mujer, que sea admirable. Lo que menos admiro y más me disgusta en los seres humanos el chisme y la grosería.
PERIODISTA:	-Exiliado en 1960, días después de haber escrito un cáustico artículo contra la dictadura comunista de Fidel Castro, Lundi (como le dicen sus amigos) no disimula una de sus mayores contradicciones: su color preferido es el rojo. ¿Qué es lo que más valoras de tus amistades?
AGUILAR:	-La lealtad. Considero una de las mejores virtudes la templanza. Mis héroes en la vida real son los que se sacrifican por el prójimo.
PERIODISTA:	-¿Quiénes son tus creadores favoritos?
AGUILAR:	-William Shakespeare y Miguel de Cervantes.
PERIODISTA:	-¿Cuál es tu lema en la vida? Y ¿Dónde te gustaría morir?
AGUILAR:	-Mi lema es defender los valores humanos . . . Y quisiera morir en paz cerca del mar.
OPERADOR:	(SUBE TEMA MUSICAL Y FADE OUT).

—

Entrevista (29) no. 4.

OPERADOR: (TEMA MUSICAL. BAJA A FONDO)

PERIODISTA: -Existe la tendencia de interpretar las mejillas sonrosadas como un elemento de vida saludable. Sin embargo, cuando este color es consecuencia de pequeños vasos capilares dilatados que enrojecen los pómulos y la nariz, es posible que se trate de un problema de **cuperosis.**

-La **cuperosis** ocurre por falta de elasticidad en las paredes de los capilares. El doctor Oscar Hevia, de Hevia Cosmetic Dermatology explica:

DR. HEVIA: -En la cara, se produce generalmente un efecto de enrojecimiento, pero si se observa la piel, con un lente amplificador, se puede ver que es una acumulación de pequeños vasitos dilatados.

PERIODISTA: -El especialista, Hevia, habla de los factores que determinan la **cuperosis:**

DR. HEVIA: -Hay factores genéticos que promueven su aparición, pero definitivamente el sol y los rayos ultravioletas juegan un papel importante en la dilatación de los vasos. A ellos se le puede sumar el factor de la edad, que acentúa el problema.

PERIODISTA: -Existen tratamientos con productos cosméticos formulados para mejorar la apariencia de los capilares de la cara, pero un paso más adelante es el uso de los diferentes tipos de láser que se enfocan en eliminarlos por **fotoablación.** El Dr. Hevia explica:

DR. HEVIA: -El uso de un tipo de láser se determina por el tipo de vena, su tamaño y color, ya que unas tienden a ser rojizas y otras moradas.

-Entre los láseres indicados para el tratamiento de los capilares de la piel, se puede mencionar el *Pulsed Dye Laser,* que usa un rayo de luz a una intensidad específica para tratar manchas de la piel ocasionadas por vasos capilares dilatados.

PERIODISTA: -Doctor Hevia, gracias por su amabilidad.

DR. HEVIA: -Ha sido un placer.

OPERADOR: (TEMA MUSICAL).

5.3.3. La crónica.

Mauro Rodríguez explica:

> La crónica informativa contiene elementos informativos, y a la vez la impresión general del periodista respecto al hecho tratado. Precisa un lenguaje más literario que la nota informativa, el comentario o la entrevista. Aquí son válidos las metáforas y otros adornos de la expresión, sin abusar ni caer en manifestaciones ridículas.
>
> Este género tiene aplicaciones en descripciones de personas o lugares, viajes, exposiciones de un suceso pasado que adquiere actualidad con los elementos subjetivos introducidos por el periodista. Facilita llevar al aire hechos cotidianos sin una estricta utilización noticiosa, pero de gran interés humano.
>
> La descripción ocupa preferentemente lugar en el estilo de la crónica, bien sea estática respecto al narrador o en el movimiento de éste y dentro del contexto mismo de la situación. Los recursos específicos de la radio son preferentemente aplicables para hacer amena una crónica, para impartir al oyente una vívida visión de conjunto (30).

La crónica es comentario e información. Es un hecho visto a través de la valoración y temperamento de un periodista. Este aspecto de la realidad se relaciona con la percepción, sentimientos, emociones y parámetros estéticos del periodista que la elabora.

La *crónica* es dinámica. Reúne los valores informativos novedosos; lleva un mensaje con elementos artísticos y recursos literarios. El *reportaje* parte de un hecho actual, pero la *crónica* puede estar o no basada en un suceso actual.

El *reportaje* requiere de las vivencias recientes de los hechos; sin embargo, la *crónica* puede tener su punto de partida en algún hecho lejano, el cual el periodista lo relaciona con elementos estéticos y afectivos.

El **estilo** de la *crónica* demanda soltura al escribir. Hay que hacerla interesante, sugestiva, capaz de trasladar al oyente las vivencias del periodista. Muchos temas que parecen de poca importancia pueden presentarse con arte y ser centro de amenas crónicas.

El redactor de *crónicas* escribe de forma sencilla. Tiene gran sensibilidad humana y facilidad para la prosa descriptiva que capte y transmita las vivencias. Una *crónica* bien escrita es un excelente material que, junto a las *informaciones* de carácter general y a otros géneros, da variedad y dinamismo a cualquier *programación informativa*.

La radio brinda al escritor de *crónicas* gran cantidad de recursos sonoros para realizar un trabajo de calidad. Junto a la *entrevista* y al *reportaje*, la *crónica* constituye un género periodístico de inestimable valor dentro de un noticiero radial.

Generalmente se emplea un **montaje** *temático*, teniendo en cuenta los puntos de mayor importancia, los secundarios, los elementos subjetivos y estéticos. Puede hacerse un *montaje* con *progresión dramática* donde se incluyan retrospectivas, causa-efecto, diálogos y elementos de *progresión dramática* a través de la curiosidad por los hechos y descripciones que se presentarán en el transcurso de la exposición del género periodístico. Es enriquecida con una acertada selección musical y efectos sonoros que le den una dimensión superior dentro del medio radial para que llegue con fuerza novedosa a la mente de los radioyentes.

Crónica no. 1.

OPERADOR:	(SUBE MÚSICA. BAJA A FONDO).
LOC.:	(RR)—Un viaje a Grecia.
OPERADOR:	(SUBE MÚSICA. DISUELVE).
LOC.:	-Viajar por medio de los libros es un placer que está al alcance de todos. No es necesario ninguna formalidad ni casi dinero; basta con abrir nuestro libro preferido, y a través de sus páginas y láminas nos trasladamos en el tiempo y en el espacio a la velocidad del pensamiento, que es mucho mayor que la velocidad de la luz.
OPERADOR:	(EFECTO AVIÓN SUPERSÓNICO. BAJA A FONDO).
LOC.:	-Hoy volamos hacia Grecia. Subimos a la colina de la Acrópolis, que es como decir: (RR) "La cuna de la civilización occidental" (FIN RR).
	-En la Acrópolis nos encontramos a un conjunto de gloriosas ruinas de mármoles preciosos, que han sufrido el maltrato del saqueo mercantil y de las inclemencias del tiempo.
OPERADOR:	(EFECTO DE VIENTO. BAJA A FONDO).
LOC.:	-Pero algo permanece en pie para dar fe y testimonio de la gracia y armonía de la creación artística del pueblo griego. Esto es (RR) El Pórtico de las Cariátides … (FIN RR).
	-Está compuesto por seis jovencitas griegas vestidas con sus favorecedores **peplos,** que era la túnica de moda en Atenas. Cuidadosamente peinadas, dejan ver las perfectas formas de sus cuerpos apenas cubiertos por los paños marmóreos …

OPERADOR: (SUBE MÚSICA. BAJA A FONDO).

LOC.: -Las Cariátides, majestuosas, perfectas, soportan sin aparentes esfuerzo el techo del pórtico ... Nadie podía penetrar en ese espacio sagrado que guardaba las cenizas de un rey legendario ... No podía ponerse pie humano sobre las losas del pórtico, ya que las Cariátides velaban el recinto con las armas de su serena belleza.

-Ellas son un conjunto escultórico que producen una extraña emoción por su armonía y proporción ... Y eso que una de las doncellas fue arrebatada del lugar sagrado para adornar una fría sala del museo de Londres.

OPERADOR: (MÚSICA Y DISUELVE).

Crónica (31) no. 2.

OPERADOR: (MÚSICA DE Compay Segundo SOBRE SANTIAGO DE CUBA. BAJA A FONDO).

LOC.: -(RR) Si volviera a una Cuba liberada. (TERMINA RR).

OPERADOR: SUBE MÚSICA. BAJA A FONDO)

PERIODISTA: -Si volviera a una Cuba liberada, no me detendría en La Habana ni a sacudirme el polvo del camino, ni a participar en celebraciones, si es que hay celebraciones. Seguiría el ejemplo de García Lorca. (RR) "Tomaría un coche de aguas negras y me iría a Santiago de Cuba por un túnel de silencio". (FIN RR).

-Me detendría para hincar mi agradecimiento frente a la Caridad del Cobre; trataría de encontrar la tumba de mis padres, a quienes no pude ver jamás, y lloraría calladamente (CON INTENSIDAD) por los años y la crueldad (VOZ TRÉMULA) que no me permitieron verlos cuando estaban enfermos ni aliviarles la tristeza de la última despedida.

OPERADOR: (MÚSICA LUCTUOSA CON PASOS DE HOMBRE QUE CAMINA LENTO. BAJA A FONDO).

PERIODISTA: -Caminaría despacio las calles intrincadas que conozco y venero, dejando correr las manos por las paredes de las casas y edificios que forman la arquitectura de mi recuerdo: el Club San Carlos, la casa del poeta Heredia, el Colegio Dolores, y las que bajan hasta esta bahía que, con Hernán Cortés y Pascual Cervera, señalaron el comienzo y el final del imperio español en América.

OPERADOR: (PASOS LENTOS DE HOMBRE. SUBE PRIMER PLANO. BAJA A FONDO)

PERIODISTA: (RR)—Y continuaría mi lento peregrinar hasta Vista Alegre, donde, por un momento, me imaginaría que es posible soplar el polvo de décadas, para ver de nuevo aquel tropel de muchachos y muchachas que recorrían la Avenida de Manduley, ajenos al fiero huracán dictatorial que iban a dispersarlos por el mundo y hundirlos en tierras extrañas.

OPERADOR: (MÚSICA DE SANTIAGO DE CUBA. SONIDO REMO Y AGUA. BAJA A FONDO).

PERIODISTA: -Tomaría un bote y recorrería la bahía, hoy emponzoñada por inapropiadas fábricas, para que me enseñen cómo van a limpiar las aguas y devolverle al pueblo un rosario de placenteros rincones, (RR) Renté, Punta Gorda, Cayo Smith, La Socapa, Ciudamar . . . (FIN RR).

OPERADOR: (EFECTO DE OLAS DEL MAR Y BRISA SUAVE. PRIMER PLANO Y BAJA A FONDO).

PERIODISTA: -Y treparía al Morro para contemplar por largo rato la enorme silueta de la Sierra Maestra, que pudo haber sido, y no fue, cuna de libertades; y al viejo Mar Caribe que ha visto pasar y hundirse violencias como pasan y se hunden sus olas frente al roquedal del castillo.

OPERADOR: (BRISA SUAVES Y OLAS DE MAR. PRIMER PLANO. BAJA A FONDO).

PERIODISTA: -Me retiraría a una pequeña casa en la Socapa, de cara al mar y a las montañas, donde recibiría a amigos y peregrinos que retornan a la tierra que amaron y tratan de reconstruir lo que el huracán de odio deshizo. Tomaría nota de sus jornadas y sacrificios para recogerlas en un libro.

-(RR) Y todos los atardeceres, frente al mismo horizonte, que conocí de niño, le rogaría a los dioses que no permitiesen jamás que las nubes de resentimiento volvieran a ensombrecer nuestra isla; y que a los habitantes de mi Itaca, mi isla bien amada, también le sea dado el encontrar la paz y bienestar tras su larga y terrible odisea.

OPERADOR: (MÚSICA TEMA SOBRE SANTIAGO DE CUBA. PRIMER PLANO Y BAJA A FONDO).

LOC.: -Es una crónica de Luis Aguilar León, adaptada para el medio radial.

Crónica (32) no. 3.

OPERADOR: (CANCIÓN *"MI VIEJO"* DE PIERO).
LOC.: -(RR) Por el Día de los Padres, el PADRE NUESTRO de la galardonada escritora Daina Chaviano.
OPERADOR: (SUBE CANCIÓN Y BAJA A FONDO).
PERIODISTA: -Padre nuestro que estas en la tierra, dador de nuestra sangre y de nuestras raíces. Padre que sacrificaste tus mejores sueños para regalarnos el pan de cada día. Padre cercano que donaste tu dosis de amor cotidiano, la mano que me sostuvo cuando tropecé en mis primeros pasos.

-Padre amigo que compartió nuestros pesares, que nos guió en la infancia y en los dolores de la temprana juventud. Padre en cuyo pecho encontré la seguridad, que me arrulló con canciones de cuna y me contó historias de criaturas que siempre eran rescatadas por sus padres.

OPERADOR: (SUBE PRIMER PLANO CANCIÓN DE PIERO Y BAJA A FONDO).
PERIODISTA: -Padre dulcísimo que nos tendía los brazos y escuchaba nuestros balbuceos después del trabajo. Padre maestro que me enseño a leer y me llenó el alma de misterios. Padre soñador y dadivoso, derrotado a veces por otros hombres que nunca aprendieron a ser padres.

-(RR) Padre maternal que dejó en mi plato su comida, fingiendo no estar hambriento en un país eternamente hambreado (FIN RR).

-Padre lúcido, al que ignoramos cuando quisimos intentar otros rumbos -otras ideas-, convencidos de que la vida era otra, y no ésa que él nos mostraba. Padre guardián que nos enseñó a mirar el rostro aparentemente afable de la gente y a escuchar más allá de sus elogios.

OPERADOR: (SUBE CANCIÓN DE PIERO Y BAJA A FONDO).
PERIODISTA: -Padre al que comencé a imitar sin darme cuenta, cuyas palabras repetí a otros como mías propias, sin querer reconocer que, antes de pasar por mi boca, habían llegado a mi desde tu amoroso corazón.

-Padre eterno al que siempre regresé en mis instantes de tristeza, con el que converso en la soledad de mis pensamientos. Padre que me abraza de nuevo y me canta palabras de consuelo.

-(CON EMOCIÓN Y SUBE EN INTENSIDAD) Padre al que recordamos en los momentos de alegría suprema, cuando buscamos en otros esa sonrisa única y llena de fragilidad, que fielmente esperaba allí para alumbrarnos los caminos más oscuros. Padre que aún me hablas en sueños, pese a la distancia y el tiempo.

-Padre cuyo cariño al final entendimos en la mirada de nuestros propios hijos. (RR) Padre inmenso al que cada día me parezco más, al que cada día reconozco en cada pensamiento o acto que emprendo.

-(MAS INTENSIDAD) Padre nuestro al que sentimos más cerca, a medida que su alma—moribunda y agotada—se acerca más a Dios. Padre mío que estarás en su gloria.

-(VOZ EMOCIONADA. BAJA EN INTENSIDAD) Padre nuestro que estas en mi corazón.

OPERADOR: (SUBE PRIMER PLANO CANCIÓN DE PIERO *"MI VIEJO"* UNOS SEGUNDO Y SE PIERDE).

5.3.4. El comentario.

Los objetivos y propósitos del *comentario* son orientar, educar, rebatir, hacer reflexiones sobre un tema o desarrollar pronósticos. El *comentario* surge de una *información* o *hecho noticioso* de actualidad. El periodista fundamenta un análisis meticuloso con sus conclusiones sobre el tema. Para ello, debe conocer los intereses y el nivel intelectual de los oyentes.

Mauro Rodríguez explica que:

> El comentario es la interpretación de la noticia, afirman algunos tratadistas europeos. En realidad, este género periodístico rebasa tal definición. El comentario implica análisis y, a la vez, síntesis: análisis de un suceso o una situación determinada, sus antecedentes, trasfondo y posible desarrollo; síntesis en cuanto a exposición breve, sobre todo en el medio radial, y fácilmente comprensible. Comentar un hecho, en suma, significa establecer su correlación dialéctica y su consecuencia lógica.

> Existen diversas acepciones en relación con los tipos de comentarios y el alcance de cada uno. En general se mencionan los siguientes:

---

a) *Artículo:* Enfoca y trata en profundidad un problema, y arriba a una conclusión con la cual se responsabiliza el autor del trabajo.

b) *Editorial:* Es un artículo que expresa el criterio del órgano de prensa y, por tanto, no lleva la firma del periodista que lo confecciona.

c) *Comentario:* tiene un rigor analítico inferior al que reconoce al artículo y no está obligado a sentar conclusiones. También es más breve que aquél **(33)**.

Otros autores ubican la *reseña*, la *crítica*, como otros tipos de *comentarios* más sencillos y cortos. Con el *comentario* se mueve al público a la interpretación del hecho noticioso, al análisis de determinada situación económica, social o política. Este género informa, interpreta, orienta por medio de la valoración y el análisis. Busca llegar y mover los procesos cognoscitivos en los radioyentes.

Aporta los elementos necesarios para que el receptor juzgue los argumentos expuestos. El periodista escribe el *comentario* en aquellas ocasiones en que existe un tema actual de interés que merezca un análisis mesurado, una orientación precisa o una definición de posiciones con un lenguaje claro, cuidadoso, descriptivo y analítico

Para la realización del *comentario*, el periodista tiene en cuenta los siguientes pasos:

1. Seleccionar el tema.
2. Determinar el objetivo del comentario.
3. Preparar el esquema de trabajo.
4. Buscar las informaciones en las fuentes.
5. Recopilar y organizar los datos obtenidos por temas.
6. Jerarquizar los datos en información primaria y secundaria.
7. Escoger la codificación y el montaje.
8. Leer el comentario en voz alta.

La **estructura** del *comentario* consta de *exposición, análisis y conclusiones.* Debe tener un *inicio* atractivo, para captar la *atención* y presentar el tema del *comentario.* Un *desarrollo* coherente y analítico, es la exigencia ya que el cuerpo tiene como objetivo y función suministrar la carga fundamental de las ideas que integran los argumentos. Hay que priorizar lo esencial con una clara estructura y con uso racional de la repetición. La *conclusión* debe ser precisa ya que es la parte en que se define y generaliza el resultado de la argumentación

El **montaje** del *comentario*, generalmente, es temático. Se tienen en cuenta los argumentos de mayor importancia noticiosa para organizar jerárquicamente la estructura del *comentario* donde aparecen explicaciones, argumentaciones, comparaciones por analogía o contrastes, reiteraciones y ejemplificaciones. No se emplean fragmentos musicales ni efectos sonoros. El *comentario* se dirige a los procesos cognoscitivos no a los afectivos. No se excluye totalmente un pequeño efecto en una parte climática para destacar, llamar la atención o darle realce a un razonamiento o conclusión. Se emplean rudimentos de *progresión dramática* para crear la curiosidad de lo que se argumentará a continuación. Una sugerencia de **estructura** (34) es:

a) Presentación atractiva o sorprendente del tema seleccionado.
b) Análisis dialéctico de sus diversas facetas.
c) Opinión del periodista-comentarista.
d) Ejemplos.
e) Conclusiones: con las posibles proyecciones de sus acontecimientos.

Para atraer la atención se emplean diferentes técnicas (35), tales como:

- **Precisar el hecho:** Se da la información con *cuándo* y *qué* ha sucedido. Posteriormente, *cómo* se ha producido y finalmente, se da la solución al problema.
- **Deducción:** Se ordenan los hechos de lo general a lo particular.
- **Inducción:** Se organiza el razonamiento de lo particular a lo general. Se suministran datos y hechos que lleven al oyente hacia soluciones generales.

El **periodista-comentarista** se especializa en determinados temas, lo que permite una exposición profesional profunda. Debe dominar las leyes lógicas de la correcta argumentación. Este género no excede, aproximadamente, de los tres minutos. En los comentarios radiales es necesario repetir algunos aspectos básicos para mantener ubicados a los radioyentes. Durante la elaboración del *comentario*, el periodista debe tener presente las siguientes preguntas:

- ¿A quién dirige sus razonamientos? ¿Qué objetivos persigue? ¿Qué motivación puede emplear?
- ¿Cuáles son las tesis principales que va a utilizar? ¿Qué hechos y argumentos expondrá para apoyar su tesis?
- ¿Qué criterios, hechos y argumentos pueden presentarse en contra de sus argumentos? ¿Cómo refutarlos?

- ¿Cómo ligar la información básica a los intereses y a la motivación de los oyentes? ¿Qué pruebas y ejemplos se pueden exponer como los más fidedignos?
- En caso de apelar a los procesos afectivos ¿A qué recurso afectivo del oyente se puede apelar?

Comentario (36) no. 1.

OPERADOR: (TEMA MUSICAL Y DISUELVE).

LOC.:   -(RR) Entre maleantes, (FIN RR) Un comentario de Daniel Morcate.

OPERADOR: (SUBE TEMA Y FADE OUT).

PERIODISTA: -En su ingenioso infierno, el inmortal Dante se da el gusto de atormentar eternamente a los estafadores en el octavo círculo, el más bajo de todos, salvo el que padecen los traidores. Lo justifica diciendo que "(RR) el fraude es un mal peculiar del hombre (FIN RR)".

-Dante pudo haber arrojado en la misma pira a estafadores y traidores porque la estafa es una forma particularmente alevosa y nociva de traición. De haber sido nuestro contemporáneo, el insigne florentino se habría refocilado llenando a rebosar sus círculos infernales con la legión de timadores que padecemos y que nos han llevado al borde del abismo económico . . .

-Por desgracia no tenemos el recurso dantesco de embarcar a los timadores hacia el infierno con boletos de ida solamente. Pero si podemos dificultarles sus chanchullos y castigarles por violar la ley.

-De las autoridades federales hacia abajo, entre los norteamericanos se habían arraigado prejuicios que allanaron el camino a los pillos. Uno es que la avaricia es buena. Otro que el fraude a expensa de los contribuyentes no es grave ni puede evitarse. Un tercero, que los mercados se autorregulan sin necesidad de intervención oficial. Estas populares falacias, tomadas en conjunto, propiciaron la crisis. Pero la crisis precisamente se ha encargado de desacreditarlas.

-Con gran perjuicio para nuestros bolsillos y autoestima como nación, los norteamericanos hemos comprobado que nos movemos entre maleantes que han creado una vasta cultura del fraude. Inescrupulosos banqueros y corredores de bienes raíces endeudaron a millones con préstamos impagables.

-Estafadores audaces birlaron cantidades astronómicas de capital a inversores que sucumbieron a la tentación del dinero rápido y fácil.

Delincuentes disfrazados de proveedores de servicios médicos robaron billones al Medicare que costean los contribuyentes. Desvergonzados ejecutivos de Wall Street, Detroit y otros centros financieros esquilmaron miles de millones más, otorgándose inmerecidos bonos extraídos del erario público … Y todas estas estafas se han cometido y se cometen gracias a la negligencia y la complicidad de funcionarios del gobierno, algunos electos, otros designados.

(RR)   -No en balde la gente ha perdido la confianza en los mercados y en sus veladores y se aferra al dinero que le queda, lo que naturalmente empeora la crisis. En la cultura del fraude, la confianza popular es la víctima más difícil de salvar: Hoy lo sabemos mejor que nunca.

OPERADOR: (TEMA MUSICAL. BAJA A FONDO).

LOC.:   -Adaptación del comentario "Entre maleantes" de Daniel Morcate para el medio radial.

Comentario (37) no. 2.

OPERADOR: (TEMA MUSICAL).

LOC.:   -"Los maestros son héroes anónimos", un comentario de Daniel Shoer Roth.

OPERADOR: (TEMA MUSICAL).

PERIODISTA: -Este verano, Mary Corugedo compró libros escolares para 25 hijos. Ella es madre de dos. El resto de los hijos: sus 23 alumnos de kínder en la escuela "Jack Gordon, en Country Walk. También tuvo que adquirir los materiales para la decoración del salón, el papel y los creyones. Al igual que miles de maestros en el Distrito Escolar de Miami-Dade, el dinero salió de su bolsillo.

-A los funcionarios que talan el presupuesto escolar les gusta minimizar—y convencer a los demás—de que las disminuciones de fondos casi no afectan las aulas. Pero sí las afectan, y de gran manera.

-Decir que los niños son el futuro son un cliché. Pero lo son. Globalmente, Estados Unidos está rezagado frente al resto de las naciones industrializadas en el ramo de la educación escolar. Nacionalmente, la Florida está rezagada frente al resto de los estados. Si el desarrollo y las riqueza van de la mano con la educación, ¿llegaremos a ser una sociedad subdesarrollada y pobre?

-Espero que no, aunque es inevitable percatarse de que Estados Unidos—que para mi, es el mejor país para vivir—está perdiendo la hegemonía. Esta semana, se divulgó un informe de inteligencia norteamericano que pronostica la ruptura del orden político y económico internacional, a causa del "ascenso de potencias emergentes, una economía global, una histórica transferencia de relativa riqueza y poder del Occidente al Oriente, así como por la creciente influencia de actores que no son Estados Unidos".

-Estados Unidos de América es el único país del mundo industrializado en que los hijos tienen menos probabilidad de graduarse de secundaria que la generación de sus padres.

-Nadie se entrega a la docencia por motivos económicos, pero igual que a los bomberos y policías se les da el respeto que se merecen cumpliendo sus contratos, a los maestros también hay que honrarlos.

OPERADOR:	(TEMA MUSICAL. BAJA A FONDO).
LOC.:	-Adaptación del comentario "Los maestros son héroes anónimos" de Daniel Shoer Roth para el medio radial.
OPERADOR:	(SUBE TEMA MUSICAL Y DISUELVE).

5.3.5. El reportaje

El *reportaje radial* es uno de los géneros más completos, agradables y llamativos. Permite la utilización de otros géneros periodísticos que profundizan el trabajo al complementar el programa con: la *nota informativa, comentario, entrevista, crónica*. Se le llama *género de géneros*. En su **montaje** final permite dar cauce a la creatividad mediante un desarrollo argumental y un montaje artístico.

José A. Benítez en *Técnica periodística* define al reportaje como "la forma periodística que comunica, explica, analiza, examina los hechos, y profundiza en todos los aspectos de los sucesos que narra" **(38)**.

Se pueden realizar reportajes de diferentes temas: científicos, de interés humano, noticiosos, históricos con dramatizaciones. Su base fundamental es la información de actualidad. Esta puede ser inmediata o mediata en el tiempo. Hay temas con una actualidad efímera y otros temas permanecen intemporales.

Para la **realización del reportaje** hay que tener en cuenta:

- **La *selección el tema* y la confección de una *guía de trabajo*.**

- **La búsqueda de la información pertinente. Determinar ambiente, acción, testimonio.**
- **Organización de la estructura:** *introducción, cuerpo y cierre*: **estilo.**
- **El guion para la** *realización* **y el** *montaje*.

La **selección del tema** ocupa el primer paso en el laborioso proceso de un reportaje. De acuerdo con el *tema* los reportajes pueden ser *políticos, científicos, laborales, culturales*. En la selección se precisa **qué** se desea, **cómo** se espera obtenerlo y de **qué** medios se dispone. El periodista se pregunta **a quién** entrevistará, **qué** sonidos y música necesitará. Para lograr su cometido, elabora una **guía de trabajo** la cual variará, a medida que profundiza en el tema a tratar, realiza entrevistas y organiza los datos primarios y secundarios.

La **búsqueda de información** es esencial. No se puede escribir un reportaje sin salir de la redacción. Hay que estar en el lugar de los hechos para recoger la mayor cantidad posible de datos. Se buscan, perfilan y se graban las entrevistas; se ubican y precisan las fuentes documentales y bibliográficas. Se confeccionan las fichas de contenido que permitan posteriormente la redacción.

La **organización de la estructura** del reportaje tiene en cuenta cómo distribuir y elaborar: la **introducción, el cuerpo y el cierre.** El periodista puede hacer la labor de *realizador*. Determina la *continuidad* de los elementos sonoros, indica *los cortes* que considera convenientes para codificar los recursos sonoros; selecciona cómo adaptará la *progresión dramática* para el programa final.

La *información* o hecho noticioso se emplea en el reportaje a través de los géneros periodísticos para ampliar aspectos del tema abordado desde las diferentes perspectivas de un periodista, reportero o corresponsal o enviado especial. El *ambiente* es la expresión de las circunstancias que acompañan o rodean a los hechos, constituidos por el espacio físico, lugar geográfico, entorno familiar, doméstico, laboral y social. El *ambiente sonoro*, con el fondo real de los ruidos naturales o artificiales, enriquece estética y significativamente la narración del reportaje.

La *acción* es la *narración* de los hechos ocurridos. En el *reportaje de actualidad*, la *acción* queda plasmada mediante el relato de los acontecimientos y del registro sonoro de esa realidad.

Los *testimonios* presentan las impresiones de los protagonistas o testigos por medio de declaraciones *breves*, escogidas y extractadas de *discursos, entrevistas y encuestas*. La *música* y los *efectos sonoros* confieren verosimilitud, agilidad, amenidad al desarrollo del *reportaje*. La *realización* y el *montaje* requieren de gran habilidad y precisión en la codificación de los diferentes componentes sonoros.

La **introducción** debe ser interesante y novedosa para motivar y captar la atención. Un inicio sin interés hace que el radioescucha desvíe su atención. Se plasma casi siempre, el objetivo o tema central, los cuales posteriormente se desarrollan a lo largo del reportaje.

La *introducción* ubica al oyente en el lugar de los hechos o en el asunto principal del *reportaje*. La *introducción* puede ser:

a) *Sumaria o típica:* Plantea en síntesis las ideas esenciales del *reportaje*. Responde a las preguntas clásicas de *quién, qué, cuándo;* puede ser la presentación de la noticia.

b) *Incidental o espectacular:* Expone una situación en su momento más sobresaliente o climático.

c) Una *frase, refrán o cita:* Comienza con algún refrán, frase célebre para plantear el objetivo o tema central. Puede emplear una frase u oración expresada por algún entrevistado que aparece en el reportaje o que alude a su contenido.

d) Una *máxima breve:* Utiliza una aseveración, una paradoja que capta la atención de los oyentes.

e) Una *interrogación:* Una pregunta para retener la atención sobre el objetivo del reportaje.

f) Un *contraste de ideas:* Expone hechos diferentes, un problema con un enfoque que compare o se oponga al tema central.

g) Una *semejanza por analogía:* Busca un mayor efecto mediante la utilización de hechos semejantes que tienen relación con el objetivo o tema central.

h) Una *descripción:* Describe lugares, personajes que constituyen parte del tema o asunto fundamental.

i) Unos *datos estadísticos:* Se emplean cifras estadísticas relacionadas en forma comparativa que se vinculan con el objetivo del reportaje.

j) Una *narración:* Se destaca un relato sintético dedicado a presentar las acciones de las personas en los acontecimientos claves del reportaje, anécdota, hecho emocionante.

El **cuerpo del reportaje** presenta las descripciones, dramatizaciones, narraciones, diálogos, anécdotas, géneros periodísticos, observaciones del reportero, entre otras. Las descripciones se hacen con las palabras más significativas y el diálogo se utiliza para darle vida a la narración. Aquí se desarrolla en toda su amplitud el tema o temas centrales. José A. Benítez (39) explica que en algunas escuelas se recomiendan, para mantener el interés, las pautas siguientes:

- Formular preguntas de modo tal que el oyente siga escuchando hasta obtener las respuestas. Las respuestas deben ser en una forma que hagan surgir nuevas interrogantes en la mente del oyente. Estas nuevas interrogantes se le darán respuestas más adelante en el transcurso del programa.

- Mantener curiosos al oyente por saber "qué viene después". La expectación es un recurso que se emplea con mucha frecuencia.
- Hacer afirmaciones audaces, llamativas y, a veces, paradójicas.
- Incluir incidentes o anécdotas singulares y amenas.
- Ofrecer descripciones concretas de personas y citarlas directamente.

El vocabulario y la estructura sintáctica tienen una mayor libertad imaginativa. El reportaje admite el empleo de metáforas, imágenes, las cuales no se aceptan en las *informaciones*. La *entrevista* es un género insustituible en el *reportaje*. Es necesaria la opinión de especialistas o personas que hablan sobre el tema del *reportaje*.

El **final del reportaje** debe ser expresivo para permanecer en la mente del oyente. Se vincula y relaciona con la *introducción* para darle unidad al trabajo. Un final vulgar o tonto destruye todo el trabajo.

En el *final* o *cierre* se señalan consecuencias, conclusiones, sugerencias, se comprueban hechos, se indican valores, se generalizan aspectos, se plantean tareas perspectivas, se exponen citas, metáforas, moralejas. Después de terminar la codificación de la *introducción, cuerpo y cierre* del reportaje se prepara el *guion para la realización, el montaje* y futura grabación.

El **guion para la realización y el montaje** tiene una duración de tres a cuatro minutos. Excepcionalmente puede llegar a cinco. El guion señala el orden, la interrelación de los diferentes elementos y su proporción en el tiempo. Presenta una estructura sencilla. Aparecen indicaciones claras y precisas para los que participan en el montaje: los locutores, periodista, operador de audio, actores, productor. Se hacen varias copias y se distribuyen para cada uno de los participantes.

En el **montaje** se conjugan estéticamente los diferentes elementos del lenguaje radial. Exige una minuciosa labor. Se graban los géneros periodísticos e intervenciones para la posterior *realización* y *montaje* de todas sus partes. Se ubican los *diálogos, las anécdotas, las narraciones y descripciones*. Se seleccionan los fragmentos musicales y sonoros.

Los *montajes* más empleados es el *lineal o cronológico*. Es el más convencional, no emplea retrospectivas. Utiliza una línea de acción del pasado al presente y de éste al futuro. Los asuntos se presentan en forma discursiva sin alterar temporalmente el discurso lógico.

Los montajes con *elementos dramatúrgicos* presentan una estructura u organización más compleja que el *cronológico*. Sus posibilidades son:

- **Progresión dramática** con el objetivo de ofrecer un movimiento en desarrollo del programa. Tienen como aspecto central para su organización:

  a) El **tiempo:**—cronológico,—retrospectiva,—prospectiva o tiempos paralelo.
  b) La **acción dramática** con un *montaje lineal* en cuanto a la presentación de la *introducción, conflicto* y *desenlace*, o *no lineal*. Se desarticula este orden lógico, puede comenzar con el clímax o el desenlace.
  c) El **conflicto** o más de un conflicto.
  d) El **ritmo** a través de la forma o el contenido.
  e) La **causa-efecto.**

- **Asociaciones** por semejanzas de significantes o significados.

Se introducen retrospectivas en el cuerpo del reportaje que alteran el orden lineal del tiempo lógico de la narración. Se buscan suspensos y progresión dramática. Se insertan documentos del pasado para enriquecer y apoyar la narración. Se exponen pronósticos sobre el futuro. También el *montaje* puede ser *temático* de acuerdo con los *temas* y *subtemas* del asunto tratado. Si presenta varios *temas*, se abordan desde diferentes ángulos, pueden ser por: el lugar, personas, tiempo, documentos.

Reportaje (40) **no. 1.**

OPERADOR:	(TEMA MUSICAL O CANCIÓN QUE TRATE SOBRE LOS SENTIMIENTOS).
LOC.1.:	-(RR) "ANALFABETISMO AFECTIVO" un reportaje de María Jesús Ribas.
OPERADOR:	(SUBE TEMA MUSICAL Y BAJA A FONDO).
LOC.1.:	-Quien demuestra afecto se siente bien, porque pone en marcha los mecanismos fisiológicos que liberan **endorfinas,** unas hormonas que hacen que el cuerpo y la mente estén en equilibrio y con bienestar. Para quien la recibe, (LIGERA RR) la ternura es un bálsamo vital: una "aspirina para el alma" … (TR) Pero hay personas a las que les resulta sumamente difícil dar y recibir cariño.
LOC.2.:	-El afecto es un sentimiento amoroso que nos hace más humanos; tiene que ver con el lado bueno de la vida y nos da fuerza para afrontar los problemas y retos cotidianos de la

existencia. No es egoísta, no busca ni espera nada del otro. No es tampoco narcisista, ya que su objetivo es la otra persona en vez de uno mismo.

OPERADOR: (CORTE MUSICAL QUE HABLE DE LOS SENTIMIENTOS).
LOC.1.:   -Debido a un aprendizaje deficiente, debido a haber crecido en una familia o entorno donde había dificultades para expresar los sentimientos, muchas personas no saben cómo manejar su mundo afectivo y sufren distintos tipos de desajustes.
LOC.2.:   -Laura García Agustín, psicóloga clínica, directora del Centro ClaveSalud de Madrid, explica:
DRA. GARCÍA: -Muchas personas que llegan a mi consulta me dicen que quieren ser tiernas, pero no pueden conseguirlo.

-Su problema consiste en que no han aprendido a expresar afecto verbal ni físicamente, por lo que hacerlo le supone un gran esfuerzo. Normalmente esto se debe a que los modelos que les enseñaron cuando niño estaban exentos de muestras de afecto.

OPERADOR: (CORTE MUSICAL A PRIMER PLANO. BAJA A FONDO).
LOC.1.:   -En otros casos, el "analfabetismo afectivo" puede deberse a un bloqueo emocional por experiencias negativas en las cuales era castigada la expresión de afecto. También puede ser un síntoma de una incapacidad de dar y recibir afecto por una carencia de **empatía**.
LOC.2.:   -Ante esta situación, agrega la doctora Laura García Agustín:
DRA. GARCÍA: -Para remediar los problemas afectivos. Es fundamental enseñar a los niños desde muy pequeños a querer y expresar emociones, no se puede querer bien, si antes la persona no se ha sentido querido y no ha visto e interiorizado modelos en los cuales el afecto se utiliza sin problemas.
OPERADOR: (MÚSICA CON TEMA SOBRE LOS SENTIMIENTOS BAJA A FONDO).
LOC.1.:   -De adulto, se puede aprender a expresar las emociones de forma verbal y física, por medio de ejercicios verbales y de expresiones no verbales, para que las personas desarrollen habilidades emocionales, se desinhiba y se sienta cómoda dando y recibiendo afecto.
LOC.2.:   -Existen personas que **no saben recibir afectos**.

OPERADOR: (ENTRA DRAMATIZACIÓN DE FAMILIA CON PATRONES AFECTIVOS INADECUADOS—2 min.-).

LOC.1.: -Sucede porque nadie le ha dado ternura, o no lo ha aprendido, por lo cual se siente incómoda, ridícula ante las muestras de afecto. Piensa que son tonterías. Se equivocan, porque para querer necesitamos sentirnos queridos y la forma de lograrlo es que alguien lo demuestre con palabras y caricias. La Doctora García explica:

DRA. GARCÍA: -Para remediarlo hay que cambiar las actitudes con respecto al afecto, pues si se piensa que expresar ternura es una tontería, difícilmente se podrá hacerlo. Conviene pensar en los beneficios que aporta el "dejarse querer", es algo normal, saludable y placentero.

LOC.2.: -Otras personas no saben nombrar ni expresar adecuadamente determinados sentimientos. Expresar emociones ayuda enormemente a las relaciones interpersonales en lugar de perjudicarlas. Otros individuos tiene falta de hábito, falsas creencias acerca de sí es adecuado o no expresar afecto o si es una tontería o poco necesario. La Doctora García agrega:

DRA. GARCÍA: -Esto puede remediarse interesándose sinceramente por los demás, trabajando la capacidad de identificar y recibir las emociones ajenas, y practicando periódicamente la manifestación de los sentimientos para acostumbrarse a ello.

OPERADOR: (SUBE TEMA MUSICAL QUE HABLE SOBRE LOS SENTIMIENTOS Y BAJA A FONDO).

LOC.1.: -Es un reportaje de María Jesús Ribas, adaptado para el medio radial.

OPERADOR: (TEMA MUSICAL Y DISUELVE).

Reportaje (41) no. 2.

OPERADOR: (TEMA MUSICAL CANCIÓN "QUE CANTEN LOS NIÑOS" DE JOSÉ LUIS PERALES. COMENZAR CANCIÓN CUANDO LOS NIÑOS CANTAN: *Yo canto para que me dejen vivir* . . . PRIMER PLANO Y BAJA A FONDO).

LOC.: -(RR) "Los huérfanos de lo ideal", reportaje de Andrés Reynaldo.

OPERADOR: SUBE TEMA A PRIMER PLANO UNOS SEGUNDOS. BAJA A SEGUNDO PLANO).

PERIODISTA: -Fue noticia de un día, como una pequeña inundación en una región exótica y lejana.
Tal vez sólo fue noticia de una hora:

LOC.1.: -(RR) En el condado de Miami Dade hay 2 mil 382 niños desamparados, el número más alto de la Florida (TERMINA RR).

PERIODISTA: -(LIGERA REVERBERACIÓN). En África se dice que hace falta una aldea para criar a un niño. Axioma de una antigua sabiduría, de épocas en que el ritmo de la persona y la comunidad eran uno, y para ser rey había que salir a matar leones. En nuestra aldea imperan otros códigos. (SUBE INTENSIDAD) A falta de raíces en la tierra se absorben del aire las ideas . . . (RR) Un aire, por ciento, bastante contaminado.

LOC.1.: -Durante dos angustiosas décadas nuestros líderes han dicho que quieren administrar nuestras ciudades y estados como si fueran empresas privadas. (SONIDO DE LLAMADA DE ATENCIÓN.RR). Terrible confusión del carácter del negocio con el carácter del gobierno. (FIN RR).

LOC.2.: -Para que un hogar sea feliz, creativo y modélico es imprescindible perder algún dinero y la **utilitaria lógica** de muchos políticos. Es imprescindible perder algún dinero, en mantener a la abuela, y apostar a manos llenas, **sin garantía**, por los niños . . . Pero para la estúpida contabilidad de nuestros tiempo, los viejos y los chicos dan pérdida.

OPERADOR: (CANCIÓN "QUE CANTEN LOS NIÑOS" DE JOSÉ LUIS PERALES. SE MANTIENE UNOS SEGUNDO Y BAJA A FONDO).

LOC.1.: -En Miami, esos niños desamparados acusan una podrida fibra social, así como una cultura política permeada de hedónica irresponsabilidad, demagogia y, con pasmosa frecuencia, (MAS INTENSIDAD) de **simple y tercermundista cuatrerismo**.

LOC.2.: -(RR) Al escándalo ante lo irreparable, se suma el escándalo ante lo reparable.

PERIODISTA: -(LIGERA REVERBERACIÓN) Sabemos que la nación afronta una crisis derivada de la puesta en escena de un neoliberalismo de ladrones de bancos. Un inmoral experimento de ingeniería social que nos dejó atrás en casi todos los renglones principales de las naciones desarrolladas, desde la educación, la investigación científica y el acceso al

---

sistema de salud, hasta los índices de productividad, ahorro, movilidad de clases y estructura de participación cívica.

OPERADOR: (MÚSICA "QUE CANTEN LOS NIÑOS". SUBE A PRIMER PLANO Y BAJA A FONDO).

LOC.1.: -Los magníficos recursos de una sociedad libre **se inhiben** en una **suicida anestesia moral.** Cuando la democracia pierde su significado, la dictadura cobra atractivo. La aldea se cruza de brazo con cínico egoísmo.

OPERADOR: (ENTRA DRAMATIZACIÓN DE LA COMIDA DE BENEFICENCIA A NIÑOS DESAMPARADOS. EN EL DIALOGO ENTRE ALGUNOS POLÍTICOS SE PONE DE MANIFIESTO LA HIPOCRESÍA Y EL CINISMO ANTE EL DOLOR DE LOS NIÑOS.).

LOC.2.: -Así, se devoran un filete en las galas de beneficencia, mientras una niña despierta junto a un hediondo puesto de frutas en la calle Flager. La mugrienta mochila de la escuela por almohada. El desayuno de sobras, si es que aparecieron las sobras.

PERIODISTA: -(CON INTENSIDAD) Algo anda endemoniadamente torcido cuando el mero deber ciudadano parece demasiado socialista y demasiado cristiano el amor al prójimo.

-Para estos niños debían estar abiertas las puertas de las iglesias y las empresas, las estaciones de bomberos y las alcaldías, las universidades y los centros comerciales, (CON MUCHA TERNURA—SENSIBILIDAD) aunque sólo se les ofreciera una sopa, una ducha tibia, un catre con una manta limpia . . . Para estos niños el obispo, el alcalde, el maestro, el senador y el periodista . . . (CON MAYOR INTENSIDAD) debían andar por las esquinas pidiendo una limosna, con los puños apretados, y lágrimas de pura rabia.

OPERADOR: (MÚSICA DE JOSÉ LUIS PERALES "QUE CANTEN LOS NIÑOS". PONER PARTE EN QUE LOS NIÑOS CANTAN: Yo *canto para que me dejen vivir . . .)*

PERIODISTA: -(RR) A veces, al rechazar lo ideal, dejamos de hacer lo posible.

OPERADOR: (MÚSICA SUBE A PRIMER PLANO. BAJA A FONDO).

LOC.: "Los huérfanos de lo ideal" es un reportaje de Andrés Reynaldo, adaptado para el medio radial.

OPERADOR: (SUBE MÚSICA PRIMER PLANO Y DISUELVE).

NOTAS

1. ICRT: "Seminarios de periodismo radial". Cuba. (s.p.i.).

2. Mauro Rodríguez: *Radioperiodismo*, p.33-34.

3. *Ibid.*, p. 40.

4. Proveyer Carracedo: *Radioperiodismo*, p.100.

5. Mauro Rodríguez: *Op. Cit.*, p.35.

6. *Ibid.*, p.36.

7. *Ibid.*

8. *Ibid.*, p.37.

9. *Ibid.*

10. *Ibid.*, p.38.

11. *Ibid.*, p.39-40.

12. Slavej y Joroslav: *Introducción al trabajo de las agencias de noticias*, p.77.

13. *Ibid.*, p.77-80.

14. Mijail Minkov: *Radioperiodismo*, p.16-17.

15. ICRT: *Op. Cit.*

16. *Ibid.*, p.15.

17. *Vid.* Colectivo de autores: *Géneros periodísticos*. La Habana, Editorial Pueblo y Educación, 1979.

18. Mijail Minkov: *Op. Cit.*, p. 16.

19. *Ibid.*, p.30-31.

20. Alejo Carpentier: *Crónicas,* p. 553.

21. Mijail Minkov: *Op. Cit.,* p.33.

22. Mauro Rodríguez: *Op. Cit.,* p. 57.

23. José A. Benítez: *Técnica periodística,* p. 155.

24. Mijail Minkov: *Op. Cit.,* p. 43.

25. Karel Storkan: "La entrevista en el periodista de nuevo tipo", en *El periodista demócrata.* p. 26.

26. Mauro Rodríguez: *Op. Cit.,* p. 57.

27. Luis Aguilar León: "Diógenes y la Revolución". Este artículo fue publicado en *La Prensa* de Nicaragua en época de lucha, el 6 de septiembre de 1985. Posteriormente fue publicado en *El Nuevo Herald.*

28. Pedro Portal: "Luis Aguilar León", *El Nuevo Herald,* 11 de julio del 2002, p. 41D.

29. Ivonne Gómez: "Rayos láser contra los capilares dilatados". *Galería El Nuevo Herald.* 15 de Junio del 2010, p.4.

30. Mauro Rodríguez: *Op. Cit.,* p.61.

31. Luis Aguilar León: "Si volviera a una Cuba liberada", *El Nuevo Herald.*

32. Daina Chaviano: "Padre nuestro", *El Nuevo Herald.*
Escritora. En 1998 fue galardonada con el premio Azorín por su novela *El hombre, la hembra y el hambre.* Más sobre su obra en *www. dainachaviano.com*

33. Mauro Rodríguez: *Op. Cit.,* p.551-552.

34. *Ibid.*

35. Karen Storkan: "El comentario en la prensa contemporánea", en *El Periodista demócrata*, p. 21-22.

36. Daniel Morcate: "Entre maleante". *El nuevo Herald.*

37. Daniel Shoer Roth: "Los maestros son héroes anónimos". *El nuevo Herald.*

38. J. Antonio Benítez: *Op. Cit.*, p. 162.

39. *Ibid.*, p. 165.

40. María Jesús Ribas: "Analfabetismo afectivo", en Galería *El Nuevo Herald*. 3 de octubre del 2007, p.2.

41. Andrés Reynaldo: "Los huérfanos de lo ideal", *El nuevo Herald*, 13 de marzo del 2009.

6.

LOS PROGRAMAS INFORMATIVOS.

Existe una unidad dialéctica, indisolublemente unida e interdependiente, entre: *la política de la emisora, la programación y la radioaudiencia.* Las necesidades de la radioaudiencia determinan el programa y este último influye en los radioyentes. Ambos influyen en la política de la emisora. Esto ofrece el siguiente esquema:

- **Dónde + a quién + cuándo + cuánto + quiénes + con qué = qué y cómo.**
- **Emisora + audiencia + hora + duración del espacio + equipos + medios + intenciones = programa**

Los **programas radiales** están condicionados por tres objetivos básicos. Son:

1. **A quién** se dirige: **audiencia.**
2. **Qué** se quiere: **contenidos.**
3. **Cómo** se desea: **forma.**

Los *programas* se subordinan a una política que responde a la emisora. La *programación radial* cuenta con espacios informativos diferentes que tienen variadas estructuras, duración, de acuerdo con los objetivos que se persigue. Se encuentran: **a)** *Programas informativos*: **Ultima hora, boletines, noticieros, y b)** *Programación especial informativa:* **Revistas informativas, mesa redonda** (una de las formas de entrevistas colectivas) y **el documental informativo radiofónico**.

6.1. Programas informativos.

Las informaciones de **Última hora** tienen un tiempo promedio de duración de 15 a 30 segundos. Se emite una breve síntesis de una noticia, que por su interés, debe ser de inmediato conocimiento del público.

Estas informaciones no están previamente diseñadas para un espacio determinado, sino que se ofrecen lo más rápido posible. Se reiteran posteriormente para aportar más datos sobre el suceso.

Los **Boletines** cuentan con una duración entre uno y cinco minutos. Su estructura exige una *presentación* y *despedida*. Se ofrecen en un horario fijo para dar un resumen variado de los últimos acontecimientos, tanto nacionales como internacionales. Cada información tiene, uno o dos párrafos: unos 45 segundos aproximadamente.

Mijail Minkov apunta:

> El redactor del *boletín informativo* debe siempre tener presente "cómo sonará la noticia". Tal requisito exige una atención especial, sobre todo a las noticias sacadas de la prensa, de los textos informativos de una agencia o escritas especialmente para la radio. Tales noticias deben adaptarse a las condiciones específicas de la percepción por el oído, y el modo más efectivo de hacerlo es mediante una nueva redacción de la información. La noticia radiofónica debe ser más breve, más clara y más "viva" que la de la prensa **(1)**.

Los *boletines* se ubican entre los espacios informativos de mayor duración, para dar un avance de las últimas informaciones llegadas a la redacción y una síntesis de los hechos más importantes que se ofrecerán en el próximo *noticiero*.

Los *boletines* pueden ser:

- **Generales**: Resumen variado de las últimas informaciones nacionales y extranjeras.
- **Especializados**: Resumen de las informaciones, sólo nacionales o internacionales. Pueden ser especializados en un tema, tal como deporte, economía, cultura o político.

Mijail Minkov presenta la siguiente división de los boletines informativos:

1. Los "breves": Una duración de dos o tres minutos. Transmitidos bajo el título de *noticias, noticias de la hora, últimas noticias.*
2. Los "básicos": Una duración de cinco a diez minutos. Transmitidos a horas claves del programa del día cuando se espera la mayor tasa de audiencia.
3. Boletines informativos principales o centrales: Una duración de diez a quince minutos. Se transmiten bajo diversos títulos. En la mayoría de los casos se transmiten de una a tres veces al día en las horas claves: en la mañana, al mediodía o por la noche **(2)**.

Los **noticieros** emplean entre 15 y 27 minutos. Se desarrollan las informaciones que se ofrecieron en *los boletines,* además de agregar otras. Los *noticieros* tienen diferentes estructuras, dadas por el orden de importancia de las informaciones y de los géneros periodísticos. Son variados en cuanto a los temas y los géneros empleados: *informaciones, entrevistas, crónicas, comentarios y reportajes.*

Un esquema de la organización de un **noticiero** radial es:

Hora	Sección	Cuartillas	Tiempo min.
	.Tema de apertura (cabina)		
	Rápidas (titulares 20 noticias)	2	2
32	.Pase a cabina.		
	.Grabación cabina: Género		2.30
	.Escrita	2	4.30
	.Encabezamiento para nuevas noticias (locutor)		
	Noticias	4	5
	.Tema de actualidad (cabina) Género		3
47	.Noticias	3	3.45
51	.El deporte en acción (cabina)		
54	.Noticias	¾	1
55	.Editorial (cabina)	1	2
58	.Tema de despedida (cabina)		

Los *noticieros* tienen una estructura que los caracterizan. Esta es: *la presentación, la despedida, las voces, el sumario o síntesis, redacción, el productor o director de radio, el montaje, los reporteros.*

La **presentación** musical en un primer plano durante unos segundos anuncia e identifica el programa. Posteriormente baja a fondo y pasa a primer plano la voz del locutor para presentar el noticiero. Cuando termina de dar la *introducción*, la música *tema* sube de nuevo a primer plano para disminuir en intensidad hasta perderse (*fade out*).

La **despedida** comienza en un primer plano y baja a fondo para permitir que el locutor despida el espacio y ofrezca los nombres de los participantes del programa. Finalmente termina la música con la disminución de intensidad hasta desaparecer. La música que se utilice en la presentación y despedida debe ser agradable, solemne y bella. No se empleará en otra programación.

La apertura de una emisión debe ser objeto de una atención especial. Esto se debe a la necesidad de que el oyente se sienta "arrebatado", "forzado" a escuchar. Al mismo tiempo, sin embargo, hay que darle la posibilidad de prepararse mental y psicológicamente para la recepción de la esencia de la información iniciada. La apertura varía, pues, en su forma y duración de acuerdo con la naturaleza y el género del programa informativo. Aquí, el redactor puede recurrir al uso de los ricos accesorios radiofónicos, tales como la música, los ruidos, los titulares y otros tipos de introducción que sean atrayentes para el oído de la audiencia.

De igual importancia es una exposición del tema que despierte el interés del oyente y que esté en una correcta proporción con la carga informativa de la emisión (**3**).

Los **timbres dentro del noticiero** deben ser siempre los mismos. Ellos identifican el *noticiero*. Aunque se haga un trabajo de redacción bueno, las informaciones si no son leídas por voces que reúnan ciertos requisitos, el mensaje no llegará al radioyente correctamente. La calidad en el *timbre* del locutor es esencial para completar el ciclo correctamente: *redacción-difusión-recepción*.

Todos los noticieros tienen, después de su *tema musical* de *presentación*, un **sumario o síntesis: los titulares,** para informar y mantener la atención sobre lo que se difundirá. Al terminar la emisión, se repetirá el sumario para aquellos que sintonizaron el noticiero a mediado o al final de la emisión.

El periodista radial tiene **normas de redacción** que debe cumplir. Escribe en el centro del papel con claridad y sencillez. Utiliza un estilo preciso y directo. Evita las fórmulas complejas y las oraciones subordinadas. La extensión de cada párrafo, generalmente, es de tres a cuatro líneas. Pone en cada uno de ellos un solo pensamiento o idea. La oración la redacta con una organización lógica de sujeto-predicado.

—

La importancia de una noticia, dentro de un espacio informativo, se ofrece por:

- El **tiempo** que se le da dentro del programa.
- La **ubicación**: al inicio, en el medio o al final.
- Los **elementos acústicos** que se empleen para darle realce o destacarla: *entonación, intensidad, tono, efectos sonoros y música.*

Los *noticieros* (4) cuentan con secciones periódicas: noticias nacionales o internacionales que permiten un auditorio estable.

El *productor* o *director* del noticiero radial es el organizador directo de la emisión. Dirige la grabación de los noticieros que se les ha asignado. Tiene conocimiento de periodismo, así como sentido artístico; su misión básica es la de llevar el mensaje de una forma amena y agradable, sin que se pierda el sentido informativo del espacio radial.

Su trabajo comienza en la redacción del *noticiero*, con la búsqueda de las noticias y la selección de los géneros adecuados para el programa. Junto con el *Jefe de Redacción*, evalúa jerárquicamente las informaciones y géneros del programa.

En el momento de realizar la grabación, señala al operador de grabaciones, así como al musicalizador, cuáles son las informaciones, reportajes, entrevistas que llevan música, así como les orienta los cortes o transiciones musicales que estime necesario para dar una mayor armonía y coherencia al programa.

La radio por su agilidad requiere de una forma peculiar de jerarquía y estructura. Los sonidos empleados en la producción del programa informativo pueden ser grabados, en vivo, o en vivo y grabados.

La *edición* se logra con el trabajo organizado del equipo técnico y artístico para lograr la acertada distribución de los sonidos que intervienen en un programa, La *edición* es la organización final. Para lograr una acertada estructura, el redactor, reportero, jefe de redacción, productor, director, tienen presente:

- Las posibilidades del *tiemp*o. El *horario* y *audiencia.*
- Tipo de *audiencia* por sexo y edad.
- Los *intereses temáticos* individuales de los oyentes.
- El poder de *concentración* del oyente.
- La *velocidad* de emisión del mensaje.
- La *dicción.*
- La *programación*: *objetivos.*
- El *estilo* y *codificación* dados con: La riqueza de expresión, fuerza descriptiva, las pausas, ritmo, entonación, música y efectos sonoros.

- La *actualidad*, *continuidad* del mensaje.
- Los *elementos* que *captan la atención* del oyente:
  -El tema, interés, motivación, necesidades.
  -Nivel del lenguaje, forma utilizada, número de palabras poco usadas, cifras, abreviaturas, siglas.
- *Fuerza e impacto* de la *presentación* y *despedida*.
- *Originalidad* (5).

El **reportero** es el nexo entre los hechos, sucesos de la vida y la emisora. Es el principal suministrador de noticias para los espacios informativos.

El necesita una buena formación cultural, obtenida por medio de estudios universitarios y conocimientos de la técnica periodística para comprender los sucesos nacionales e internacionales.

Durante la búsqueda de noticias, crea un ambiente adecuado para que las personas le aporten la información que necesita. Respeta siempre la confianza que depositen en él y mantiene las promesas y compromisos. Posee un gran sentido de la responsabilidad y puntualidad. Cuando redacta sus noticias verifica y comprueba los datos obtenidos para estar seguro de la exactitud de los hechos que difundirá. Desarrolla su capacidad de observación y la habilidad para distinguir lo esencial de lo accesorio. Debe poseer facilidad de expresión oral y escrita.

El *reportero* se documenta todo lo posible sobre el asunto que va a tratar. Se informa exhaustivamente sobre las fuentes asignadas: estructura, dirección, organización, eventos. Obtiene la información como testigo presencial de los hechos o por medio de una segunda persona. Busca en documentos, informes y textos.

Para recoger datos ofrecidos por diferentes personas, es indispensable una grabadora, así como un cuaderno de notas, el cual le sirve para completar algún dato adicional sobre el ambiente, escenario, personalidad del entrevistado, entre otros elementos que no pueden ser grabados.

El *reportero* crea un archivo personal de citas, informaciones, libros, revistas, periódicos, para enriquecer sus trabajos periodísticos y para buscar temas a desarrollar posteriormente.

Las etapas son:

1. Documentación sobre aspectos anteriores al hecho, noticias, eventos.
2. Toma de notas y grabación durante el suceso.
3. Preclasificación de las notas.
4. Clasificación final. Organización de los fragmentos grabados por orden de importancia, relación temática, asociación, causa-efecto.

—

5. Mecanografía de un borrador con la estructura del género periodístico en cuestión.

6. Redacción final, montaje y grabación **(6)**.

Cuando redacta presenta los hechos concretamente y con exactitud; identifica a las personas, define los sucesos, indica el lugar y el tiempo. Es conciso, rápido, claro y lógico en su exposición.

Organización y funcionamiento de un noticiero radial.

El *noticiero radial*, generalmente, tiene un personal que va desde el **Director**, al cual se le subordina el **Jefe de Información** y el **Jefe de Redacción**. El *director* con los *Jefes de Información* y *Jefe de Redacción* elaboran el plan de trabajo de los asuntos que han de tratarse. Seleccionan las informaciones generales y de última hora que han llegado al noticiero. Después de elaborado el plan de trabajo de la jornada, el *Jefe de Información* que es el Jefe del equipo de *reporteros*, los orienta para la realización de trabajos especiales o para que vayan a las fuentes de noticias que habitualmente les suministran material informativo.

Los *reporteros* buscan las informaciones en aquellos lugares que se les han asignado. Cuando las obtienen, las transmiten por teléfono o las llevan directamente a la redacción. También bajo esta jefatura, se encuentran los *corresponsales*.

El departamento de *corresponsales* recibe todas las informaciones, la evalúan y la pasan a la *redacción* para que las elaboren los *redactores* de mesa, quienes les dan el estilo final.

Los *redactores*, subordinados al *Jefe de Redacción*, trabajan en la confección de materiales para las emisiones estelares y los boletines. Para la labor de redacción emplean las informaciones que llegan por las agencias de información, boletines oficiales, cablegráficos, llamadas de los corresponsales, documentos o notas de prensa enviadas por instituciones, entre otros materiales. De los periódicos, se seleccionan algunas informaciones que se enriquecen con datos de archivo.

Un *noticiero radial* se estructura con distintas informaciones y géneros periodísticos que van desde las redactadas en el noticiero radial hasta los *reportajes* grabados en el propio lugar de los hechos, las *crónicas* y otros géneros.

Los *locutores* tienen que poseer una excelente dicción, seguridad en la lectura, suficiente cultura, entre otros aspectos. La culminación de un buen trabajo en la *redacción* y en el área de *reporteros*, culmina con la calidad de los locutores.

El equipo de *redacción* trabaja las noticias nacionales e internaciones indistintamente, o puede estar especializado en redacción nacional o internacional.

El *Redactor Jefe de turno* del equipo de *redactores* recibe el material noticioso y selecciona cuál tiene importancia para ser publicado. Debe tener una alta calificación técnica y agilidad para tomar decisiones, conocer los objetivos y la política de la emisora, ya que sus valoraciones ante las noticias que se van a transmitir tienen que responder a los intereses del medio de difusión.

El *redactor jefe* decide si la noticia no tiene importancia y no se publicará, si tiene valor noticioso y buena redacción, si posee valor pero hay que adecuarla al lenguaje del medio, si es importante pero requiere que se enriquezca algún dato o se verifique algún aspecto (7).

La etapa anterior a la salida "**Al Aire**" del noticiero lo constituye la edición, el montaje y la realización de la grabación para la edición final. Los pasos en la *realización* y el *montaje* del *noticiero radial* (8) son:

1. **Preparación**:

   - Los periodistas reunidos en el consejo de redacción, exponen los temas y las noticias que ya han llegado a la redacción. Se establece una selección de temas de actualidad y seguimientos de acontecimientos que se han difundido, pero que siguen apareciendo nuevos datos de interés.
   - Se seleccionan los temas. Se analiza el grado de importancia de las noticias. Se determina cuál género periodístico se realizará.
   - Se valora y calcula la duración que se le concederá a cada tema.
   - Se designan a los reporteros, corresponsales, servicio de documentación, unidades móviles necesarias para determinadas noticias.

2. **Materialización:**

   - Sondeo de las fuentes habituales, revisión continua de las nuevas informaciones vía satélite, clasificación de las informaciones, llamadas telefónicas efectuadas o recibidas.
   - Concertación de las entrevistas en directo o diferidas. Grabación de estas últimas.
   - Redacción de los textos. Los reporteros recogen las informaciones en los lugares que se producen las noticias. Grabación de los géneros periodísticos de los corresponsales, colaboradores o enviados especiales que no puedan intervenir en directo. Asimismo, los técnicos de sonido preparan los cortes musicales y efectos especiales.
   - Recopilación de material.

3. **Montaje:**

- Distribución del material por bloques, secciones o áreas. Se ordenan según su importancia noticiosa, actualidad e interés.
- Ajuste del material: Se eliminan las partes superfluas y se amplían otras con datos nuevos.
- Redacción del *guión general* por parte del redactor jefe. Organización por parte del director o productor responsable del informativo; sirve para orientarse y conocer el orden de las secciones, intervención de los locutores, géneros periodísticos, cortes y efectos necesarios.
- Los reporteros grabarán en su voz las informaciones recogidas con el objetivo de darle variedad al espacio noticioso.

4. **Puesta *al aire*:**

- A la hora establecida, se difunde el espacio informativo.

6.2. Programación especial informativa.

La **programación especial informativa (9)** busca la amenidad, el aspecto estético. Estos programas especiales pueden retrasar algo la noticia, por lo que se emplean hechos o sucesos que no demandan una rapidez absoluta en su difusión. Generalmente, se ubican al finalizar el día o los fines de semana. En ellos se encuentran: **La revista informativa, la mesa redonda (una de las formas de entrevista colectiva) y el documental informativo radiofónico.**

Un *reportaje*, un *comentario* o cualquier otro género, puede ser el motivo para un programa especial. Se amplia la noticia y se confiere un atractivo especial para el radioyente. Una emisión de este tipo permite que el periodista *viva* un suceso o un hecho como si fuera un personaje más.

El *programa especial* se elabora artísticamente con diálogos elegantes, dramatizaciones, descripciones. Se enriquecen con *entrevistas*, *crónicas* y otros géneros periodísticos. Para preparar una programación especial informativa es necesario tener en cuenta:

- ¿Cómo empezar?
- ¿Cuáles hechos son los principales y cuáles los secundarios?
- ¿Cuáles son los personajes principales y cuáles los secundarios?
- ¿Qué descripciones se pueden introducir?
- ¿Cuál es el momento culminante?

- ¿Cómo concatenar las acciones, desarrollar los diferentes aspectos, integrar la música, efectos sonoros y el habla?
- ¿Cómo finalizar?

En este tipo de transmisión se facilita la labor persuasiva y formadora de valores de los medios de difusión masiva. Su misión es lograr la integridad y profundización de una noticia; llegar a los sentimientos y emociones de los oyentes con mayor facilidad.

.La revista informativa.

La **revista informativa** presenta una estructura agradable y sencilla con música, secciones especializadas, participación de los oyentes, géneros periodísticos. El *montaje* puede ser por analogía o contrastes.

El *título* y los *subtítulos* deben ser sugestivos para apelar a las necesidades e intereses de segmentos de radioyentes a los que va dirigido. El *sumario* se emplea a menudo para describir los materiales y secciones del programa.

Las *revistas informativas* (10) tienen *secciones* con temas específicos que aparecen siempre en cada programa. Media hora de una revista para los padres, tendrá secciones sobre las necesidades, intereses e inquietudes de este grupo social.

Los locutores que trabajan en el programa utilizan un *estilo* ágil y un *ritmo* natural que se avenga a los objetivos y audiencia del programa. Su expresión puede ser amistosa, mesurada formal o informal. Hay que adecuar las características de la *voz* y el *habla* con el programa. Se busca la combinación de los *timbres* de mujer y hombre para darle variedad y dinamismo al espacio radial.

En las revistas participan especialistas de diversas disciplinas para cumplir los objetivos del programa. El estilo de redacción es claro. Se emplea, fundamentalmente, el presente del indicativo y la voz activa. La música ha de ser variada para ofrecer amenidad y diversidad. Es determinante saber al público al que va dirigido el espacio para definir con exactitud los objetivos.

Con el propósito de buscar agilidad, el productor y el musicalizador seleccionan y ubican los números musicales con el siguiente contraste:

a) Lento/movido
b) Cantada/instrumental.
c) Cantada por hombre/cantada por mujer.
d) Grupo vocal/solista.
e) Música conocida/ no conocida.

Se escoge un buen número musical para el comienzo del programa y otro para el final. Estos números musicales, generalmente, durante la *presentación* y *despedida*, se bajan a un segundo plano para ofrecer los nombres de los participantes.

El **montaje** entre escenas, sintagmas y secciones puede ser ordenado *diacrónicamente* o *sincrónicamente*. Algunas posibilidades son:

> Número musical-locutor-número musical.
>
> Número musical o efecto baja a fondo en su parte final. Locutor a un primer plano. Termina la música, el locutor sigue hablando en seco. Comienza otro número musical.
>
> En la parte final del número musical se baja a fondo. Habla el locutor en un primer plano. Vuelve a bajar a fondo la música. El locutor de nuevo en un primer plano. Mientras habla Baja la intensidad de la música en *fade out*.
>
> Número musical baja a fondo. El locutor habla en un primer plano. Se termina la música o va bajando, mientras otra música la sustituye en intensidad: *cross fade*.
>
> Música baja a fondo. Habla el locutor en un primer plano. La música termina en un segundo plano. Continúa hablando el locutor. Este termina y comienza otra música. El nuevo número musical baja a fondo. Habla de nuevo el locutor en primer plano. Cuando termina el locutor, el número musical sube a un primer plano.

Estas codificaciones son algunas posibilidades en el amplio campo de la creatividad. Buscar nuevas formas agradables y estéticas es una labor en la que se define el talento creador del radioperiodista.

Los tipos de **secciones** dentro de *la revista informativa* dependen de los objetivos del programa, el tiempo, la audiencia a que está dirigida: *intereses, necesidades* y *motivaciones*. Los adolescentes se interesan mayormente en el deporte, la música, crónicas sobre proezas y aventuras, acciones heroicas, sucesos y anécdotas. La mayor atención por las noticias, generalmente, aumenta con la edad. El número de radioescuchas supera al de televidentes en las primeras horas del día. Eso se manifiesta de forma inversa por la noche.

Las *secciones* que comúnmente (11) se incluyen en estos programas son:

- Noticias.
- El tiempo (parte meteorológico).
- Informaciones sobre el tráfico.
- Programación de televisión y cartelera del cine.
- Ofertas nocturnas de teatro, exposiciones, museos, restaurantes.

- Tránsito. Vías de circulación para los automóviles y sus variantes en caso de accidentes.
- Efemérides.
- Cartas de los oyentes.
- Nuevos libros en ventas.
- Salidas y llegadas de trenes, aviones y sus variaciones (según la revista).
- Nuevos artículos en ventas. Sus precios.
- Nuevos cursos escolares.
- Contactos con corresponsales y reporteros.
- Equipo móvil para entrevistas e informaciones en directo.
- Noticias nacionales e internacionales.

Se emplean los géneros periodísticos: *información, entrevista, crónica, comentario* y *reportaje* para dar variedad al programa. Se destaca la *entrevista* por su contenido, forma amena y agradable de exposición. Para ofrecer algunos temas específicos de interés humano, se realizan dramatizaciones de poca duración pero con mucha imaginación. El factor humano es lo fundamental.

La **participación de los oyentes** le imprime al espacio radial variedad. Esta participación se establece por medio de teléfono, cartas, o en la propia emisora. Fuera de la emisora radial, con un equipo móvil. Los radioyentes piden número musicales, dan respuestas a preguntas, participan en juegos, compiten en debates, hacen sugerencias, dan opiniones.

La organización interna de *la revista informativa* se efectúa para captar la *atención* de los radioescuchas a través de contrastes y analogías, ambas con una armonía adecuada. Un posible esquema de organización interna de una revista dc 40 minutos cs:

Tiempo	Secciones	Min. Aprox.
2:00	.Tema. Presentación. Sumario. Subtema.	2
	.Entrevista, información, comentario, crónica, reportaje.	4
	.Número musical.	3
	.Carta de los oyentes o llamada telefónica	3
	.Número musical.	3
	.Documental sonoro.	5
	.Deportes y el tiempo.	3
	.Número musical.	3
	.Cartelera de cines, televisión, exposiciones, museos, restaurantes.	4
	.Entrevista a un especialista.	3

.Número musical.   3
.Despedida. Algunos aspectos nuevos que se
tratarán en la próxima revista.
.Nombres de los participantes en el programa.   3
2:40   .Tema de despedida.   1

Otra posible organización de una *revista informativa* de una hora es la siguiente:

Programa: Radio Ciudad.

Función: Informativa.

Emisora: Radio (. . .).

2:00 p.m. SONIDO: (EFECTOS. TEMA MUSICAL).

LOC.1.:	**–Las noticias recorren el mundo, segundo a segundo. Las traemos a ustedes en la Revista Informativa RADIO CIUDAD. La Moderna Imagen del Sonido. En sus mil (. . .) kilohertzios de su dial, desde Miami.**
SONIDO:	(TEMA MUSICAL. BAJA A FONDO).
LOC.2.:	–Estos son los titulares de algunas de las noticias que les ofreceremos hoy . . .
LOC.1.:	–(Ofrece los titulares).
SONIDO:	(CORTE MUSICAL).
LOC.1.	–Esta mañana 14 de noviembre del 20 . . . tenemos buen tiempo en Miami, con temperaturas de 23 grados centígrados. Nuestra ciudad, inicia su actividad laboral en su afán por progreso y bienestar.
LOC.2.:	–En 58 minutos informativos, les ofreceremos una panorámica de los acontecimientos locales y nacionales a través de nuestros reporteros y corresponsales.
OPERADOR:	(CORTE MUSICAL QUE DENOTE INMEDIATEZ)
LOC.1.:	–Estas son las principales noticias:
LOC.2.:	–Hoy en . . . (. . .)
LOC.1.:	–Ha ocurrido . . . (. . .)

—

OPERADOR:	(CORTE MUSICAL).
LOC.2.:	**-Los segundos corren hacia el minuto; los minutos hacia la hora, y ya han pasado (. . .) minutos y (. . .) segundos de programación, aquí en Radio Ciudad, la Moderna Imagen del Sonido, en sus mil (. . .) kilohertzios de su dial, desde Miami, son las (. . .).**
LOC.1.:	-Todos dispuestos para incursionar en el mundo de los corresponsales.
LOC.2.:	-Son éstos los primeros contactos con los integrantes del **colectivo de Corresponsales** de Radio Ciudad, en sus mil (. . .) kilohertzios de su dial.
SONIDO:	(SEÑAL TELEFÓNICA).
LOC.1.:	-En estos momentos, tenemos la primera llamada telefónica:
SONIDO:	(DESCOLGAR TELÉFONO).
LOC.2.:	-¿Quién habla?
REPORTERO.1.:	-Es (. . .) con las noticias del tránsito para Miami . . . (Ofrece las noticias y dificultades viales de Miami).
LOC.2.:	Muchas gracias. Esta es la primera llamada de la mañana. Vamos ahora para la llamada número dos.
SONIDO:	(TIMBRE TELEFÓNICO).
LOC.1.:	-Es la llamada número dos. Veamos (. . .).
SONIDO:	(DESCOLGAR TELÉFONO).
LOC.1.:	-Es (. . .) desde el Centro Meteorológico, para hablarnos del tiempo en las próximas horas.
REPORTERO.2.:	-Les habla desde el Centro del Radar Meteorológico de Miami (. . .). El tiempo se comportará (. . .) Muchas gracias.
LOC.1.:	-Muchas gracias (. . .) por su información sobre el tiempo.
LOC.2.:	**-Los segundos corren hacia el minuto; los minutos hacia la hora, y ya han pasado (. . .) minutos y (. . .) segundos de programación. Aquí en Radio Ciudad, la Moderna Imagen del Sonido, en sus mil (. . .) kilohertzios de su dial, desde Miami, son las (. . .)**
OPERADOR:	(CORTE MUSICAL)

—

LOC.2.:	-Tenemos un reportaje sobre (. . .) de (. . .).
LOC.1.:-	Muy interesante, es un hecho que está presente y es inquietud de la población en estos momentos.
OPERADOR:	(ENTRA REPORTAJE SOBRE . . .)
LOC.2.:	-Magnífico reportaje de (. . .). Ahora, la consulta con el Doctor (. . .) especialista en (. . .).
SONIDO:	(CORTE MUSICAL. INTRODUCE CONSULTA CON DOCTOR ESPECIALISTA EN MEDICINA).
LOC.1.:	Tenemos la visita del Doctor, (. . .) especialista (. . .). Hoy nos hablará Sobre (. . . .). Esperamos las llamadas telefónicas del público interesado en este tema. El número de nuestra emisora es (. . .).
Dr. G.:	-El tema que trataré hoy es la osteoporosis. (Después de terminar el tema, entran llamadas de la población).
LOC.2.:	Gracias Dr. G. por esclarecernos sobre este padecimiento.
Dr. G.:	De nada (. . .). Ha sido un placer.
OPERADOR:	(CORTE MUSICAL).
LOC.1.:	-Tenemos hoy una entrevista de (. . .).
OPERADOR:	(COMIENZA ENTREVISTA SOBRE SITUACIÓN FINANCIERA, CON EL ESPECIALISTA EN FINANZAS . . . -3 MIN.).
LOC.2.:	**-Los segundos corren hacia el minuto; los minutos hacia la hora, y ya han pasado (. . .) minutos y (. . .) segundos de programación. Aquí en Radio Ciudad, la Moderna Imagen del Sonido, en sus mil (. . .) kilohertzios de su dial, desde Miami, son las (. . .).**
LOC.1.:	-En estos momentos tenemos en línea al periodista (. . .) con una **crónica** sobre (. . .).
PERIODISTA:	(comienza crónica).
SONIDO:	(TEMA MUSICAL PARA LOS NOTICIAS NACIONALES E INTERNACIONALES).
LOC.1.:	-Comenzamos con (. . .).
LOC.2.:	-Han ocurrido (. . .).
OPERADOR:	(TEMA MUSICAL PARA COMENTARIO Y DIALOGO SOBRE LEGALIDAD).

LOC.1:	-Usted está en sintonía con Radio Ciudad, la Moderna Imagen del Sonido. Se encuentra en nuestra emisora el abogado (. . .) especializado en (. . .).
ABOGADO:	Les explicare las nuevas leyes sobre la hipoteca (. . .).
LOC.2.:	-Nos indica el operador que tenemos una nueva llamada telefónica. La atendemos inmediatamente.
OPERADOR:	(TIMBRE TELÉFONO. LLAMADA TELEFÓNICA.1.).
ABOGADO:	(Responde a preguntas telefónicas).
OPERADOR:	(CORTE MUSICAL).
LOC.1.:	-Ahora le damos paso a un reportaje de (. . .). para Radio Ciudad, la Moderna Imagen del Sonido.
OPERADOR:	(ENTRA REPORTAJE DE . . .).
LOC.2.:	**Los segundos corren hacia el minuto; los minutos hacia la hora, y ya han pasado (. . .) minutos y (. . .) segundos de programación. El tiempo de nuestro programa ha terminado aquí en Radio Ciudad, la Moderna Imagen del Sonido, en sus mil (. . .) kilohertzios de su dial, desde Miami, son las (. . .).**
LOC.1.:	**Gracias por su gentileza, su atención y sintonía.**
LOC.2.:	**-Igualmente les agradece, el colectivo de Radio Ciudad integrado por (. . .) en la grabación y coordinación; control central, (. . .); locutores (. . .), y**
LOC.1.:	**-Quien les habla (. . .).**

2:58 p.m. OPERADOR: (TEMA MUSICAL DE DESPEDIDA).

Estos modelos no representan un esquema rígido, sólo son ejemplos de las posibles combinaciones. Ilustran algunas estructuras de *las revistas informativas* que pueden durar de treinta minutos a una hora.

. La mesa redonda.

Los temas que se tratan en las *mesas redondas* (12) deben ser de gran interés y actualidad. Se presentan los objetivos en forma conversacional, las partes fundamentales del programa y los especialistas que dialogarán en el programa.

El máximo de participantes es de cuatro y deben tener diferentes timbres. Se busca variedad en la edad, sexo, para diversificar la *mesa redonda*. Se sitúa una mesa con un micrófono omnidireccional en el centro. Los participantes van preparados de antemano y saben el orden de sus intervenciones. Se les aclara que hablarán con precisión, sin emplear siglas, abreviaturas ni términos técnicos. Pueden hablar ininterrumpidamente hasta dos minutos.

Los argumentos se expondrán adecuadamente. El periodista dirige el debate. En la primera ocasión que interviene uno de los participantes, el periodista lo introduce con el nombre, apellidos y el cargo. Posteriormente, durante el desarrollo, sólo emplea el nombre y/o el cargo. Cuando se va a pasar a otro tema, el periodista (13) lo anuncia. Como moderador, tiene presente:

El **tiempo** del programa, cuánto utiliza cada interlocutor y lo que queda para terminar el programa.

Si lo que están diciendo los participantes es **relevante** o no. Si es **interesante** y **comprensible** su intervención.

Cómo **relacionar** los **diferentes aspectos**, personas y las **preguntas** para lograr una agradable fluidez lógica.

La **distancia** de los participantes y el **micrófono** para que el nivel y balance de las voces no se pierda.

Para finalizar el programa, el periodista puede repetir de nuevo los puntos fundamentales que se han tratado. Finalmente, despide el programa, da las gracias a los participantes, dice de nuevo sus nombres, apellidos, especialidades y anuncia el próximo programa.

Existe también la **rueda de prensa radiofónica.** Esta se realiza en directo o se graba, pero siempre busca que el radioyente piense que se está en "**vivo**" o directo (en el momento de producirse). Utiliza dos variantes: Una rueda de prensa con *corresponsales* o con *diferentes emisoras.*

La *rueda de prensa con corresponsales* se emplea en los espacios informativos. Es el conjunto de breves comentarios, ofrecidos por corresponsales de la ciudad, la nación. La *rueda de prensa* ofrecida por *emisoras* se realiza cuando las emisoras se encadenan en función de un contenido temático, ya sea situación meteorológica, deportiva, política.

Esta *rueda de prensa radiofónica* se dirige, desde el estudio central, por un director o productor. Se puede establecer un orden de intervenciones, marcando **el pie** o **frase final** que dará el paso a las diferentes emisoras. Cada emisora se presenta y ofrece su comentario.

.El documental informativo radiofónico.

El *documental informativo radiofónico* (14) es un programa que se basa en evidencias documentales, datos, fuentes de información, entrevistas recientes. Su propósito esencial es el *informativo* pero con una presentación estética. Se elabora una noticia o hecho histórico con un total respeto por la honestidad y la verdad.

El programa admiten canciones, poemas y hechos dramatizados que ayuden a ilustrar el tema. La organización externa del espacio es bastante libre. Existen diferentes tipos de **Documentales Informativos Radiofónicos**: *documental sonoro propiamente dicho, la serie documental y el suceso noticioso dramatizado.* Ellos presentan parecidas características en la *edición, montaje, estilo, realización.*

El **documental sonoro** es el que tiene mayor complejidad en su elaboración. La serie documental se ofrece en varios programas no muy extensos, a diferencia de los sucesos noticiosos dramatizados, los cuales cuentan con poco tiempo. Sólo unos cinco minutos aproximadamente.

Los *documentales sonoros* pueden ser ubicados en la emisora de dos formas:

1. **Vertical.**
2. **Horizontal.**

Con la *programación vertical*, se transmiten todas las partes en un mismo día. Con la *programación horizontal*, se ofrecen en distintos días sus partes. Se transmiten en los períodos de más audiencias.

El *documental informativo radiofónico* se diferencia del *reportaje* en que el primero busca abundantes testimonios, entrevistas más largas y espontáneas. El tiempo de realización es largo y pausado sin el agobio de la actualidad apremiante. Las *noticias* se elaboran con gran imaginación a través de dramas, diálogos, poemas, ritmos y canciones. Es esencial que los oyentes conozcan claramente los propósitos del programa.

Muchas noticias que sirven para reportajes también se emplean para *documental sonoro*. Otros son frecuentemente hechos sobre aspectos económicos, políticos, culturales, históricos, sociales o sobre una persona en particular: su actividad, su vida, descubrimiento. El elemento esencial es el ser humano.

El *documental sonoro* puede tener de 30 minutos a una hora. El problema está en cómo mantener interesados a los radioescuchas, a través de la adecuada organización de los códigos. Se tiene en cuenta la duración, profundidad y contenido de los diferentes perfiles que conforman el programa. El periodista al escribir su programa se pregunta: *¿Qué quiero elaborar? ¿Qué quiero llevar a* *los oyentes? ¿Cómo llevaré esa noticia? ¿Qué forma emplearé y cuál organización interna utilizaré? ¿Cómo lograré atraer la atención de los oyentes?*

El *título* se define en el transcurso del trabajo. No hay una forma ideal de organizar el programa, pues cada periodista emplea sus métodos y estilos. Determina qué es necesario enfatizar, cómo comenzar y cómo terminar, ¿Cuál será el mejor montaje para su desarrollo? Un posible esquema puede ser:

Título: El puerto.

Objetivos: Ofrecer a los oyentes la labor portuaria, las nuevas tecnologías y los cambios que han ocurrido en comparación con etapas anteriores.

Duración: 30 minutos.

Informaciones: Actividades e índices históricos de cumplimiento. Nuevas tecnologías.

Contenido:
-Recuento histórico de la realidad portuaria antes y después de la aparición de las nuevas tecnologías.
-Situación del trabajador antes y después.
-Nuevos métodos.
-Cambios sociales y económicos.
-Salarios y concepción del trabajo.

Entrevistas a:
Gerentes.
Director.
Operadores de equipos.

Pequeña dramatización de reunión entre los trabajadores con los empresarios.
Bibliografía: Periódicos, libros, revistas, entrevistas.
Efectos y música apropiados.

Se busca información en libros y revistas. Se efectúan *entrevistas* y se *dramatizan* las partes que lo permitan.

Estructura (15) y codificación.

La primera decisión es si en su *estructura* lleva el programa un *narrador*, cómo serán los enlaces, las explicaciones narrativas, la estructura lógica del programa, cómo se expondrán los hechos estadísticos y los dramáticos.

Un *narrador* puede ayudar a dar gran cantidad de información en poco tiempo, pero es peligroso porque puede dar la sensación de ser demasiado artificioso o distanciado del oyente. El *narrador* es un enlace o eslabón, no un elemento que interrumpa y dificulte la *acción lógica* de las escenas.

Existen *programas documentales* donde el enlace es implícito, y cada escena prepara a la otra. Se hace una yuxtaposición estética agradable para el oyente con esta interesante estructura.

Gran cantidad del material e información se acopian por medio de las entrevistas. Si se ha decidido que no hay narrador, es necesario que los entrevistados se identifiquen ellos mismos:

.   "Yo soy el gerente del Puerto ..."
.   "Yo soy un operador de los nuevos equipos ..."

Ellos pueden hacer preguntas a las cuales les dan respuestas otros entrevistados o ellos mismos. Se decide si la intervención del entrevistador es importante y necesaria, o si es mejor obviarla. Entonces, el *narrador* y los *entrevistados* son quienes relacionan e introducen los parlamentos.

La *estructura* y el *estilo* son muy variados. Hay que buscar las vías para que siempre exista claridad. Los efectos de sonidos utilizados con mesura crean una atmósfera apropiada para que los oyentes reconozcan un ambiente artístico creíble y verosímil.

Si el tema tratado es histórico o una noticia que no ha perdido actualidad, se puede dramatizar con diálogos y actores. Es normal el uso de fragmentos musicales para fácilmente generar una atmósfera determinada. La *música* seleccionada reflejará el momento histórico o la situación emocional que se quiere representar.

El material se va **codificado** de varias formas. Algunas son:

Efecto de sonido-narrador.
Entrevista primer plano y baja a fondo para dar paso al narrador en primer plano, el cual presenta y baja a segundo plano, entrevista a primer plano.
Narrador-efectos de sonido-entrevista.
Fragmento musical-narrador primer plano y música a fondo.
Música-entrevistado-narrador.
Entrevista-efectos de sonido-entrevista.

Presentación.

Al comenzar el programa se busca captar la *atención* del oyente por medio de un fragmento musical, un efecto de sonido, diálogo, cita o una cuidadosa selección de determinados parlamentos. También puede comenzar sin música o efectos sonoros, sólo con una formal presentación o con una identificación del programa. El periodista selecciona los títulos que se pondrán en el sumario.

Una *presentación* por medio de un narrador puede dar un buen resultado. Ofrece un sumario del programa o hace preguntas para que los oyentes esperen las respuestas en el desarrollo.

Desarrollo.

En el *desarrollo* del espacio radial aparecen dramatizaciones, enlaces del narrador, música, diferentes *géneros periodísticos*, entre otros elementos sonoros. Para lograr una grata distribución de las *entrevistas*, no se ponen una a continuación de la otra, sino que se ubican coherentemente en los momentos del espacio donde ofrezca la armonía y unidad. Se eliminan las partes de las *entrevistas* muy largas con balbuceos, inexactitudes, paráfrasis excesivas. Se seleccionan las más eficaces, originales y actuales.

El periodista determina dónde intercalar las intervenciones de los profesionales. Analiza las prioridades del programa, la codificación y el montaje. Distingue cuidadosamente los hechos noticiosos de las dramatizaciones y de las opiniones. Decide si utilizará poemas, criterios de especialistas y debates.

El montaje.

Es una exigencias que el programa esté hecho con talento y originalidad. Siempre se tiene presente la **claridad de las imágenes sonoras, de la secuencia dramática, la distribución de la carga emocional y de los suspensos.** Durante el **montaje**, el material que se suprima se archiva por si es necesario emplearlo posteriormente.

En el **desarrollo** del programa, los *montajes* presentan las siguientes organizaciones en las estructuras sonoras:

- Un desarrollo **cronológico o no cronológico.**
- Una **acción dramática** con un **montaje lineal** o **no lineal.**
- Una **progresión dramática narrativa.**
- Una relación de **causa-efecto.**
- Una **asociación temática.**

El *montaje cronológico* ofrece los diferentes hechos relacionados por la sucesión en el tiempo, como han ido ocurriendo. El *montaje no cronológico* no tiene en cuenta el tiempo cronológico, por lo que utiliza retrospectivas, proyecciones y pronósticos en el futuro o acciones y hechos que se presentan simultáneamente en un tiempo.

Los *montajes* de acuerdo con la *acción dramática* son lineales si desarrollan la acción con una estructura lógica de *presentación-desarrollo-conflicto (clímax)-desenlace*. Los *no lineales* no siguen la estructura lógica anterior. Pueden comenzar con el *clímax-presentación-desarrollo-desenlace* o *desenlace-presentación-clímax-desarrollo*.

El *montaje* que tiene en cuenta la *progresión dramática* utiliza en cada escena elementos que provocan la curiosidad en el oyente. Las escenas siguientes satisfacen las interrogantes creadas en las anteriores y crean nuevas interrogantes para resolver en futuras escenas.

Los *montajes* con una relación *causa-efecto* se relacionan con el problema y la solución. Puede aparecer la causa primero y posteriormente el efecto o a la inversa. Se determina cuánto tiempo se le dedica al problema y cuánto a la solución. El tema y el tiempo del programa enmarcarán qué tiempo se le dedica al problema y qué tiempo a la solución.

El *montaje* por *asociación temática* vincula al tema central los elementos que se relacionen para darle profundidad o belleza al espacio radial. Cada parte del *documental* se relaciona con el *tema central*, puede ser sobre una zona geográfica. Se presentan *entrevistas*, *crónicas*, *reportajes*, *informaciones* de las distintas áreas del lugar con un recorrido de este a oeste o de norte a sur. Desarrolla escenas cortas con acciones *montadas* fraccionadas, en paralelo. Se distribuyen los momentos climáticos en diferentes momentos del programa.

Durante **el montaje** del *documental informativo radiofónico*, se tienen en cuenta las leyes del *interés*, la *caracterización y* el *diálogo*.

La *ley del interés* consiste en codificar con habilidad un tema para que se mantenga constante la atención del oyente. Para lograr el *interés*, hay que tener presente tres principios fundamentales:

1. **Comenzar bien.**
2. **No explicar demasiado.**
3. **No terminar rotundamente.**

Para **comenzar bien** cada escena, hay que evitar los inicios explicativos, lentos. Desde la primera oración se presenta un hecho, una idea, o un dato significativo, que atraiga la atención del oyente. *No explicar*, sino sugerir a través de la narración. Por otra parte, *no terminar rotundamente* las escenas; no tendrán un final definitivo. Se dejan elementos que se explican en las escenas siguientes. La vida es una cadena de hechos y sucesos. Hay que dejar al oyente en suspenso para que con su imaginación colabore y desee continuar escuchando.

El *interés humano* está muy ligado a la curiosidad. Para despertar el interés y la curiosidad debe haber *novedad*. La *novedad* en un *programa noticioso dramatizado* es el hombre y sus problemas. Los argumentos son limitados, pero las formas son ilimitadas. Es necesario convertir lo individual en general, sólo así el relato toca los sentimientos generales y comunes de los oyentes.

Para ganar la *atención* no se multiplican los elementos de una **escena** ni las incidencias de la acción. La acción tiene que ser una desde el principio al fin. Se trata un aspecto en cada escena. No conviene abusar de la excitación intensa, se debe alternar con momentos de menos intensidad. Es conveniente ir variando la acción en escenas, incidentes, episodios. La *atención* se atrae y regular por medio de una extensión limitada, variaciones y cambios comprensibles y verosímiles. Por otra parte, *la utilidad* del programa se encuentra en qué le es útil y le interesa a los radioyentes.

Hay que tener en cuenta durante el *montaje* la *caracterización y los diálogos*. La exactitud en la *caracterización* externa e interna hace visualizar al personaje más creíble y real. Los *diálogos* definen a los hombres: Lo que dicen o callan, el modo de hablar. El *diálogo* ha de ser natural, sin rebuscamiento ni pedantería y responder al modo de ser de los personajes. Se escoge lo significativo, lo que tiene sentido y es psicológicamente revelador. Los titubeos sólo se dejan cuando son intencionales para indicar alguna característica de un personaje. Los diálogos son el núcleo en el *desarrollo dramatúrgico*.

En la conversación íntima los *diálogos* no son rotundos ni precisos, casi siempre se expone el pensamiento en forma vaga y vacilante. Se dejan de decir y se dan por sobrentendido muchos aspectos. En personas cultas y en determinados estilos funcionales, se emplean frases precisas y completas.

El final.

El final puede tener varias alternativas:

- **El narrador resume lo importante.**
- **Opiniones de personas o especialistas que sintetizan los aspectos tratados en el desarrollo del espacio radial.**
- **Se repite una frase que concluye y completa el contenido del programa.**
- **Se hace alguna pregunta sobre lo que se ofreció.**
- **Finaliza con las mimas voces, opiniones y efectos de sonidos que se emplearon al inicio del programa.**
- **Termina en seco y deja que los oyentes elaboren sus propias conclusiones.**

Ejemplo: Documental informativo radiofónico.

José Martí: Caudillo de la Idea (16).

Escribe: Radamés de los Reyes.

Dirige: Rolando González.

Bibliografía:	Martí, José: *Obras completas.*
	Portuondo, Fernández: *Historia de Cuba.*
	Vitier, Cintio y Fina García: *Temas martianos.*
	Griñán, Peralta: *Martí, líder político.*
	Martí, José: *Versos.*
	Martínez Villena, Rubén: *Versos.*
Reparto:	Villena . . .
	Martí . . .
	María . . .
	Marcos . . .
	Gómez . . .
	Radio . . .
	Grabación:
	Transmisión:

—

OPERADOR: (ENTRA MÚSICA—4 seg.—BAJA A FONDO).

VILLENA: -Señor de la palabra, Caudillo de la Idea, tu verbo fue cual grito pletórico de fe, que al pueblo arrodillado quitóle la librea, rompióle las cadenas y púsole de pie; y fue clarín guerrero llamando a la pelea y látigo feroz.

Y centro en que brillaba la libertad futura, en cuyas amenazas, preñadas de amargura, el alma de la Patria lloraba por tu voz.

OPERADOR: (SUBE MÚSICA—3 seg.—DESAPARECE).

NARRADOR: -El Instituto de Radiodifusión Presenta:

(RR) José Martí: Caudillo de la Idea.

OPERADOR: (ENTRA MÚSICA—4 seg.—BAJA A FONDO).

NARRADOR: -Para la confección de este programa se utilizaron las siguientes fuentes: José Martí: *Obras completas;* Fernando Portuondo: *Historia de Cuba;* Cintio Vitier y Fina García: *Temas martianos;* Peralta Griñán: *Martí, líder político.* Fragmentos de poesías de José Martí y Rubén Martínez Villena.

OPERADOR: (SUBE MÚSICA—3 seg.—BAJA A FONDO).

NARRADOR: -Libreto: Radamés de los Reyes.

Dirección: Rolando González.

OPERADOR: (CROSS FADE con la música anterior, mientras entra otra música—3 seg.—PASA NARRADOR A PRIMER PLANO, LA MÚSICA BAJA A FONDO).

NARRADOR: -La Habana, octubre de 1869. Un grupo de voluntarios acusan a Eusebio y Fermín Valdés Domínguez, Manuel Sellén, Atanasio Fortier, Santiago Balvín y a José Martí de burlas al supuesto "honorable" Cuerpo de Voluntarios.

OPERADOR: (SUBE MÚSICA Y BAJA A FONDO).

NARRADOR: -Los voluntarios cogen una carta firmada por Martí y Valdés Domínguez dirigida a Carlos de Castro y de Castro, donde se le reprochaba su actitud por alistarse de oficial en el ejercito español.

OPERADOR: (SUBE MÚSICA—3 seg.—DISUELVE).

MARTÍ: (RR LIGERA)

¿Has soñado tú alguna vez con la gloria de los apóstatas? ¿Sabes tú cómo se castigaba en la antigüedad la apostasía? Esperamos que un discípulo del señor Rafael María de Mendive no ha de dejar sin contestación esta carta.

OPERADOR: (MÚSICA A PRIMER PLANO—4 seg.—BAJA A FONDO).

NARRADOR: -A pesar de que la letra de Martí y Valdés Domínguez eran muy parecidas, Martí sostuvo con todas sus fuerzas que él había escrito aquella carta. Llevados ante un Consejo de Guerra, acusados de infidencia, fueron condenados. Fermín Valdés Domínguez a seis meses de arresto mayor; José Martí: a seis años de presidio.

OPERADOR: (CROSS FADE con música lenta y suave—4 seg.-).

MARTÍ: -(LIGERA RR) Madre mía:

Mucho siento estar metido entre rejas;—pero de mucho me sirve mi prisión.—Bastantes lecciones me han dado para mi vida, que auguro que ha de ser corta, y no las dejaré de aprovechar.
-Tengo dieciséis años, y muchos viejos me han dicho que parezco un viejo. Y en algo tienen razón;—porque si tengo en toda su fuerza el atolondramiento de mis pocos años, tengo en cambio un corazón tan chico como herido.—Es verdad que usted padece mucho-; pero también lo es que yo padezco más.
¡Dios quiera que en medio de mi felicidad pueda yo algún día contarle los tropiezos de mi vida! (FIN RR).

OPERADOR: (CROSS FADE. Con música que pasa a primer plano—4 seg.-BAJA A FONDO).

NARRADOR: -Enero 15 de 1871. Martí sale deportado hacia España. En Madrid, publicará *El presidio político en Cuba.*

OPERADOR: (ENTRA MÚSICA A FONDO A MARTÍ).

MARTÍ: -¡Martí! ¡Martí! Me dijo una mañana un pobre amigo mío, amigo allí porque era presidiario político, y era bueno, y era como yo, por extraña circunstancia, había recibido orden de no salir al trabajo y quedar en el taller de cigarrería; mira aquel niño que pasa por allí.

Miré ¡Tristes ojos míos que tanta tristeza vieron! Era verdad. Era un niño. Su estatura pasaba del codo de un hombre regular. Sus ojos miraban entre espantados y curiosos aquella ropa rudísima con que lo habían vestido, aquellos hierros extraños que habían ceñido a sus pies.

Mi alma volaba hacia su alma. Mis ojos estaban fijos en sus ojos. Mi vida hubiera dado por la suya. Y mi brazo estaba sujeto al tablero del taller; y su brazo movía, atemorizado por el palo, la bomba de los tanques.

Las horas pasaban; la fatiga se pintaba en aquel rostro; los pequeños brazos se movían pesadamente; la rosa suave de las mejillas desaparecía; la vida de los ojos se escapaba; la fuerza de los miembros debilísimos huía. Y mi pobre corazón lloraba.

OPERADOR: (MÚSICA A PRIMER PLANO—4 seg.—BAJA A FONDO).

NARRADOR: -En mayo de 1871, Martí solicita matrícula en la Universidad Central de Madrid, como alumno de enseñanza libre en la asignatura de Derecho Romano, Primer Curso, Derecho Político y Administrativo, Economía Política, y Estadística.

OPERADOR: (MÚSICA A PRIMER PLANO—4 seg.—BAJA A FONDO).

NARRADOR: -Corría el año 1872 cuando Fermín Valdés Domínguez se reúne con Martí, que enfermó por las cadenas del presidio y fue operado dos veces. Fermín lo ayuda económicamente y se lo lleva a Zaragoza para que se recupere.

OPERADOR: (MÚSICA A FONDO DE GUITARRA).

MARTÍ: (RR)—Amo los patios sombríos;
con escaleras bordadas;
amo las naves calladas
y los conventos vacíos.

Amo la tierra florida,
musulmana y española,
donde rompió su corola
la poca flor de mi vida.

OPERADOR: (MÚSICA A PRIMER PLANO—4 seg.—BAJA A FONDO).

NARRADOR: -Martí prosigue estudiando sin olvidar los sufrimientos de su patria esclava.

OPERADOR: (MÚSICA A PRIMER PLANO—3 seg.—BAJA A FONDO).

NARRADOR: -Martí publica *La República española ante la Revolución Cubana*.

MARTÍ: -La República conoce cómo la separa de la Isla sin ventura ancho espacio que llenan los muertos;—la República oye como yo su voz aterradora;—la República sabe que para conservar a Cuba, nuevos cadáveres se han de amontonar, sangre abundantísima se ha de verter,—sabe que para subyugar, someter, violentar la voluntad de aquel pueblo, han de morir sus mismos hijos.—¿Y consentirán que mueran para lo que, si no fuera la muerte de la legalidad, sería el suicidio de su honra?—¡Espanto si lo consiente! ¡Míseros los que se atrevan a verter la sangre de los que piden las mismas libertades que pidieron ellos! ¡Míseros los que así abjuran de sus derechos a la felicidad, al honor, a la consideración de los humanos!

OPERADOR: (MÚSICA A PRIMERA PLANO—4 seg.—BAJA A FONDO).

NARRADOR: -En el año 1874, Martí obtiene el título de Bachiller. Se gradúa de Licenciado en Derecho Civil y Canónigo, y de Licenciatura en Filosofía y Letras.

OPERADOR: (SUBE MÚSICA A PRIMER PLANO—3 seg.—BAJA A FONDO).

NARRADOR: -Sale de España para visitar otros países de Europa. Posteriormente radica en México, donde cosecha grandes amistades; se gana la simpatía de todos, los cuales admiran su capacidad intelectual.

OPERADOR: (MÚSICA PARA POEMA DE MARTÍ. ENTRA A PRIMER PLANO—3 seg.—BAJA A FONDO).

MARTÍ: (RR)—Hoja tras hoja de papel consumo:
Rasgos, consejos, iras, letras fieras
Que parecen espadas: Lo que escribo,
Por compasión lo borro, porque el crimen,
El crimen es al fin de mis hermanos.
Huyo de mi, tiemblo del Sol; quisiera
Saber dónde hace el topo su guarida,
Dónde oculta su escama la serpiente,
Dónde sueltan la carga los traidores,
Y dónde no hay honor, sino cenizas:
¡Allí, más sólo allí, decir pudiera
Lo que dicen y viven! ¡Que mi patria
Piensa unirse al bárbaro extranjero! (FIN RR).

OPERADOR: (MÚSICA A PRIMER PLANO—3 seg.—BAJA A FONDO).

NARRADOR: -El 26 de abril de 1879 Martí habla en el banquete organizado en honor de Adolfo Márquez: Allí atacará a la política autonomista.

OPERADOR: (DISOLVER MÚSICA).
MARTÍ: (DISCURSO) (CON INTENSIDAD Y LIGERA RR).

-Por soberbia, por digna, por enérgica, yo brindo por la política cubana.

Pero si entrando por senda estrecha y tortuosa, NO planteamos con todos sus elementos el problema, NO llegando, por tanto, a soluciones inmediatas, definidas y concretas; si olvidamos, como perdidos o desechos, elementos potentes y encendidos; si nos apretamos el corazón para que de él no surja la verdad que se nos escapa por los labios; si hemos de ser más que voces de la patria, disfraces de nosotros mismos; si con ligeras caricias en la melena, como de domador desconfiado, se pretende aquietar y burlar al noble león ansioso, entonces (CON INTENSIDAD) quiebro mi copa no brindo por la política cubana.

OPERADOR: (MÚSICA CONCRETA A PRIMER PLANO—4 seg.—BAJA A FONDO).
NARRADOR: -Por sus actividades conspirativas, Martí vuelve a ser deportado; en enero de 1880 desembarca en el puerto de Nueva York. Junto al General Calixto García trabaja en la preparación de la Guerra Chiquita. Fracasada la intentona revolucionaria, tiene la triste misión de comunicarle al general Emilio Núñez, que es inútil seguir peleando.
MARTÍ: (LIGERA RR) (CARTA).

-Duro es decirlo y toda la hiel del alma se me sube a los labios al decirlo, pero si es necesario, estéril como es la lucha; indigno hoy, porque es indigno el país de sus últimos soldados, (RR) deponga usted las armas.

No las depone usted ante España, sino ante la fortuna. No se rinde usted al gobierno enemigo, sino a la suerte enemiga. No deja usted de ser honrado; el último de los vencidos, será usted el primero entre los honrados.

OPERADOR: (MÚSICA A PRIMER PLANO—3 seg.—BAJA A FONDO).
NARRADOR: -Martí vivirá largos años en los Estados Unidos; cientos de artículos periodísticos nacerán de su pluma. Crea una

revista para niños: *La edad de Oro.* Estudia la sociedad norteamericana . . .

(. . . . .) **(17).**

OPERADOR: (MÚSICA A PRIMER PLANO—3 seg.—BAJA A FONDO).

NARRADOR: -El 10 de abril de 1892 se produce la proclamación oficial del Partido Revolucionario Cubano fundado para lograr la independencia de Cuba, fomentar y auxiliar a Puerto Rico; Martí es electo su delegado. Martí ha logrado crear la organización política idónea para unir a los cubanos con el objetivo de lograr la independencia de Cuba.

OPERADOR: (MÚSICA A PRIMER PLANO—3 seg.—BAJA A FONDO).

NARRADOR: -Gómez y Maceo responden al llamado de Martí; ellos con su experiencia y su genio militar asegurarían el triunfo de la "Guerra Necesaria".

OPERADOR: (EFECTO DE BATALLA—3 seg.—BAJA A FONDO).

NARRADOR: -El 24 de febrero de 1895 estalla la guerra. El sueño de Martí, que tanto sinsabores y contratiempos ha costado, se ha hecho realidad.

En este mismo mes de febrero de 1895 está Martí en Santo Domingo, de donde saldrá con Gómez hacia Cuba.

OPERADOR (EFECTO CAMPO. BRISAS—3 seg.—BAJA A FONDO).

MARTÍ: -(RR) Gómez, pasará a la historia cubana este **Manifiesto de** Montecristi.

GÓMEZ: -Daremos a conocer los principios, objetivos y fines de la guerra cubana. Es un gran día, Martí.

MARTÍ: -Gómez, ahora nos toca firmarlo.

NARRADOR: -El 11 de abril de 1895 desembarcan en Cuba seis expedicionarios: José Martí, Máximo Gómez, Ángel Guerra, Francisco Borrero, César Salas y Marcos del Rosario.

OPERADOR: (EFECTO DEL MAR—4 SEG.—BRISA SUAVE. BAJA A FONDO).

NARRADOR: Marcos del Rosario, el bravo negro dominicano, narró el hecho histórico.

—

MARCOS:	-**Tuvimo** en Inagua y al fin **hallamo** un barco que **no** puso cerca de la costa de Cuba, **pa'** los **la'os** de Baracoa ...
OPERADOR:	(SONIDO DE MAR PROFUNDO. BAJA A FONDO).
MARCOS:	- . . . una noche **ocura** no se veía **na'**, . . . **entonce vimo** una **luce lejo** y **creíamo** que era **tropa epañola**, pero eran **pescadore** . . . Y **luchábamo** con el mar que **no** quería **traga** ... Y no **no** quería dejar llegar a tierra de Cuba, y al fin, así de viaje, veo **uno farallone** y pego un brinco y me trepo, y **seguío** le doy el brazo y subo a Martí, **dipué** el General **Góme** . . . y **dipué** . . . **lo otro**, y el general **Góme** saltó de la roca a la playa, y cuando **vido** la tierra firme; de viaje, besó la tierra y cantó como un gallo . . . ¡Cantó como un gallo!, eso dígalo **uté**. Y yo, cuando lo oí que cantó como gallo, me dije, no **salvamo**; yo creía que **taba** hecho **to lo que venía acá**. Y Martí **taba** muy contento.
OPERADOR:	(SONIDO DE BRISA A PRIMER PLANO—3 seg.-Y BAJA A FONDO).
VILLENA:	-Y susurraron las palmas con un trémulo rumor que puso espanto en las almas y en el pendón español:
MARTÍ:	(RR) -No me pongan en lo oscuro a morir como un traidor, yo soy bueno y como bueno moriré de cara al Sol . . .
OPERADOR:	(MÚSICA A PRIMER PLANO—4 seg.—BAJA A FONDO).
NARRADOR:	-En tierra cubana, Martí y Gómez se reúnen con Maceo. Discuten la Constitución Jurídica de la República en Armas.
OPERADOR:	(DISOLVENCIA DE LA MÚSICA).
NARRADOR:	-El 19 de mayo de 1895, José Martí pronuncia un bello discurso dirigido a las tropas de Bartolomé Masó. Después . . .
OPERADOR:	(EFECTO SONORO DE DISPAROS Y MURMULLOS).
NARRADOR:	- . . . el combate en Boca de Dos Ríos. Máximo Gómez expresó:
GÓMEZ:	-Jamás me he visto en lance más comprometido, pues en la primera arremetida se barrió la vanguardia enemiga, pero enseguida se aflojó, y desde luego, el enemigo se hizo firme

con un fuego nutridísimo; y Martí, que no se puso a mi lado, cayó herido o muerto en lugar donde no se pudo recoger y quedó en poder del enemigo.

OPERADOR: (MÚSICA LUCTUOSA A PRIMER PLANO—3 seg.—BAJA A FONDO).

VILLENA: -Callaron los palmares. Y los ríos
              que vieron tu caída, sollozaron,
              y en sus dulces murmurios
              y en su canción plañidera
              también ellos susurraron:

MARTÍ :   (RR) -Yo quiero cuando me muera
              sin patria, pero sin amo,
              tener en mi tumba un ramo
              de flores y una bandera . . .

OPERADOR: (MÚSICA SUBE A PRIMER PLANO—4 seg.—BAJA A FONDO).

VILLENA: (RR) -Señor de la Palabra, Caudillo de la Idea;
              observa que tu pueblo ya no tiene librea
              y rompió sus cadenas con suprema altivez;
              Pero en el día fúnebre en que más grande brillas,
              el pueblo redimido se encuentra de rodillas:
              ¡Tu recuerdo le arrodilla otra vez!

OPERADOR: (MÚSICA A PRIMER PLANO—3 seg.—BAJA A FONDO).

NARRADOR: -Personajes e intérpretes por orden de aparición:
              Rubén Martínez Villena: Jorge Luis Colomé.
              José Martí: Rolando González.
              María Mantilla: Marisela Carbonell
              Marcos del Rosario: Antonio Lloga.
              Máximo Gómez: Alejandro Quiroga
              Técnicos: (. . .)
              Narrador: Navarro Coello.

OPERADOR: (SUBE MÚSICA—4 seg.—BAJA A FONDO).

NARRADOR: -Este programa ha sido grabado en los estudios de (. . .).

OPERADOR: (SUBE MÚSICA—3 seg.—DISUELVE).

Notas:

1. Mijail Minkov: *Radioperiodismo*, p. 31.

2. *Ibid.*, p.34.

3. José Antonio Benítez: *Técnica periodística*, p. 131.

4. Mijail Minkov: *Op. Cit.*, p.20.

5. *Vid.* Estrella Fernández M.: "El lenguaje y el estilo de la radio", en revista *UPEC*. Año XV No. 5 Sept.-oct. 1983, p. 33-36.

6. Slajov Haskovec: *Introducción al trabajo de las agencias de noticias*, p.39-53.

7. *Ibid.*, p.143-145.

8. Mijail Minkov: *Op. Cit.*, p. 20-21.

9. ICRT: "Conferencias sobre la programación especial informativa". (s.p.i.).

10. Oscar Luis López: "El escritor radial", en revista *RTV* No. 1, sept. 1972, p. 40-41.

11. ICRT: "Conferencias sobre la programación especial informativa". (s.p.i.).

12. Mijail Minkov: *Op. Cit.*, p.17-18.

13. ICRT: "Las mesas redondas". (s.p.i.).

14. ICRT: "Los documentales informativos radiofónicos". (s.p.i.).

15. ICRT: *Ibid.*

16. Este libreto de un programa especial se seleccionó del libro de Rafael Lechuga: *Curso de postgrado de periodismo en radio.*

17. La línea de puntos indica que se ha omitido parte del trabajo. El objetivo es mostrar la estructura de los diferentes códigos sonoros en el programa.

BIBLIOGRAFÍA

Agüero, Arturo: "El español de Costa Rica y su Atlas Lingüístico", en *Presente y futuro de la lengua española*. T. I. Madrid, Ediciones Cultura Hispánica, 1963.

Akmajian, Adrián *et al: Lingüística: Una introducción al lenguaje de la comunicación*. Madrid, Alianza Editorial, S.A., 1984.

Alarcos Llorach, Emilio: *Fonología Española*. La Habana, Edición Revolucionaria, 1975.

_____.: *Gramática de la Lengua Española*. Madrid, Espasa Calpe, 2003.

Alcalde, Jesús: *Música y Comunicación*. Fragua Libros, 2008.

Alcock, J. E. *et al: A textbook of Social Psychology*. Ontario. Prentice-Hall. Canada, Inc, 1991.

Alemán y Barreras, Alba *et al: Climatología, iluminación y acústica*. La Habana, ISPJAE, 1986.

Alexei Bushmin: "Examen analítico de la obra literaria", en *Ciencias Sociales de la A. C.* No. 4, 1971, p. 147-149.

Alonso, Amado: *Estudios Lingüísticos;* Temas hispanoamericanos. 3era. Edición. Madrid, Editorial Gredos, 1976.

_____: *Estudios lingüísticos;* Temas españoles. 3era Edición. Madrid, Editorial Gredos, 1967.

—

_____ y Pedro Henríquez Ureña: *Gramática Castellana.* T I-II. La Habana, Pueblo y Educación, 1968.

Alonso, Martín: *Ciencia del lenguaje y arte del estilo.* Madrid, Aguilar, 1972.

Álvarez Lami, Luis: "Neuroanatomía funcional", en *Material de apoyo para técnicos en logopedia,* (s.p.i.), p. 233-253.

Alvero Francés, Francisco: *Lo esencial en la ortografía.* La Habana, Editorial Orbe, 1979.

Allport, Gordon W.: *La personalidad, su configuración y desarrollo.* La Habana, Edición Revolucionaria, 1971.

Armas, Iván de: *Diseño sonoro* (s.p.i.)

Arrieta Garcés, Miguel: "Medios técnicos del periodismo de radio y televisión". Trabajo de diploma. Universidad de Oriente, 1982.

Ash, William: *The way to write radio drama.* Trafalgar Square Publishing, 1985.

Balsebre, Armand: *El lenguaje radiofónico.* 4ta. Edición. Madrid, Ediciones Cátedra, 2004.

Baker, Meter: *How to present for Radio, TV. and Business.* 2nd Edition. Kindle Edition, 2010.

Baron, Robert A. and Donn Byrne: *Social Psychology.* 8th Edition. Boston. Allyn and Bacon, 1997.

Barros García, Pedro: "Lengua y Publicidad", en *Español Actual.* 33 de junio del 77, p. 1-26.

Batjin, Mijail: "La palabra en la novela", en *Selección de lectura de metodología de la investigación literaria.* I-II. La Habana.

Bauer, C. *et al: Aspects du discours radiofhonique.* París, Didier Erudition, 1984.

Baylon, C y Mignot, X.: *La comunicación.* Madrid, Cátedra, 1994.

Beinhauer, Werner: *El español coloquial.* 2da. Edición. Madrid, Editorial Gredos, 1968.

Beltrán Moner, Rafael: *La ambientación musical.* Madrid, Instituto oficial de Radio y Televisión española, 1984.

Bello, Andrés y Rufino Cuervo: *Gramática de la lengua Castellana.* Buenos Aires, Edición Anaconda, 1943.

Benítez, José A.: *Técnica periodística.* La Habana, Editorial Pueblo y Educación, 1983.

_____: *La noticia integral.* La Habana, Editorial Pablo de la Torriente, 1989.

Betancourt Bernal, Maritza *et al:* "Análisis fonético de la programación informativa". Camaguey. IV Plenaria Científica de Lingüística Aplicada, 1986.

Biewen, John: *Realty Radio: telling true Stories in sound (Documentary Arts and Culture).* The University of North Carolina Press, 2010.

Bittner, John R. Y Dense A. Bitnner: *Periodismo radial.* La Habana, Editorial Pablo de la Torriente, 1987.

Blanco, Alfonso y Pilar Fernández: *El lenguaje radiofónico: La comunicación oral.* Fragua libros, 2008.

Bobes Naves, María del Carmen: *La semiótica como teoría lingüística.* Madrid, Editorial Gredos, 1973.

Boris Tomachevski: "Temática", en *Boletín de la escuela de letras y periodismo.* La Habana, número especial, 1971-1972.

Bosch, Juan: "Apuntes sobre el arte de escribir cuento", en *Selección de lectura de metodología de la investigación literaria.* La Habana, (s.f.).

_____: "El tema en el cuento", en *Selección de lectura de metodología de la investigación literaria.* La Habana, (s.f.).

_____: "La forma en el cuento", en *Selección de lectura de metodología de la investigación literaria*. La Habana, (s.f.).

Brajnovic, Lukac: *Tecnología de la información*. 2da. Edición. Pamplona. Edición Universidad de Navarra, S.A., 1974.

Briggs, Donald C.: "Un método práctico de enseñanza que pone énfasis en el español hablado", en *Actas del Congreso Internacional de la Asociación Europea de profesores de español*. Budapest, Editorial de la Academia de Ciencias de Hungría, 1980.

Briggs, Mark: *Journalism next: A practical guide to digital reporting and publishing*. Cq Press, 2009.

Bryant, J. y S. Thompson: *Fundamentals of media effects*. New York, McGraw-Hill, 2002.

Bustamante, Mayda y Pompeyo Pino: "Germán Pinelli: El secreto es perdurar", en *La Nueva Gaceta*. No. 2, 1986, p. 12-16.

Butor, Michel: "Estudio sobre la técnica de la novela", en *Selección de lectura de metodología de la investigación literaria*. La habana (s.p.i.).

_____: "El espacio en la novela", en *Selección de lectura de metodología de la investigación literaria*. La Habana, (s.p.i.).

_____: "El uso de los pronombres personales", en *Selección de lectura de metodología de la investigación literaria*. La Habana, (s.p.i.).

Cabanas, Ricardo: "Conferencia sobre la voz" (s.p.i.)

_____: "Logopedia y foniatría, visión general", en *Comunicación social*. Año I no. 1. Santiago de Cuba. Dic. 1987, p. 14-20.

_____: "Logopedia y foniatría teórica". *Material de apoyo al curso para técnicos en logopedia y foniatría* (s.c.e.) 1982, p.256-285.

_____: "Logopedia y foniatría práctica". *Material de apoyo al curso para técnicos en logopedia y foniatría*. (s.c.e.) 1982, p.287-312.

Cabanas, Ricardo *et al:* "Desarrollo del lenguaje, aspecto lingüístico". I Simposio de Lingüística Aplicada. Dic. 87.

_____: "Relaciones entre el habla, la voz y la personalidad". I Simposio de Lingüística Aplicada. Dic. 87.

Cabreras Díaz, Orestes: *Temas de redacción y lenguaje.* La Habana, Editorial Científico-técnica, 1982.

Cabrera, Luis R.: "Hablemos del reportaje", en revista UPEC. Año IX No. 4, julio-agosto del 1976, p. 10-13.

_____: *Anatomía del reportaje.* Santiago de Cuba, Editorial Oriente, 1982.

Cadenas Toledo, Celsa *et al: Los métodos para la exploración logopédica.* La Habana, Editorial Libros para la Educación, 1979.

_____: *Glosario terminológico de logopedia.* La Habana, Editorial Pueblo y Educación, 1976.

Canuyt, Georges: *La voz. Técnica vocal.* 3ra Edición. Buenos Aires, Librería Hachette, 1951.

Cardenal, L.: *Diccionario terminológico de ciencias médicas.* 3ra. Edición, La Habana, 1947.

Cardoso Milanés, Heriberto: *¿Cómo redactar noticias?* La Habana, Editorial Pablo de la Torriente, 1989.

Carpentier, Alejo: "La radio y sus nuevas posibilidades", en *Crónicas.* T. II. La Habana, Editorial Arte y Literatura, 1976, p. 547-554.

Casanellas O'Callaghan, Alfredo: *Introducción al periodismo y la locución radial.* La habana, Editorial Pablo de la Torriente, 1989.

_____: *Breve manual de locución (para radio y televisión).* Lima, Editorial Causachun, 1991.

Caulfield, Annie: *Writing for radio: A practical guide.* Crowood Press, 2009.

Cebrián Herreros, Mariano: *Fundamentos de la teoría y técnica de la información audiovisual.* T. I-II. Madrid. Alambra, 1983.

Cerda, Enrique: *Una psicología de hoy.* Barcelona, Editorial Herder, 1977.

Cimpec: *Manual de periodismo educativo y científico.* Bogotá, Gráficas Mundo Nuevo, 1974.

Cohen, Josef: *Sensación y percepción auditiva y de los sentimientos menores.* México, Trillas, 1974.

Colectivo de autores: *Géneros periodísticos.* La Habana, Editorial Pueblo y Educación, 1979.

Cordiés Jakson, Marta: *Lingüística y dramaturgia.* (s.p.i.).

Coyne: *Radio-televisión práctica aplicada.* T.II Mexico, UTEHA, 1963.

Crespi, Irving: *El proceso de la Opinión Pública.* Barcelona, Ariel, 2000.

Crespo Crespo, Moncy: "Reflejo creador de la radio local" (s.p.i.).

_____ y Selegna Perdomo: "La dramaturgia radial" (s.p.i.).

Criado de Val, M.: *Gramática española y comentario de textos. 5ta. Edición. Madrid, Editorial S.A.E.T.A., 1973.*

Crook, Tim: *Radio drama.* Routledge, 1999.

Crotowski: "Hacia un teatro de pobres". Conferencias (s.p.i.).

Cubero, José *et al: Apuntes para un libro de texto de apreciación cinematográfica.* T.I. La Habana. Universidad de La Habana, 1985.

Cueva, Otilia de la: *Manual de Gramática Española.* T. I-II. Ciudad de La Habana, 1982.

David E. Reese *et al: Broadcast announcing work text.* Performing for radio, television and cable. 2000.

Desi K. Bognár: *International Dictionary of broadcasting and film.* 2nd Edition. Boston, Focal Press, 2000.

Diachkov, Alexei: *Diccionario de defectología.* T. I-II. La Habana, Pueblo y Educación, 1980.

Díaz Plaja, C.: *Vocal; lengua española.* Barcelona, Editorial Vicens Vives, 1973.

Díaz Rubio, José Antonio: *Operadores de salas de control y calidad.* La Habana, ICRT, 1987.

Diccionario terminológico de ciencias médicas T. I-II. La Habana. Ediciones Revolucionarias, 1984.

Dimitrius-Ellany Mark Mazzarella: *A primera Vista.* España, Ediciones Urano, 1998.

Domington, Robert: *Los instrumentos de música.* Madrid, Alianza Editorial, 1962.

Douglas, Susan J.: *Listening in: Radio and American Imagination.* University of Minnesota, 2004.

Dubsky, Josef: "Introducción a la estilística de la lengua", en *Selección de lectura para redacción.* La Habana, Pueblo y Educación, 1980, p. 1-63.

Eco, Humberto: *La Estructura ausente; introducción a la semiótica.* Barcelona, Editorial Lumen, 1968.

_____: *Tratado general de semiótica.* Barcelona, Lumen, 1988.

Ehrenburg, Ilia: "Sobre los personajes", en *selección de lectura de metodología de la investigación literaria.* La Habana, (s.p.i.).

Einsentein, Serguei: "Montaje plano y montaje literario" (s.p.i.).

Elsenpeter, Robert C.: *Get into Radio.* 1st Edition. Fender Pub. Co., 1998.

Era González, Doris: "Análisis fonético de dos generaciones de locutores en la programación informativa de Cienfuegos". IV Plenaria Científica de Lingüística Aplicada, 1986.

_____: "Aproximación a un estudio del tratamiento del fonema / s / por locutores de Cienfuegos". I Simposio de Lingüística Aplicada. Dic. 87.

Falls, Santiago: "Dirección coral". (s.p.i.).

Fernán, Alicia: "La actuación en radio y sus tendencia actuales". ICRT (s.p.i.).

Fernández Montes de Oca, Estrella: "El lenguaje y el estilo en la radio", en revista UPEC. Año XV. No. 5 sept.-oct., 1983, p.33-36.

Fernández, Joseph A.: "La anticipación vocálica en español", en *Revista de filología española*. 46 (3-4) 1963, p. 436-440.

Fernández, Retamar: *Idea de la estilística*. La Habana, Editorial Ciencias Sociales, 1976.

Fernández de Juan, Teresa, *et al*: "La musicoterapia como moduladora de la actividad cerebral", Instituto de investigaciones fundamentales del cerebro. A.C.C. (s.p.i.)

Figueredo Escobar, *et al*: *Logopedia*. T. I. La Habana, Editorial Pueblo y Educación, 1984.

_____: *Logopedia*. T. II. La Habana, Editorial Pueblo y Educación, 1986.

_____: *Psicología del lenguaje*. La Habana, Editorial Pueblo y Educación, 1982.

Figueroa Esteva, Max: *Principios de organización del lenguaje (estudio liminal)*. La Habana, Editorial Academia, 1980.

_____: *La dimensión lingüística del hombre*. La Habana, Editorial de Ciencias Sociales, 1983.

_____: "Del status lingüístico de las unidades básicas: fono, fonema, archifonema, y morfonema", en *Anuario L/L*. No. 12-13, 1981-1982, p.38-58.

_____: "Aspectos de la investigación lingüística en Cuba", en *Anuario L/L*. No. 16, 1985.

Finkelstein, Norman: *Sounds in the Air*. iUniverse, 2000.

Folliet, Joseph: *Oratoria; introducción al arte de la palabra*. Buenos Aires, Edición Atlántico, 1958.

Fossard, Esta de: *Writing and producing radio dramas. (Communication for Behavior Change Vol. 1)* Sage Publication, 2005.

Fuzellier, Etienne: *Le lenguaje Radiophonique*. París, l'IDHEC, 1965.

García Luis, Julio: *Géneros de opinión*. Santiago de Cuba, Editorial Oriente, 1989.

García Pers, Delfina: "Lugar y función de las disciplinas lingüísticas dentro de un programa", en *Comunicación social*. Año I. No 1. Santiago de Cuba, 1987, p. 3-13.

García Riverón, Raquel: *El sistema entonativo central*. La Habana, Editorial Academia, 1989.

Garde, Edourd: *La voz*. Argentina, Editorial Lautaro, 1985.

Geller, Valerie: *Creating Powerful Radio: getting, keeping, and growing audiences' news, talk, information and personality Broadcast, HD, satellite and internet*. Focal Press, 2007.

Gibson, James L. *et al: Organizations*. 11th Edition. New York, McGraw-Hill, 2003

Gili Gaya, Samuel: *Elementos de fonética general*. Madrid, Editorial Gredos, 1975.

Gleason, H.A.: *Introducción a la lingüística descriptiva*. Madrid, Editorial Gredos, 1970.

Glowinskin: "El narrador" y "Sobre los personajes", en *Selección de lectura de metodología de la investigación lit*. La Habana. (s.p.i.).

Gómez, Gerardo: "Conferencias sobre efectos sonoros para técnicos en la especialidad". CMKC. (s.p.i.).

Gómez, Raimundo: "La investigación sobre los medios de difusión masiva en Cuba", en *Boletín de la UNESCO*. No. 111-112. Año 29, enero-febrero 88, p. 27-35.

Gómez Rodríguez, A.: *Filosofía y metodología de las Ciencias Sociales*. Madrid, Alianza, 2003.

Gómez Rolando: "Curso de musicalizador". ICRT. (s.p.i.).

González Castro, Vicente: *Video*. La Habana, Editorial Pablo de la Torriente, 1987.

González Martín, Diego: *Cerebro cognoscente: un modelo para su estudio*. Instituto de Investigaciones fundamentales del cerebro. A.C.C. La Habana, 1975.

Goutman, Ana: *Estudio para una semiótica del espectáculo*. México, Universidad Nacional Autónoma de México, 1995.

Gregori, Nuria: "La corrección lingüística: un fenómeno sociolingüístico", en *Anuario L/L*. No. 16, 1989, p.318-325.

Greve, M. de y F. Passel: *Lingüística y enseñanza de lenguas extranjeras*. Madrid, Editorial F., 1971.

Guimriche, Salah: "Programation musciales et strategic linguistique le cas médi I", en *Les musique des radios*. Vibration 3, setembre, 86, p. 88-98.

Guevara, Frank: *La locución técnica y práctica*. Santiago de Cuba, Editorial Oriente, 1984.

Haskovec, Slavoj y Jaroslav Firts: *Introducción al trabajo de las agencias de noticias*. Santiago de Cuba, Editorial Oriente, 1984.

Hechavarría Quesada, Ibrahin: "Habla de los locutores en programas narrados". IV Plenaria Científica de Lingüística Aplicada. Santiago de Cuba, 1986.

Hennion, Antoine et Cécile Medeal: "La rethorique de la radio, ou comment garder l'auditeur á l'ecoute", en *Les musiques des radios*. No. 3. setembre 86, p. 60-75.

Hernando Cuadrado, Luis Alberto *et al*: *Lengua y comunicación en el discurso periodístico de divulgación científica y tecnológica*. Fragua Libros, 2008.

Herzfeld, Friedrich: *Tú y la música*. Madrid, Editorial Labor, S.A., 1961.

Herreros Beatón, Ramiro: "Curso de dramaturgia para la radio". ICRT. (s.p.i.).

Hilgard: *Introducción a la psicología*. Madrid, Editorial Morata, 1970.

Hills, George: *Los informativos en radio y televisión*. La Habana, Editorial Pablo de la Torriente, 1990.

Horrath, Ricardo: *La trama secreta de la radiodifusión Argentina*. 2da. Edición. Argentina. Ediciones Unidad, 1987.

Howard Lawson, John: "Novela y guion: dos géneros". (s.p.i.)

_____: *Teoría y técnica de la dramaturgia*. La Habana, Editorial Arte y Literatura, 1976.

Ibarra, Raúl: "Notas críticas sobre dramaturgia y lenguaje radial". ICRT (s.p.i.)

Ibarrola, Javier: *La noticia*. La Habana, Editorial Pablo de la Torriente, 1988.

ICRT: "Consideraciones generales sobre el uso del idioma a través de los medios de difusión masiva". La Habana. Cuba. (s.p.i.).

_____: "Las entrevistas". Santiago de Cuba. Cuba. (s.p.i.).

_____: "El comentario". Santiago de Cuba. Cuba. (s.p.i.).

_____: "La crónica". Santiago de Cuba. Cuba. (s.p.i.).

_____: "Técnica de locución". Santiago de Cuba. Cuba. (s.p.i.).

—

_____: "La información y la noticia". Santiago de Cuba. Cuba. (s.p.i.).

_____: "Curso de musicalización". Santiago de Cuba. Cuba. (s.p.i.).

_____: "Curso de realizadores de radio". Santiago de Cuba. Cuba. (s.p.i.).

_____: "Seminario de dirección radial". Santiago de Cuba. Cuba. (s.p.i.).

_____: "Curso para escritores de radio". Santiago de Cuba. Cuba. (s.p.i.).

_____: "Producción de programas radiales". Santiago de Cuba. Cuba. (s.p.i.).

_____: "Dirección de programas radiales". Santiago de Cuba. Cuba. (s.p.i.).

_____: "Búsqueda de un lenguaje radial eficaz acerca de las cinco cualidades deseables para nuestros medios". Santiago de Cuba. Cuba. (s.p.i.).

_____: "Conferencias de dramaturgia". Santiago de Cuba. Cuba. (s.p.i.).

_____: "Seminario de dramaturgia radial". Santiago de Cuba. Cuba. (s.p.i.).

_____: "Seminarios de Lingüística Aplicada para locutores de radio". Santiago de Cuba. Cuba. (s.p.i.).

_____: "Cursos de Fonética y Fonología para locutores de radio y televisión". Santiago de Cuba. Cuba. (s.p.i.).

_____: "Curso de programación radial". Santiago de Cuba. Cuba. (s.p.i.).

_____: "Programas radiales". Santiago de Cuba. Cuba. (s.p.i.).

_____: "I Plenaria Científica Nacional de locutores de radio y televisión. La Habana. Cuba.1980.

_____: "II Plenaria Científica Nacional de locutores de radio y televisión". La Habana. Cuba. 1982

_____: "III Plenaria Científica Nacional de locutores de radio y televisión". La Habana. Cuba. 1984.

_____: "IV Plenaria Científica Nacional de locutores de radio y televisión". La Habana. Cuba. 1986.

_____: *Boletín sobre lingüística aplicada a la radio y a la televisión.* Vol I. Semestre II. Año. La Habana. 1982.

_____: *Boletín sobre lingüística aplicada a la radio y a la televisión.* Vol. II. Año. La Habana. 1983.

_____: *Boletín de capacitación de la radio cubana.* La Habana. Cuba. No. 5, 1991.

Infante, Reinaldo: "Sobre el guionismo", en *Boletín de información Nacional.* La Habana, ICRT. No. 2 Julio 1988, p. 29-31.

Igartua, Juan José y María Luisa Humanes: *Teoría e investigación en comunicación social.* Madrid, Editorial Síntesis, S. A., 2004.

Javier Muñoz, José y César Gil: *La radio teoría y práctica.* La Habana, Editorial Pablo de la Torriente, 1990.

Jiménez Valdés, Amalia: *Fonética y fonología españolas.* La Habana, Editorial Pueblo y Educación, 1986.

Jrapchenko: "Análisis en el sistema de la literatura", en *Ciencias sociales* No. 1. 1976, p. 178-193.

Kaempfer, Rick: *The radio producer's Handbook.* Allworth Press, 2004

Kaplún, M.: *Producción de programas de radio; el guion, la realización.* CIESPAL, 1978.

Karvas, Peter: *Cuestiones de dramaturgia.* La Habana, Instituto del Libro, 1968.

Kern, Jonathan: *Sound Reporting: The NPR guide to audio journalism and production.* University of Chicago, 2008.

Klein, Jean Claude: "Ensigner la chanson", en *Les musiques de radios.* No. 3 setembre 86, p. 227-231.

Keith, Michael: *Radio programming; consultancy and formatics*. London, focal Press, 1987.

_____: *The radio station. Broadcasting, Satellite and Internet*. 8th Edition. Kindle Edition, 2009.

Klement, Miroslav: *Los instrumentos musicales*. La Habana, Gente Nueva, 1988.

Kovacs, Ferenc: *Linguistic structure and linguistic laws*. Budapest Akademiai Kiadó, 1981.

Labrada, Jerónimo: *Registro sonoro*. La Habana, Escuela Internacional de Cine y Televisión, 1987.

Lage, Nilson: *La estructura de la noticia*. La Habana, Editorial Pablo de la Torriente, 1987.

Lázaro Carreter, Fernando: *Diccionario de términos filológicos*. 3ra Edición. Madrid, Editorial Gredos, 1984.

_____: "Los medios de comunicación y la lengua española", en *Nuevo Amanecer Cultural*. Año VII. No. 340. 27 dic. 1986, p. 2-6.

Lechuga Otero, Rafael: "Curso de postgrado de periodismo en radio". Santiago de Cuba. Sección de Capacitación del ICRT. (s.f.).

Lechuga Otero, César: Notas críticas sobre radio". (s.p.i.).

López Álvarez, Roberto: *El guion en emisiones informativas*. La Habana, Editorial Pablo de la Torriente, 1989.

López, Carmen: *Voz y dicción, expresión corporal, escenografía*. La Habana, Editorial Pueblo y Educación, 1982.

Luckie, Mark S.: *The digital journalist's Handbook*. Create Space, 2010.

Luis López, Oscar: "El locutor". (s.p.i.).

_____: "El escritor radial", en revista *R.T.V.* No. 1. sept. 1972, p.40-44.

Luria, A. R.: *Las funciones corticales superiores del hombre*. La Habana, Edición Orbe, 1977.

_____: *El cerebro en acción*. La Habana, Edición Revolucionaria, 1982.

_____: *El papel del lenguaje en la conducta*. Argentina, Ed. Masson, 1980.

Lyons, John: *Introducción en la lingüística teórica*. Barcelona, Editorial Teide, 1973.

Mackey, David R.: *Drama on the air*. New York, Prentice Hall, Inc, 1951.

McLeish, Robert: *Radio Production*. 5th Edition. Focal Press, 2005.

Malmberg, Bertil: *La fonética*. Buenos Aires, Editorial EUDEBA, 1967.

_____: *Estudio de fonética hispánica*. Madrid, CSIC, 1965.

Mansión, Madelaine: *El estudio del canto. Técnica de la voz hablada y cantada*. Buenos Aires, Ricordi Americana, 1974.

Mantecón, Juan José: *Introducción al estudio de la música*. 2da. Edición. Barcelona, Editorial Libro S.A., 1957.

Marcis, Monique le: "L'art de la programation musicale" R.T.L. *Les musiques des radios*. No. 3 septémbre 86, p. 158-163.

Martín, Hedí: "La narración deportiva", en *Orientaciones metodológicas*. Teoría y práctica del periodismo VI. (s.p.i.).

Martinet, Andre: *La lingüística sincrónica*. Madrid, Editorial Gredos, 1971.

Martínez Alberto, José: *Los estilos*. La Habana, Editorial Pablo de la Torriente, 1989.

Marínez Amador, Emilio: *Diccionario Gramatical y de dudas del idioma*. Barcelona, Editorial Ramón Sopena, S.A., 1974.

Martínez Ruiz, Pedro: "Sobre la radiocomunicación", en *Orientaciones metodológicas. Teoría y práctica del periodismo VI*. (s.p.i.).

Marrero, Dárgel: "Curso de voz y dicción para actores". (s.p.i.).

Marrero, Norge *et al: Apuntes para un libro de texto de apreciación cinematográfica*. La Habana, Universidad de La Habana, 1985.

McCoy, Quince: *No static: A guide to creative Radio Programming*. Backbeat Book, 2002.

Mcleish, Robert: *Técnicas de creación y realización en radio*. La Habana, Pablo de la Torriente, 1989.

Mcinerney: *Writing for radio*. Manchester University Press, 2001.

Medialdea, Ernesto: "El comentario radial". (s.p.i.).

_____: "La entrevista radial". (s.p.i.).

_____: "La crónica radial". (s.p.i.).

_____: "La locución de noticieros". (s.p.i.).

_____: "Los micrófonos". (s.p.i.).

Méndez, José Antonio: "Trabajo vocal coral". (1987).

Minkov, Mijail: *Radioperiodismo*. Santiago de Cuba, Editorial Oriente, 1988.

Miyares Bermúdez, Eloína: "Estudio articulatorio acústico de algunos segmentos vocálicos y consonánticos de los locutores de Santiago de Cuba y Ciudad de La Habana". 1986. (inédito).

Moles, Abraham: *Teoría de la información y de la percepción estética*. Júcar, 1976.

Morera, José Luis: "Usted puede perder la voz", en *Bohemia*. Año 76. No. 16. 20 de abril de 1984, p. 9-10.

Morosov, Vladimir: *Bioacústica recreativa*. Moscú, Editorial MIR, 1987.

Mott, Robert L.: *Radio sound effects: Who did it, and how, in the Era of live broadcasting*. McFarland and Company, 2008.

Muñoz Zapata, Rodolfo: *De la noticia al reportaje humano.* La Habana, Editorial Pablo de la Torriente, 1990.

Nachman, Gerald: *Raised on radio.* University of California Press, 2000.

Nathanson, A.I.: "Rethinking empathy", en *Communication and emotion.* Mahwah, NJ: Lawrence Erlbaum Associates, 2003, p.107-130.

Navarro Tomás: *Manual de pronunciación española.* 12va Edición. La Habana, Edición Revolucionaria, 1966.

Neiman, L.V.: *Anatomía, fisiología y patología de los órganos de la audición y del lenguaje.* La Habana, Editorial Pueblo y Educación, 1982.

Nigbelt, Alec: *El uso del micrófono.* 2da. Edición. Madrid, Instituto Oficial de Radio y Televisión, 1983.

Norberg, Eric: *Radio Programming: tactics and strategy (Broadcasting and cable Series).* Focal Press, 1996.

Ortega, F. y M.L. Humanes: *Algo más qué periodistas. Sociología de una profesión.* Barcelona, Ariel, 2000.

Ottoson, David: "El cerebro al descubierto", en *Correo*, p. 22-24.

Padrón, Carlos: "Curso de dramaturgia" (s.p.i.).

Páez, D.: "El objeto de estudio de la Psicología Social", en D. Páez, I. Fernández, S. Ubillos y E. Zubieta, *Psicología Social, cultura y educación.* Madrid, Pearson-Prentice Hall, 2003.

Pavis, Patrice: *Diccionario de teatro, dramaturgia, estética, semiología.* Madrid, Editorial Paidos, 2000.

Pavlov, I.P.: "Reflejos condicionados", en *Psicopatología y psiquiatría.* Madrid, Ediciones Morata, p. 285-300.

Pearson, Judy C. *et al: Human Communication.* 2nd Edition. New York, McGraw-Hill, 2006.

—

Pedro Rona, José: "Una visión estructural de la sociolingüística". *Santiago.* Revista de la Universidad de Oriente. No. 7. Junio de 1972, Santiago de Cuba, p. 22-36.

Perelló, Jorge y Jaime Peres: *Fisiología de la comunicación oral.* III. Barcelona, Editorial Científico-Médica, 1972.

Pérez, Fernando: "Técnica vocal. Aspecto fisiológico teórico-práctico de carácter general" (s.p.i.).

Pérez, Gladis: "La entrevista radial", en revista *UPEC* 2-86, p.25-28.

Pérez Herrero, Mirta: "Errores en la redacción de noticias en radio y televisión". I Simposio de Lingüística Aplicada. Diciembre de 1987.

Pérez Miranda, Manuel: *La entrevista de presa.* La Habana, Editorial Pablo de la Torriente, 1989.

Pérez Yánez, Josefa y Luis Pérez Delgado: "La redundancia en el espacio informativo radial", en *Boletín de Información Nacional.*, p. 14-16.

Perry, D. K.: *Theory and research in mass communication. Context and consequences.* Mahwah, NJ, Lawrence Erlbaum Associates, 2002.

Peter, Ostwald: "Psicoanálisis del sonido", en *El correo.* Nov. 1976, p.30.

Pólit, George: *Las 36 situaciones dramáticas.* La Habana, Consejo Nacional de Cultura, 1963.

Porsig, Walter: *El mundo maravilloso del lenguaje.* Madrid, Editorial Gredos, 1969.

Porro, Migdalia, María A. Domínguez y Elida Grass: *Forma, función y significado de las partes de la oración.* La Habana, Pueblo y Educación, 1982.

_____ y Mireya Báez García: *Práctica del idioma español.* 1ra parte. La Habana, Editorial Pueblo y Educación, 1984.

Pottier, Bernard: *Lingüística moderna y filología hispánica.* Madrid, Editorial Gredos, 1970.

Prada Oropeza, Renato: "Los personajes", en *Selección de lectura de metodología de la investigación literaria*. La Habana. (s.p.i.).

Priestman, Chris: *Web Radio: Radio Production for Internet*. Focal Press, 2002.

Prives, M. *et al: Anatomía Humana*. T I-II. 4ta. Edición. Moscú, Editorial MIR, 1981.

Proveyer Carracedo, José: *Radioperiodismo*. La Habana, Editorial Esther, 1952.

Pujals Victoria, Edith G.: "La novela melodramática". Tesis de diploma. Universidad de Oriente, 1988.

Pudovkin, Vsevelod: "El ABC del guionista". (s.p.i.).

Quilis, A.: *Fonética acústica de la lengua española*. Madrid, Editorial Gredos, 1981.

_____ y Joseph A. Fernández: *Curso de fonética y fonología españolas*. Madrid, CSIC, 1968.

_____ y César Hernández: *Curso de lengua española*. 2da. Edición. Valladolid, 1980.

Ramos, Juan A.: *Tecnología de la comunicación alternativa y periodismo interpretativo*. La Habana, Editorial Pablo de la Torriente, 1989.

Real Academia Española: Gramática de la Lengua Española. Madrid, Espasa Calpe, 1959.

Reese, David: *Audio production Worktext. Concepts, Techniques, and Equipment*. Focal Press, 2009.

Repilado, Ricardo: *Dos temas de redacción*. La Habana, Editorial Pueblo y Educación, 1975.

_____: "Conferencias sobre técnicas de ficción". (s.p.i.).

Rodríguez Adrados, Francisco: *Lingüística estructural*. T. I-II. Madrid, Editorial Gredos, 1969.

Rodríguez Díaz, Mauro: *Radioperiodismo*. Santiago de Cuba, Editorial Oriente, 1981.

Romero Rodríguez, Odilia: "Importancia y predominio del director artístico". Festival Nacional de Radio en Granma. Feb. 1988.

_____: "Conferencias de dirección artística". ICRT. (s.p.i.).

Rudel, Anthony: *Hello, Everybody: The Dawn of American Radio*. Houghton Miffin Harcourt, 2008.

Ruiz Malherbe, Justo: "Prevención de disfonías ocupacionales en el magisterio", I Simposio de Lingüística Aplicada, Dic. 1987.

Ruiz, Vitelio: "Curso Nacional de Lingüística Aplicada". (s.p.i.).

_____: *Estudio sincrónico del habla de Santiago de Cuba*. Santiago de Cuba. Editorial Oriente, 1977.

_____: "Algunas peculiaridades del consonantismo cubano". Tesis de Doctorado. Universidad Carolina. Facultad de Filosofía Praga, 1978.

_____: "Estudio de las pseudodislalias culturales. Aplicación de métodos para el mejoramiento masivo de la expresión oral". Tema de investigación, 1980.

_____: "Estudio fonético-fonológico del español hablado en Cuba". Tema de investigación, 1983.

Sanmillán Revilla, Ulises: "Curso de perfeccionamiento para el operador grabador". CMKC. (s.p.i.).

Santamaría, Andrés y Augusto Cuartas: *Diccionario de incorrecciones y curiosidades del lenguaje*. Madrid, Paraninfo, 1979.

Sapir, Edgard: *El lenguaje*. La Habana, Editorial Ciencias Sociales, 1974.

Scout, B. Deweese: *Radio Syndication: How to create, produce and distribute your own show*. Elfin Cover, 2001.

Scott, James: "El guion: tres tendencias". (s.p.i.).

—

Schiesser, Gerhard: *El comentario. El uso de sus elementos en el periodismo*. La Habana, UPEC, 1978.

Schneider, Chris: *Starting your career in Broadcasting: working on and off the Radio and Television*. Allworth Press, 2007.

Seco, Manuel: *Diccionario de dudas y dificultades de la lengua española*. 3ra. Edición. Madrid, Aguilar, S. A., 1965.

Seco, Rafael: *Manual de gramática española*. La Habana, Pueblo y Educación, 1973.

Sechenov: *Los reflejos del cerebro*. La Habana, Academia de Ciencias, 1965.

Seidner, Wolfran y Lurgen Wendler: *La voz del cantante*. Berlín, 1982.

Sigas Aldama, Ángel y Nicolás Fabar: "Curso de musicalización". (s.p.i.).

Simmons, Bernie: *How to get into Radio: Starting your career as Radio Broadcasting*. How to Book Ltd., 1995.

Sparks, G.: *Media Effects research. A Basic overview*. Belmont, CA, 2002.

Stanislavski: *La construcción del personaje*. La Habana, Editorial Arte y Literatura, 1986.

Tacca, Oscar: "El narrador", en *Selección de lectura de metodología de la investigación literaria*. La Habana (s.p.i.).

Tauler López, Arnoldo: *Técnica artística de televisión*. La Habana, Editorial Científico-Técnica, 1984.

Tellería Toca, Evelio: *Diccionario Periodístico*. Santiago de Cuba, Editorial Oriente, 1986.

Timofeiev, L.: "La composición y argumento", en *Selección de lectura de metodología de la investigación literaria*. La Habana. (s.p.i.).

Trujillo, Sergio: "Conferencia sobre canto". (s.p.i.).

UNESCO: *El correo*. "La radio". Septiembre, 1959. Año XII.

—

_____: "Nuevas tecnologías y uso de la información", en *Boletín de la UNESCO*. No. 92, Año 24, julio-diciembre 83, p.18-31.

Universidad de Oriente: *Teoría y práctica del periodismo*. III (s.p.i.).

_____: *Teoría y práctica del periodismo*. IV. (s.p.i.).

_____: *Teoría y práctica del periodismo*. V. (s.p.i.).

_____: *La locución de noticieros*. (s.p.i.).

Valdés Sánchez, Pastor: "Apuntes sobre la radio", en revista UPEC. No. 3/85, p. 42-49.

Vallerie, Geller, Turi Ryder: *The powerful radio workbook*. Dic. 2000.

Vaslevna, Yastubova, Alla: "Curso de logopedia". (s.p.i.).

Vilardell Adán, Luis A.: *Micro voz; tratado de locución*. La Habana, Editorial Microvoz, (s.a.).

Wolf, M.: *Los efectos sociales de los medios*. Barcelona, Paidós, 2001.

Wood-William, A.: *Periodismo electrónico*. México, Editorial Letras, S.A., 1965.

Wolfgang, Kayser: *Selección de interpretación y análisis de la obra literaria*. La Habana, 1970.

Zielke, Wolgang: *Leer mejor y más rápido*. Bilbao, Ediciones Deusto, 1972.

SITIOS DE INTERNET

American Communication Association: *www.americancomm.org*

American Psychological Association: *www.apa.org*

American Sociological Association: *www.asanet.org*

Arbitron: *www.arbitron.com*

BBC: *www.bbc.co.uk*

Broadcasting Board of governors (BBG) (Gov.): *www.bbg.gov*

Center for Science in the Public Interest: *www.cspinet.org*

Critical Theory: *www.clapurdue.edu/academic/enq/theory/*

Deutsche Welle. Alemania: *www.dw-world.de*

Federal Communications Comisión: *www.fcc.gov*

Internacional Broadcasting Bureau (IBB) (Gov.): *www.ibb.gov*

Internacional Communication Association: *www.icahdq.org*

Marconi: *www.marconi.com/home/about_us/our%20history*

National Communication Association: *www.natcom.org*

National Institute of Media and the Family: *www.mediafamily.org*

Nacional Public Radio: *www.npr.org*

Pacifica Radio: *www.pacifica.org*

Population Communications Internacional: *www.population.org*

Public Radio Internacional: *www.pri.org*

Radio Free Europe/ Radio Liberty: *www.rferl.org*

Radio History: *www.radiohistory.org*

Radiodifusión Argentina al exterior: *www.radionacional.gov.ar*

Radio Canadá Internacional (RCI): *www.rcinet.ca*

Radio Exterior de España: *www.ree.me.es*

Radio Francia Internacional: *www.rfi.fr*

Radio Habana Cuba: *www.radiohc.cu*

RAI Internacional. Italia: *www.raiinternational.rai.it*

Read about Lazarsfeld: *www.Columbia.edu/cu/news/01/10/lazarsfeld.html*

Record Industry Association of America: *www.riaa.com*

Roper Center for Public Opinion Research: *www.ropercenter.uconn.edu*

Trans World Radio (TWR): *www.twr.org*

UNESCO: *www.unesco.org*

Voice of America: *www.voa.gov*

Web radio: *www.radio-directory.com*

www.ingramcontent.com/pod-product-compliance
Lightning Source LLC
Chambersburg PA
CBHW031122180526
45160CB00005B/63/J